生物学课程思政教学设计
与典型案例

罗克明　蒋　寒　主编

科学出版社

北京

内 容 简 介

　　《生物学课程思政教学设计与典型案例》详细阐述了生物学课程思政的教学理念与基本要求、教学目标与教学重点内容、教学策略与设计原则及教学评价要求与评价体系。根据学科特征，课程思政内容体系被划分为国家、社会、专业、自然和哲学五个向度，并进一步细化为政治认同、家国情怀及国际视野、法治意识、文化自信、科学精神、品德修养和职业操守、生命伦理、生态文明、辩证唯物主义和历史唯物主义十个维度。教材选取了 13 门生物学代表性课程进行针对性的课程思政教学设计，每门课程均设计了涵盖知识、能力、情感态度价值观的三维目标，并围绕"五向度、十维度"梳理课程思政素材。同时，提供了几个典型的教学案例用于课堂实践。

　　本书构建了一套从思政素材设计到教学实施的完整教学体系，为全国高等院校师生在讲授或学习生物学及相关课程时提供参考，也为新时代高等教育的人才培养提供有力支持。

图书在版编目（CIP）数据

生物学课程思政教学设计与典型案例 / 罗克明，蒋寒主编. -- 北京：科学出版社，2024. 9. -- ISBN 978-7-03-078728-6

Ⅰ. Q; G641

中国国家版本馆 CIP 数据核字第 2024TG6254 号

责任编辑：刘　畅　赵萌萌 / 责任校对：严　娜
责任印制：赵　博 / 封面设计：无极书装

科　学　出　版　社　出版

北京东黄城根北街 16 号
邮政编码：100717
http://www.sciencep.com

保定市中画美凯印刷有限公司印刷
科学出版社发行　各地新华书店经销
*
2024 年 9 月第 一 版　开本：720×1000　1/16
2025 年 8 月第三次印刷　印张：17 1/2
字数：314 000
定价：79.00 元
（如有印装质量问题，我社负责调换）

前 言
Foreword

教育是国之大计、党之大计。培养什么人、怎样培养人、为谁培养人是教育的根本问题。建设教育强国、人才强国，办好人民满意的教育，必须落实立德树人的根本任务，为党和国家的事业培养德智体美劳全面发展的社会主义建设者和接班人。高等院校履行人才培养职能，必须把"立德"排在人才培养的第一位。为此，高等院校必须遵守牢抓思想政治工作这条准则，推进思政课程和课程思政协同建设，守好专业课程一段渠，种好课程思政责任田，真正实现全员育人、全程育人、全方位育人，把立德树人根本任务落到实处。

在新时代，教育部先后出台《高校思想政治工作质量提升工程实施纲要》和《高等学校课程思政建设指导纲要》等文件，明确指出要在全国所有高校、所有学科专业全面推进课程思政建设。课程思政的实施改变了以往以知识传授为主的单一教学理念和方式，强调将思想政治教育融入教育教学的各个环节。这项改革不仅弥补了专业课程教学在育人环节上的不足，而且有助于打通学校思想政治教育的"最后一公里"，确保学生在接受专业知识教育的同时，也能得到全面的思想引领。

生物学作为自然科学的重要领域，其教学内容蕴含着丰富的思政素材，是培养学生科学精神、人文素养和社会责任感的重要载体。在此背景下，我们编写《生物学课程思政教学设计与典型案例》，旨在为广大生物学教育工作者提供一套系统、实用的教学参考资料，促进生物学教学与思想政治教育的有机结合。

本书在编写过程中，充分考虑了生物学课程的特点和学生的实际需求，力求将思政素材自然贴切地融入生物学教学的各个环节，深入挖掘生物学知识背后的思政内涵，引导学生从生物学角度认识和理解社会主义核心价值观，培养学生的家国情怀、社会责任感和公民意识等。

　　本书内容涵盖了生物学课程思政的教学理念与基本要求、教学目标与重点内容、教学策略与设计原则、教学评价要求与体系及 13 门相关课程思政教学设计与典型案例。在课程思政理念中，强调生物学课程思政教学要注重"四个相统一"，即科学性与人文性相统一，知识性与价值性相统一，渗透性与启发性相统一，目标性与过程性相统一；在教学过程中，强调要维护生物学课程知识体系的完整性，遵循课程知识与价值元素的关联性，增强思政素材与学科专业知识的适切性，并提出了课程思政在生物学课程中的定位和目标。为更好地帮助生物学学科相关专业教师开展教学，启发课程思政的教学思路，我们整理并提炼出了"五向度、十维度"的课程思政教学重点内容体系、生物学课程思政教学策略与设计原则，还提供了丰富的教学案例，涵盖了生物学各个专业课程的思政教学内容，供教师参考。

　　我们希望本书的出版，能够推动生物学课程思政教学的深入发展，为培养德智体美劳全面发展的社会主义建设者和接班人贡献力量。同时，我们也期待广大生物学教育工作者在使用本书的过程中，能够不断总结经验，提出宝贵意见，共同推动生物学课程思政教学的创新与发展。

罗克明

2024 年 2 月于西南大学崇德湖畔

目 录
Contents

第一章

生物学课程思政的教学理念与教学设计导论

教育是国之大计、党之大计。培养什么人，是教育的首要问题；立德树人是教育的根本任务。《中华人民共和国高等教育法》规定，高等教育必须贯彻国家的教育方针，为社会主义现代化建设服务、为人民服务，与生产劳动和社会实践相结合，使受教育者成为德、智、体、美等方面全面发展的社会主义建设者和接班人。习近平总书记指出，要努力构建德智体美劳全面培养的教育体系，形成更高水平的人才培养体系。要把立德树人融入思想道德教育、文化知识教育、社会实践教育各环节，贯穿基础教育、职业教育、高等教育各领域，学科体系、教学体系、教材体系、管理体系要围绕这个目标来设计，教师要围绕这个目标来教，学生要围绕这个目标来学。由此，课程思政成为高等教育教学改革的大趋势。从本质上讲，课程思政不仅是一种课程教学观，也是一种教育哲学观，要求将专业课程作为重要载体，把价值引领融入知识传授、能力培养之中，实现三者融合，形成育人合力。为此，高校所有课程必须承担育人功能，专业课教师必须强化育人意识，充分挖掘专业课所蕴含的思政素材，在价值引领上与思政课同向同行，做到守好"一段渠"、种好"责任田"，全面提升学生的理想信念、爱国情怀、品德修养、知识能力、奋斗精神等综合素质。

生物学是研究生物体生命现象和本质规律的科学，包含了生命体和生命系统的结构功能、起源演化、生长发育、遗传变异等，涉及各种生物之间、生物与环境之间的相互关系等众多内容。当代生物学已不是传统意义上的自然科学，其课程知识体系所蕴含的科学思辨、客观理性、求真求实、精益求精、关爱生命、顺应自然等价值元素是培养大学生健康世界观、人生观、价值观的重要内容。同时现代生物学的飞速发展对医学、农学、生态学乃至气候变化、生态文明、经济产业、国家安全等产生深刻影响，并与制度自信、生命伦理、环保意识、责任意识、科学精神等密切相连。因此，将生物学专业课中蕴含的思政素材挖掘出来并浸润学生，尤其能够彰显课程思政的育人功能和育人价值。

1.1 生物学课程思政的教学理念与基本要求

1.1.1 生物学课程思政的教学理念

生物学培养具有生物学专业知识和专门技能的专业人才。从人才观来看，德才兼备方为人才，德为才之帅，才为德之资。从教育的角度看，育人先育德，教育首在健全人格。从人的全面发展来看，一个合格的人不仅是掌握专业知识和科学思维的"专业人"，更应该是具备良好品格和正确价值观的"健全人"。生物学课程促进学生的健康发展，在具体教学活动中必须坚持生物学课程思政的理念，具体可概括为"四个相统一"。

1. 科学性与人文性相统一

科学性属于工具理性范畴，人文性属于价值理性范畴，前者是后者的客观基础，后者是前者的活的灵魂。如果教育只重视工具理性的培养，而忽视价值理性的塑造，那么学生只会成为价值观缺失的"工具人"。如果片面强调价值理性，而忽视人文精神所依托的科学沃土，其结果必然是无源之水，难以为继。生物学是具有特定研究对象、知识体系的自然科学，其科学性体现在三个方面：一是研究对象是客观存在的，由此延伸出的学科内部普遍联系、运动发展及对立统一等规律也是客观的；二是研究方法具有科学性，生物学是具有实验性、实践性特征的自然科学，科学研究方法是其精髓之一；三是研究术语具有很强的专业性，生物学课程相关概念、术语都有特定含义，有严格的内涵与外延。生物学课程的人文性在于其研究对象和内在结构天然蕴含着丰富的精神元素和价值诉求，比如尊重自然、敬畏生命的生命观和伦理观，实事求是、追求真理的科学态度等。这恰恰体现了人类与社会、与自然界的有机统一。

2. 知识性与价值性相统一

知识是人类文明进程中形成和积累的有益成果，它以客观形式存在；价值反映客体对主体需要的满足程度，存在于主客体关系中，体现主体对客体的态度和价值观念。知识和价值不可分割，从本质上说，在具体教育活动中，教育者总是带着自己的态度、情感和价值观来开展教学，教学材料的选择、评价和好恶及对受教育者的态度等都受到其价值观的影响，不可避免地带有教育者的主观痕迹。因此，教育活动中价值的问题不可避免，如何按照教育者的价值目标和要求，培养符合教育者需要的人才，就成为教育活动的基本问题。可见，知识性与价值性统一于教学实践是教育的基本规律。具体而言，生物学专业课程的基本任务是传授学科知识和专业技能，主要回答"教什么""怎么教"的知识性问题，而生物学课程思政的基本任务是引导学生在坚持正确价值取向中运用知识和技能，主要回答"为什么教""为谁而教"的价值性问题。生物学知识是生物学家研究积累的结果，无论是生物体的结构、功能、遗传还是演进等规律都是客观存在的，不以人的意志为转移。但是这些知识被"什么样的人"所掌握，是否为国家经济社会发展服务，就体现了价值性问题。因此，在生物学教学过程中必须坚持知识性与价值性相统一的原则。

3. 渗透性与启发性相统一

渗透性是课程思政教学的基本要求。从教育教学看，课程思政实质属于隐性教育范畴，是一种与显性课程相对应的隐性课程，从思想政治教育角度可以看作隐性德育[①]，这是与显性德育相对应的范畴。思政课教学与专业课的课程思政教学相比属于典型的显性教育，其基本教育方法是灌输，强调教育者在思政课教学过程中对受教育者进行系统的理论传授，用马克思主义理论武装其头脑。但课程思政是依托专业课固有知识体系和学科价值拓展思想政治引领，以渗透融入、引申阐发、以小见大为主要方法。例如，在讲到重大疾病、灾害防控等生物学知识时，可联系社会制度、执政理念不同，引导学生正确看待中外政策举措差异，并由此思考国情实际等内容。所谓启发性，是教育者在教学过程中启发受教育者积极思考，使其通过主动学习和独立思考，自主作出判断，形成从渗透融入进而内化于心的价值转变。在生物学课程思政教学过程中，必须坚持渗透性与启发性相统一的原则：一方面专业教师要牢固树立在专业知识传授中渗透融入价值观的主动意识；另一方面要注意以专业知识为立足点和生发点引申阐述相关价值意义，切忌脱离实际、无中生有、肆意拔高。这样才能引导学生提高运用马克思主义基本立场、观点和方法的能力，并进一步塑造学生批判性思维、开放性思维、抽象性思维和创造性思维。

---

① "隐性教育"的概念源于美国教育社会学家杰克逊（P. W. Jackson）在其专著《班级生活》（*Life in Classrooms*）中关于学校"潜在课程"（hidden curriculum）及 1970 年美国学者 N. V. 奥渥勒提出的"隐蔽性课程"的研究。之后，又出现了"隐性德育"的概念，我国从 20 世纪 80 年代末 90 年代初开始对隐性教育进行探讨和研究。

4. 目标性与过程性相统一

教学目标是教学的总方向，对教学过程设计起主导作用。有了清晰的教学目标，才能明确授课的根本目的和基本方向。教学过程必须围绕教学目标来设计，每个环节的设计，都是为了更好地实现教学目标。教学过程是为达到教学目标而服务的。因此，课程思政教学过程中，必须将教学目标与教育者、受教育者、教学内容及教学手段等过程性要素统一起来进行设计和考虑。生物学课程思政教学的重要目标是培育学生科学研究所必须具备的精神和观念，而这些精神和观念的养成常常是在知识习得过程中实现的。换言之，在开展生物学专业学习和科学研究时对学生加以引导启发的过程，实际上就是促使学生不断习得优秀科学精神、增强团队协作意识，建立正确生命观念、生命伦理认识的过程，也是达到课程思政教学目标的过程。为此，生物学各专业课既要贯彻课程思政的总体目标，培养学生的科学精神、生命观念等总体认知，又要在不同课程或教学环节中明确具体教学目标，侧重于培养学生某些方面的价值认同，从而保证生物学课程思政教学目标的有效达成。

1.1.2 生物学课程思政的教学基本要求

1. 维护生物学课程知识体系的完整性

生物学各门课程的前后衔接、教学顺序，以及课程内部章节设置是经过多年实践检验和经验总结而形成的，反映了该学科领域的发展脉络和知识点之间的逻辑关系，不能随意调换或更改，这是相关专业知识的体系化呈现，体现了生物学的科学性、严谨性和系统性。在生物学课程思政教学过程中，思政素材和价值要素附着于（衍生于）生物学专业知识点，渗透于生物学专业知识体系。课程思政既不能随意减少专业课时数，也不能随意打乱生物学专业知识体系，否则就是无源之水、无本之木。

2. 遵循课程知识与价值取向的关联性

生物学各门课程既有共同的学科价值，如求真务实、追求真理、珍爱生命、爱护环境等观念，各门课程蕴含的价值观又有所侧重，如植物学、动物学、微生物学所蕴含的是生命观念，分子生物学蕴含的是追求真理、勇于创新的科学精神等。同时生物学教学科研又与国计民生息息相关，如生物经济、生物医学的新突破、新发现等，这些都与爱国主义、家国情怀、责任担当、牺牲奉献等精神品格紧密相连，都是在专业课教学中开展课程思政教学的重要元素,有利于激发青年大学生的社会责任感及投身强国建设的热情和干劲。

3. 增强思政素材与学科专业知识的适切性

从知识性与价值性的角度来看,专业知识与思政素材存在着本体和客体及外显与内隐的关系。换言之,思政素材、价值元素不是凭空而来的,而是内在附着于专业知识中的,不能生搬硬套、东拼西凑、无中生有,否则就是无病呻吟、虚情假意、空洞乏味,会严重损害专业课程的严谨性、科学性和系统性,也会影响课程思政的实效性。因此,在生物学课程思政教学中必须坚持实事求是的态度,尤其需要强调挖掘运用思政素材和价值要素必须立足生物学专业知识的客观实际,必须与专业知识的价值本源、价值立场等保持一致。

1.2　生物学课程思政的教学目标与教学重点内容

1.2.1　生物学课程思政的教学目标

古今中外,无论教育思想怎样变化,教育目标都具有共同点,即培养社会所需要的人。具体而言,就是培养社会发展、知识积累、文化传承、国家存续、制度运行所要求的人。课程思政建设目标必须围绕人的发展和人的成长,聚焦提高人才综合素质这个核心点,立足各门专业课程知识所蕴含的价值性、人文性、启发性和过程性,发挥课程的育人功能,将知识传授、能力塑造和价值引领有机融合,最终实现育人与育才的有机统一。从教育教学角度看,课程思政教学是以各类专业课程的知识为载体进行思想、观念、精神等灌输引导的隐性教育的过程和方法。因此,总体上,生物学课程思政的教学目标就是将主流价值观念、精神文化等融入生物学各门专业课的知识传授过程中,潜移默化地影响和形塑学生的思想认知和精神世界,帮助学生形成社会主流所期望的思想品德修养、社会价值认同和精神境界追求。需要说明的是,由于生物学每门课程知识既相互联系又各不相同,因此具体到各门课程中的思政素材和价值塑造,在具体教学目标上又有所差异和侧重。

1.2.2　生物学课程思政的教学重点内容

教育部印发的《高等学校课程思政建设指导纲要》明确指出,课程思政建设内容要紧紧围绕坚定学生理想信念,以爱党、爱国、爱社会主义、爱人民、爱集体为主线，围绕政治认同、家国情怀、文化素养、宪法法治意识、道德修养等重点优化课程思政内容供给，系统地进行中国特色社会主义和中国梦教育、社会主义核心价值观教育、法治教育、劳动教育、心理健康教育、中华优秀传统文化教育。总的来看，课程思政的教学内容丰富庞杂，体现到各具体学科领域时所需要的教学侧重点有所不同，具体融入方法也有所不同。生物学将生命现象和生命规律作为研究对象，具有自身独特的知识结构和学科价值体系，生物学课程思政必须把两者结合起来建构教学内容。为更好地帮助相关专业教师开展教学，启发课程思政的教学思路，本书整理并提炼出了"五向度、十维度"的课程思政教学内容要点。

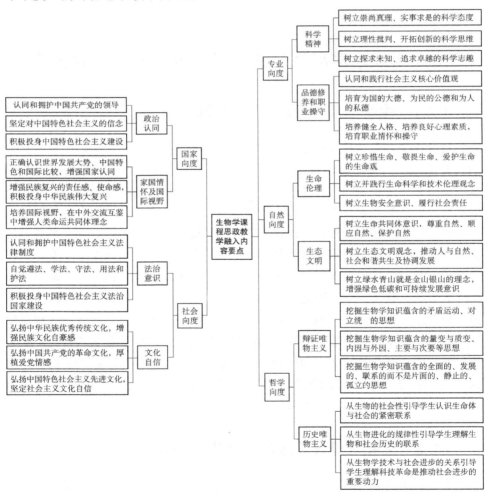

1. 国家向度

国家向度主要指面向国家层面应具备的价值观念，包括政治认同、家国情怀及国际视野等内容。牢固树立以"身为中华民族一分子，愿为中华民族伟大复兴尽心尽力"的自豪感、责任感为核心的家国情怀意识。能够正确看待世界大势、中外差异和中国特色，通过正确比较鉴别增强国家认同、民族认同、政治认同。比如，通过感悟我国抗疫斗争取得的伟大成就来体会"人民至上、生命至上"的执政理念，坚定对中国共产党的信任，坚定对中国特色社会主义的信念，坚定对实现中华民族伟大复兴的信心。

2. 社会向度

社会向度主要指面向社会层面应具备的价值观念，包括法治意识、文化自信等内容。文化自信是最基本、最深沉、最持久的力量，是影响思想方式和行为习惯最基本的因素。法律是规则和规范，现代社会是法治社会，只有人人懂法、守法、用法，个体才能和谐相处，社会才能有序运转。通过将中华优秀传统文化、革命文化、社会主义先进文化和法律价值等融入相关知识点，引导学生坚定社会主义文化自信、文化认同和法治认同，自觉做中华文化与中国法制的传播者、弘扬者和践行者。

3. 专业向度

专业向度主要指面向专业层面应具备的价值观念，包括科学精神、品德修养和职业操守等内容。生物学是一门严谨的自然科学，科学精神是人类文明皇冠上的明珠，也是科学的灵魂和马克思主义的精髓。科学以求真、求实、求新为核心，包括科学态度、科学思维、科学志趣等。品德修养是人之所以为人的道德底线，职业操守是学生成为生物学专业人必备的专业规范，以求仁、求善、求美为核心，包括社会主义核心价值观、个人品德、职业情怀、专业精神等。比如，爱岗敬业、遵纪守法、求实公正、不开展违背现有人类伦理道德及危害人类身体健康的科学研究。可以说，科学精神、品德修养及职业操守是生物学专业人必须具备的价值底蕴。

4. 自然向度

自然向度主要指面向自然层面应具备的价值观念，包括生命伦理、生态文明等内容。生物学需要时刻观照生命体及其与自然界的关系，其研究范畴、研究方法、研究目的本身就蕴含着对生命意义的思考，以及对生命体与自然界关系的价值追问。只有认清生命的价值，才能尊重生命、敬畏生命、珍惜生命；只有认识到人类与生命体、与自然界休戚与共的紧密关系，才能牢固树立生命共同体意识，增强绿色低碳和可持续发展观念，做到人与自然和谐共生。

5. 哲学向度

哲学向度主要指面向哲学层面应具备的价值观念，主要包括马克思主义哲学的辩证唯物主义和历史唯物主义等内容，包含物质与意识、对立统一、矛盾运动、普遍联系、内因与外因、量变与质变、生产力与生产关系、经济基础与上层建筑等基本观点，是科学的世界观和方法论。这些观点与生物学所关注的生命活动规律、生命体之间关系等内容有天然的联系。比如，生命共同体观点可以用事物普遍联系的哲理来解读，遗传和变异规律可以用内因与外因辩证统一的哲理来阐释。总之，可以在生物学课程知识的基础上抽象出若干哲学问题，包括马克思主义哲学的追问和思考；同时也可以运用马克思主义哲学基本观点指导开展生物学研究。这对于引导大学生掌握马克思主义立场、观点、方法具有重要意义。

1.3 生物学课程思政的教学策略与设计原则

1.3.1 生物学课程思政的教学策略

课程思政教育教学本质上是从专业知识中挖掘思政素材并赋予其价值感来激发和塑造学生价值观的过程。在实践中可尝试从价值挖掘、价值锁定、价值延扩三个环节来建立生物学课程思政教学策略。

首先，将专业课程知识作为载体，挖掘所蕴含的思政素材以构成价值基底。思政素材是创生并内隐于专业知识中的，必须通过加工而外显出来，从而被师生接纳。通常可从以下几方面着手。一是从生物学专业知识中挖掘，因为专业知识的选择和编排顺序都体现了价值标准和价值关系，这是重点的挖掘渠道。二是从生物学知识的重要发现者、创建者、传播者中挖掘，因为探索真理的人身上往往蕴含宝贵的精神财富。三是从生物学的学科思想中挖掘，因为学科思想蕴含独特的学科价值，这也是学科活的灵魂。四是从生物学知识的创建、演进和重构的相关背景中挖掘，因为任何一个学科的形成和构建背后都源于价值力量的推动。五是从专业知识应用与国计民生的关联中挖掘，因为其中蕴含着爱国情怀、责任担当、职业精神、团结协作、社会良知等价值资源。

其次，将思政素材与学生需求相结合，锁定明确价值目标。思政素材的价值感必须通过相应路径进行传导，才能激发学生的价值认同和价值内化。一是与学生专业性发展结合起来，比如通过导向学生的专业兴趣、专业能力、专业规划等专业发展方面来积蓄价值潜力。二是与学生个性化发展需求结合起来，比如通过导向学生的兴趣爱好、生活经历、经验教训等来激发价值潜力。三是与学生的全面性发展需求结合起来，比如学生的成长需要多方面素质，除了需要专业能力，还需要健全的人格、健康的心理、丰富的情感及艰苦奋斗、团结协作等精神品格，这些都是可以从专业教学中传导的价值取向。四是与学生社会性发展需求结合起来，一方面导向社会适应性需求，比如通过生物学对新冠疫情及防疫政策的研究，可以导向坚持党的领导、坚持中国特色社会主义、传承优秀传统文化、鉴别中外国情差异等，以此来帮助学生更好地调适和建立自己的价值观，以更好地认识和适应社会；另一方面导向变革性社会需求，比如生命科学领域科技变革带来产业革命，尤其是生物经济发展对学生未来发展的重大影响，同时激发学生思考社会变革的原因及自身的责任担当和奋斗目标等价值元素。

最后，将多维手段融入教学体系，增强价值延伸实效。教师的教学手段越丰富，激发学生价值引领的效果就越好。从教学规律来看应注意以下几方面：一是注重强化学习体验和反思。学习体验和反思是激发价值效应的有效手段，缺乏体验和反思，任何价值都无法被认同和接受。因此要注重与学生过往的生活经验、学习经历及已有价值感汇集、活化，从而诱发价值感受。二是注重强化教学交往。教学交往是激发价值效应的重要手段。常用教学交往的方式有沟通式交往、合作式交往、批判式交往和创新式交往。三是注重体系化拓展价值实效，即从时间维度上，把价值实效从学习期引入工作期乃至全生命周期；从空间维度上，把价值引领从课堂教学向社会课堂、实习实践、毕业设计等环节延伸；从内容维度上，不断延展思政素材的价值层次，将内容广度和深度予以拓展，从而强化价值实效。

1.3.2 生物学课程思政的教学设计原则

一般来说，教学设计应该遵循的普遍性原则有：教学目标原则、学生中心原则、因材施教原则。结合生物学科课程思政的教学实际，在实践过程中，应该遵循以下几个原则：一是准确定位课程思政教学目标。教学设计的核心是教学目标，必须根据不同课程内容和学生思想实际制订恰当的教学目标，不同章节和内容应有所侧重和衔接，避免面面俱到，以实现教学效益最大化。二是选择合适的课程思政教学内容。课程思政教学没有固定教材可以参考，因此教学内容尤其是教学素材、案例和思政素材的选择和挖掘尤其重要，必须注意与教学目标相适应，要考虑到课程内容、难度和可操作性等因素。三是运用恰当方法讲授课程思政内容。不同课程内容需要运用不同的教学方法，比如小组讨论、案例分析、情景讲述、启发反思等，也可以多种方法综合运用，要根据具体内容灵活运用。四是准确把握学生的学习和思想特点。要根据生物学科学生的学习特点、思想特点、兴趣特点等来设计教学方案，做到有的放矢。

1.4　生物学课程思政的教学评价要求与评价体系

1.4.1　生物学课程思政的教学评价要求

虽然在理论层面，科学评价体系和评价方法是改进教育教学质量、提升教学效果必不可少的重要环节，但在实践中由于课程思政教学中价值塑造所独有的内生性、长期性、隐蔽性和体验性，课程思政教学效果难以准确把握和评判。从功能来看，课程思政教学评价以实现价值引领、价值认同，落实立德树人根本任务为目的。从评价内容来看，涉及学生、教师、保障条件等内容。从评价主体来看，学生是目标主体，教师虽然不是构建课程思政教育教学的唯一主体，却是重要的参与主体和被评价对象。从实施路径来看，课程思政与专业课程的内容、结构、目标上有差异性和互补性，在评价体系构建上应有自己独特的特点。因此在实践过程中，课程思政教学评价尤其应注重评价主体的多元性、评价内容的多维性、评价方法的多样性、评价反馈的关联性，从而提升课程思政教学评价的准确性和有效性。

1.4.2　生物学课程思政的教学评价体系

虽然课程思政作为一种新兴的课程观正在实践中逐步完善，教学成效评价在实践操作中存在诸多困难，但是理论上构建课程思政教学评价体系，涉及评价主体、评价内容、评价方法、评价反馈等内容。评价主体是指参与教学评价活动的个人或团体，多个评价主体有助于从不同视角来评价学生受教育的表现，因此在校内评价中应构建督导评教、同行评教、学生评教的多元评价主体，使得评价更加客观、全面和科学。就评价内容来看，要突出学生这个中心，评价内容要关注学生学习效果、学业收获，将学生的价值立场、情感态度、学科知识掌握程度、学生创造性和批判性思维能力发展都纳入评价体系加以考查，以期对学生总体学习情况有完整、立体的了解；还要注重对教师主导作用的评价内容，将评价贯穿教师教学的整个过程，强调教师是否具备相应的将价值引领融入知识传授的能力。此外，还应注重评价是否具备相应经费投入、规章制度等保障条件。就思政教育评价方法来看，常见的有量表法、关键事件法、思想政治素养档案法等，但是这些传统方法已经不能适应数字时代学生的网络化生活和学习方式，因此应该尝试运用大数据手段分析学生的思想行为，使评价更加多样、精准、客观、动态和高效。此外，还应注重评价反馈，反馈是评价体系必不可少的环节，要通过告知沟通和激励约束等环节来帮助教师判断教学是否趋向课程思政教学目标，即告知教师方向、方法是否正确，是否还有其他更有效的方法，并把相关结果与教师的绩效考核、职称评定等挂钩，通过建立评价结果的激励政策体系来增强约束力。

参 考 文 献

杜震宇，张美玲，叶方兴. 2020. 生物学科课程思政教学指南. 上海：华东师范大学出版社：4.

教育部网站. 2020. 教育部关于印发《高等学校课程思政建设指导纲要》的通知.（2020-05-28）（2022-06-07）http://www.gov.cn/zhengce/zhengceku/2020-06/06/content_5517606.htm.

陆道坤. 2018. 课程思政推行中若干核心问题及解决思路——基于专业课程思政的探讨. 思想理论教育，（3）：64-69.

蒲清平，何丽玲. 2021. 高校课程思政改革的趋势、堵点、痛点、难点与应对策略. 新疆师范大学学报（哲学社会科学版），（5）：105-114.

余双好. 2019. 思政课教学要坚持价值性和知识性相统一.（2019-10-17）（2023-9-23）http://www.china.com.cn/opinion/theory/2019-10/17/content_75310742.htm.

王祖山，谭雪菲. 2023. 课程思政从"悬浮"到"落地"的实践策略. 中南民族大学学报（人文社会科学版），（4）：165-172，188.

习近平. 2018-05-03. 在北京大学师生座谈会上的讲话. 人民日报，（01）.

第二章

"植物学"课程思政教学设计与典型案例

2.1　"植物学"课程简介

2.1.1　课程性质

"植物学"是植物科学与技术、农学、园艺、风景园林、中药学、林学等所有植物生产类、生物教育、生物科学等专业必修的专业基础核心课程。它是研究植物的形态结构、生长发育规律、植物与环境的相互关系、植物的分布规律、植物的进化与分类和植物资源利用的一门学科。

2.1.2　专业教学目标

掌握植物科学基本理论体系，包括理解植物细胞、组织、器官的结构特征及功能的基础知识，运用分类学原理鉴别植物，认识植物各大类群及其相互之间的亲缘关系和系统发育的规律。运用植物科学的基础知识和基本规律，分析与植物有关的生命现象，培养学生独立观察、运用创新思维分析和解决植物科学问题的能力，塑造思考和探索事物本质和内在规律的能力素质。此外，学生还要能够运用植物科学的知识和视角，正确看待人与自然的关系，掌握科学严谨的思维方法和分析能力，弘扬实事求是、追求真理的实证科学精神。

2.1.3　知识结构体系

按照教学内容，该课程主要分为 4 个教学板块，即绪论、植物的结构、孢子植物和种子植物，其知识结构体系见表 2-1。

表 2-1 "植物学"课程知识结构体系

知识板块	章节	课程内容
一、绪论	第一章 绪论	1. 植物学的研究对象、内容、基本任务及发展趋势 2. 植物在分界中的地位,植物的主要类群 3. 植物在自然界和人类生活中的作用和植物科学在自然科学和国民经济发展中的意义 4. 植物学研究的前沿领域和动态 5. 本课程的学习要求、方法和建议
二、植物的结构	第二章 植物细胞	1. 细胞的基本特征 2. 植物细胞的基本结构 3. 植物的后含物 4. 植物细胞的分裂、生长、分化和死亡
	第三章 植物组织	1. 植物组织及其形成 2. 植物组织的类型 3. 植物组织的演化、复合组织和组织系统
	第四章 种子和幼苗	1. 种子的基本组成 2. 种子的基本类型 3. 种子的萌发和休眠 4. 幼苗的类型
	第五章 植物的营养器官——根	1. 根的形态特征和生理功能 2. 根的发育和根尖结构 3. 根的初生生长和初生结构 4. 根的次生生长和次生结构 5. 根的变态 6. 根瘤和菌根
	第六章 植物的营养器官——茎	1. 茎的功能和经济价值 2. 茎的形态 3. 茎尖结构及其生长动态 4. 茎的初生生长和初生结构 5. 茎的次生生长和次生结构 6. 茎的变态 地上茎的变态(肉质茎、茎刺、茎卷须、叶状茎),地下茎的变态(根状茎、鳞茎、球茎、块茎)
	第七章 植物的营养器官——叶	1. 叶的功能和经济价值 2. 叶的组成及各部分的结构特点和功能 3. 叶的发生和结构 4. 叶的变态 5. 叶的结构与生态环境的关系 6. 叶的衰老与脱落
	第八章 营养器官之间的联系	1. 营养器官之间维管组织的联系 2. 营养器官主要生理功能的联系 3. 营养器官生长的相关性

知识板块	章节	课程内容
二、植物的结构	第九章 植物的生殖器官——花	1. 花的概念和基本组成 2. 花芽分化 3. 雄蕊的发育和结构 4. 雌蕊的发育和结构 5. 开花、传粉和受精 6. 花发育的最新研究进展
	第十章 植物的生殖器官——种子和果实	1. 种子的发育和结构 2. 果实的发育和结构 3. 被子植物生活史
三、孢子植物	第十一章 植物分类的基础知识	1. 植物分类学简介 2. 植物分类的方法 3. 分类阶元及命名 4. 检索表及其应用
	第十二章 低等植物（藻类、菌类和地衣）	1. 藻类植物的形态特征、分类与用途 2. 菌类植物的形态特征、分类与用途 3. 地衣植物的形态特征、分类与用途
	第十三章 苔藓植物和蕨类植物	1. 苔藓植物的特征、生活史与分类 2. 蕨类植物的特征、生活史与分类 3. 蕨类植物的发生与进化
四、种子植物	第十四章 裸子植物	1. 裸子植物的主要特征和形态结构 2. 裸子植物的分类系统 3. 裸子植物中的代表类群 4. 裸子植物的发生和演化
	第十五章 被子植物	1. 被子植物的基本特征 2. 被子植物的形态学术语 3. 被子植物的发生与演化 4. 被子植物的分类系统 5. 被子植物的代表类群 （1）双子叶植物——木兰亚纲 （2）双子叶植物——金缕梅亚纲 （3）双子叶植物——石竹亚纲 （4）双子叶植物——五桠果亚纲 （5）双子叶植物——蔷薇亚纲 （6）双子叶植物——菊亚纲 （7）单子叶植物

2.2 **"植物学"课程思政**

2.2.1 课程思政特征分析

1."植物学"课程中思政素材丰富多样

"植物学"作为多个学科的基础课程,需要融入丰富的课程思政素材。在教学过程中,可以将科学精神、爱国情怀、生态文明、国际视野、人文素养及自我调节等思政素材有机融入各章节和各教学环节。例如,在讲授植物的分类系统时,可以从早期的人为分类系统、自然分类系统转变到现代的分子系统学,探讨其中所蕴含的认识论、方法论、自然辩证法的哲学思想与思维方式(历史思维、辩证思维、系统思维、创新思维)。另外,结合国家战略,可以讲述植物资源的开发与利用对国民经济发展的重要价值,理解"绿水青山就是金山银山"的科学内涵。通过讲述科学,如袁隆平、屠呦呦、吴征镒等大师的科研事迹,激发学生的文化自信和家国情怀,培养他们的爱国情怀及为国家和人民贡献力量的责任感。

2. 中华传统文化是植物学课程思政的良好载体

中华传统文化博大精深,其中有关植物的诗词、经史子集不胜枚举。"植物学"课程中蕴含着丰富的中华优秀传统文化,通过描写植物根、茎、叶、花和果实等主要知识点的古诗词,可以让课堂时刻充满着中华优秀传统文化气息。教师可以做足课前准备,运用古诗词给学生讲解植物的形态特征和结构特点。例如,通过"洁白全无一点瑕,玉皇敕赐上皇家""若与八仙同日语,因何九蕊有香来"来讲述琼花的特点;通过"苔花如米小,也学牡丹开"来讲述花的进化;通过"万里客愁今日散,马前初见米囊花"来讲授罂粟科植物的特点;通过"紫藤挂云木,花蔓宜阳春"来讲授紫藤的特点等。这种教学模式将文化素质教育渗透于专业课教育中,有助于培养学生的文化自信和提高学生的文化素养,使学生在学习植物学的同时,感受到中华优秀传统文化的魅力和内涵。

3. 植物学专业实践是在细节处融入思政教育的良好契机

对于理科学生,专业实践课是提高其综合素质所需的重要内容。在植物学野外实习中,学生通过动手操作、观察和倾听,能够更深入地理解植物学知识,并体会到"绿水青山就是金山银山"的科学内涵。对各地的植物野外实习考察，体味其中的艰辛可以使学生珍惜当前优越的学习条件，激励他们不负韶华，为实现伟大的中国梦做出自己应有的贡献。这种实践教学方式不仅能够提升学生的专业素养，还能够培养其爱国情怀和责任意识，使他们成为具有高度社会责任感的优秀人才。

2.2.2 课程思政教学目标

课程思政教学，可以使学生掌握植物学的基本理论和方法，培养他们的科学思维能力。同时，通过深入理解"绿水青山就是金山银山"的科学内涵，可以增强学生的环境保护意识和生态文明观念，激发他们对生态环境的责任感。此外，课程思政还有助于增强学生的四个自信，即道路自信、理论自信、制度自信、文化自信，使他们在学习和实践中更加自信坚定，为国家和社会的发展做出积极贡献。

2.2.3 课程思政素材

本书以贺学礼主编的《植物学》（第2版，科学出版社）为例，将从绪论开始系统梳理植物学的相关知识点，并融入思政素材，为广大授课教师提供典型教学参考案例。

第一章为绪论，其教学目标包括：了解植物学的发展概况、学科特点、课程内容和学习要求；掌握植物系统发育和个体发育相关的基本概念；掌握植物学课程的学习方法；理解植物作为生物圈第一生产者的地位，树立人与植物和谐相处的理念；认识到植物学是一门实践科学。思政素材梳理见表2-2。

表 2-2 绪论部分思政素材梳理表

知识点	思政素材	思政维度
植物学的定义和起源	（1）我国古代先民在《诗经》《楚辞》等经典著作中对植物进行了描述，这些描述反映了古代文人对自然界植物的观察和感悟，体现了对植物的敬畏和赞美之情 （2）河姆渡遗址中出土了大量的稻谷和叶片，证明我国拥有悠久的水稻栽培历史。这些考古发现揭示了古代先民对水稻的种植和利用，为我们了解中国古代农业文明提供了珍贵资料 （3）《山海经》是我国本草著作的开先河之作，记录了丰富的植物资源和奇异的动植物形态特征，对中国古代植物学研究具有重要意义，也为后世植物学家提供了宝贵的参考资料 （4）《尔雅》中的"释草""释木"两篇记录了大量草本植物和木本植物，反映了古代对植物的分类和认识。这些记载对	文化自信 科学精神 国际视野

知识点	思政素材	思政维度
植物学的定义和起源	于研究古代植物学、了解古代人对植物的观察和认知具有重要价值 (5)古希腊的"植物学之父"泰奥弗拉斯托斯在其著作中对植物进行了系统的分类和描述,奠定了植物学研究的基础,对后世植物学家产生了深远影响,被誉为植物学的奠基人	
我国植物学的建立和发展	(1)李善兰等合译了我国第一部植物学专著《植物学》,其中大量的名词被日本运用。这部著作对中国现代植物学的发展产生了深远的影响,也促进了中日植物学领域的学术交流和合作 (2)钟观光是中国第一位广泛运用科学方法研究植物分类学的学者。他的研究为中国植物学的发展奠定了基础,开启了中国植物分类学的现代化进程 (3)钱崇澍是中国植物学领域的重要学者,在国际杂志上发表了中国第一篇新物种文章,第一篇植物生理学和地植物学文章。他的研究成果在国际上具有重要影响,为中国植物学的发展树立了良好的学术声誉	家国情怀 科学精神
研究植物的意义	(1)生物多样性保护:指保护和维护地球上各种生物种类和生态系统的丰富性及多样性,以维持生态平衡、保护生物资源和生态系统功能为目的 (2)入侵物种:指非本地区生物种群进入新的生态系统,并对当地物种、生态系统结构、功能和生态学过程造成不利影响的生物 (3)气候变化与植物生态学:研究气候变化对植物分布、生长、繁殖和生态系统功能等方面的影响,以及植物对气候变化的响应和适应机制 (4)遗传资源与植物育种:涉及植物基因组、种质资源、遗传多样性等方面的研究,以及利用这些资源进行植物育种和改良的相关工作 (5)全球合作与国际协议:指国际在生物多样性保护、环境保护、气候变化应对等领域展开的合作与协议,旨在共同应对全球性的环境与生态挑战,保护地球生态环境和人类福祉	国际视野 法治意识 生命伦理 生态文明

《植物学》(第2版)的第二章和第三章主要介绍植物细胞与组织的结构和功能,将其作为理解植物结构和生物学基础的重要内容。其中,第二章着重介绍植物细胞的结构组成、细胞器的功能及细胞的生理活动。学生将了解到植物细胞与其他类型细胞的区别,如植物细胞具有细胞壁、液泡和叶绿体等特有的结构。通过比较植物细胞和其他类型细胞的特点,加深对植物细胞结构和功能的理解。

第三章重点介绍植物组织的分类、结构和功能,包括细胞间质、表皮组织、导管组织和基本组织等。通过学习不同类型组织的结构和功能，学生将理解到植物体内各种组织的协同作用和相互配合，以维持植物生长发育和生活活动的正常进行。同时，强调"结构与功能相适应"的理论主线，帮助学生理解植物体内各种结构的形成和功能的关联性，为后续学习植物生态学和植物生理学等打下更坚实的基础。思政素材梳理见表 2-3。

表 2-3 植物细胞与组织部分的思政素材梳理表

知识点	思政素材	思政维度
细胞的发现及细胞学说建立	（1）胡克改良了显微镜，这标志着人类对微观世界的突破和认知，展现了人类勇于探索未知领域的精神。胡克观察到植物死细胞并将其命名为"细胞"（cell），不仅揭示了生命中基本单位的存在，也开启了细胞学的研究，推动了生命科学的发展。这反映了人们对自然奥秘的探索和认知，激发了求知欲，弘扬了探索精神 （2）列文虎克第一次观察到了活细胞，这一发现深化了对生命的理解，彰显了对生命起源和生命活动的持续关注和不断探索的决心。这体现了人类对未知领域的勇于突破和不断探索的精神，激励学生勇于探索未知、追求真理 （3）施莱登和施万提出了细胞学说，将细胞视为生命的基本单位。这一理论的提出彻底改变了人们对生命的认识，推动了整个生命科学领域的发展。这反映了人类对生命奥秘的不懈追求和科学理论的不断进步，强调了实事求是、追求真理的科学精神	科学精神
植物细胞形态和结构	（1）了解植物细胞结构的复杂性和结构与功能的适应关系，有助于引导学生树立尊重生命、热爱生命的观念。通过深入了解植物细胞的结构和功能，让学生体会到生命结构的复杂性和整体性，从而增强对生命的敬畏和热爱。这有助于培养学生的生命意识和生态意识，引导他们尊重、保护和珍惜生命 （2）植物细胞的研究对于可持续农业、粮食生产和生态系统保护至关重要。可以通过强调可持续发展原则，教育学生如何在保护植物资源的同时满足人类需求。学生应该意识到植物细胞研究的重要性，以及如何在科学技术的发展中实现经济增长和环境保护的平衡 （3）植物细胞利用叶绿体吸收光能，将光能转化为化学能，成为地球生命的主要能量来源。通过了解这一过程，可以增强学生保护植物资源的意识。学生明白植物对于地球生态系统的重要意义，理解保护植物资源对于维持生态平衡和人类生存的重要性，有助于培养学生的环保意识和责任感	科学精神 生态文明 国际视野 可持续发展
植物细胞代谢产物	（1）了解淀粉作为人类主要能量来源的重要性，可以引导学生认识到食物与能量之间的关系，培养节约能源、珍惜资源的意识。淀粉作为碳水化合物的主要形式存储在植物细胞的特定器官中，通过消化和代谢过程，人类可以从淀粉中获取能量，维持身体的正常运转	学农爱农 家国情怀 科学精神

知识点	思政素材	思政维度
植物细胞代谢产物	（2）紫杉醇的发现是一项重要的科学成就，它是一种来源于紫杉树的有效抗癌药物。这个发现强调了植物资源的重要性，提醒人们要珍惜和保护植物多样性，以及探索植物中潜在的药用价值。此外，也可以通过紫杉醇的发现故事，激发学生对科学研究的兴趣，培养他们探索未知领域的勇气和毅力 （3）屠呦呦发现的青蒿素对于抗疟疾具有重大意义，是中国传统药物的重要发现之一。青蒿素的发现，可以引导学生了解中药的研究价值和植物药物在现代医学中的重要性，也可以激发学生对中医药文化的兴趣，增强他们对传统药物和药理学的认识	
植物组织	（1）植物各个组织的分类方法符合对立统一的原则，即在分类中体现了各组织之间的差异性和相似性。通过对不同组织的特点进行分类，可以更好地理解植物的结构和功能，体现对立统一的辩证思维方法 （2）植物组织的演化与生命的演化相适应，表现在植物组织的结构和功能在长期进化过程中逐渐适应了生命在不同环境下的需求。这种适应性反映了生命的进化过程中对环境的适应和变化，体现了生命的多样性和复杂性 （3）引导学生思考一群细胞如何执行统一的功能，可以帮助他们从生物学角度理解团结互作的重要性。学生可以通过观察植物组织中细胞的分工与协作，领悟到个体的生存和发展离不开团结协作的集体力量。这种启示有助于培养学生的集体观念和团队合作精神，促进他们在生活中更好地融入集体、发挥个人优势	批判精神 团队协作

在植物的营养器官部分，首先介绍植物的主要结构及其功能。学生需要学习植物的主要结构，包括根、茎、叶等器官及它们的功能。例如，根主要负责吸收水分和无机盐，起到提供支撑和固定植物的功能；茎主要负责输送水分、养分和支撑植物体，同时承担着光合作用的功能；叶主要负责进行光合作用，吸收光能并将其转化为化学能。其次，介绍营养器官（根、茎、叶）的发育过程。学生需要了解植物根、茎、叶的发育过程，包括从幼苗到成熟植物的生长发育过程，以及不同器官在发育过程中的特点和功能变化。

通过该部分的学习，学生应当能够理解不同植物结构具有共同的结构基础，即细胞、组织、器官和系统，以及它们在植物生长发育和功能实现中的协调作用。同时，学生还应当掌握植物结构与环境高度适应性的对应关系，即不同结构在不同环境条件下的适应性特点，这有助于加深他们对植物生长发育和生态适应性的理解。本部分的思政素材梳理见表2-4。

表 2-4　植物营养器官部分的思政素材梳理表

知识点	思政素材	思政维度
根的结构特点	（1）"根深叶茂、本固枝荣"强调了科学发展需要夯实基础，就像植物的生长需要坚实的根系和茂盛的叶子一样。引导学生认识到只有具备扎实的基础知识和技能，科学研究和发展才能取得长足进步，才能为社会进步和人类福祉做出更大贡献 （2）在介绍根的变态部分时，通过红薯的块根及其历史传播故事，不仅展示了红薯作为一种重要粮食来源的历史意义，还向学生传达了国际交流的重要性。通过故事的融入，可以培养学生的国际视野，使他们意识到不同地区植物资源的传播对于社会发展的重要作用，同时也拓展了学生的人文素养，让他们更加关注人类历史和文化的交流与发展 （3）在讲解菌根的部分，引导学生思考植物与土壤微生物之间的相互依存关系，从而引发对个人与环境关系的思考。这有助于学生辩证地看待个人的发展与环境的关系，意识到个人的成长离不开环境的支持与影响，从而培养学生珍惜和保护生态环境的意识	家国情怀 生态文明
茎的结构特点	（1）介绍植物根、茎、叶作为中药材的经济价值，引导学生认识到生态环保与法治意识的重要性。通过讲解乱采滥伐可能带来的生态破坏，可以帮助学生建立正确的生态观，增强对自然资源的保护意识，提高学生参与生态保护的积极性 （2）以南方红豆杉为例，说明经济价值过高导致的乱伐问题，有助于引导学生关注植物资源的保护。通过介绍南方红豆杉成为国家一级保护植物的背景和原因，可以增强学生对植物资源保护的认识，引导他们积极参与保护行动，为生态环境的可持续发展贡献力量 （3）以杜仲树皮为例，教授学生如何科学可持续地利用植物资源，可以使学生深刻认识到自然资源可持续发展的重要性。通过学习杜仲树皮的利用方式和管理方法，培养学生对于植物资源的合理利用和保护意识，引导他们在未来的实践中积极倡导可持续发展理念 （4）竹子在中国文化中具有特殊的文化含义。通过介绍竹子在传统文化中的应用和象征意义，可以激发学生对于传统文化的热爱和理解，引导他们传承和弘扬优秀的中华传统文化，提升文化自信心	法治意识 生态文明 文化自信
叶的结构特点	（1）讲解叶片形态与环境之间的关系，可以引导学生辩证地看待个人发展与社会环境的关系。通过解析不同叶片形态与其所处环境的适应关系，启发学生思考个体与环境之间的相互作用，从而培养学生关注社会环境、珍视生态资源的意识，引导他们积极投身于环境保护和可持续发展的实践中 （2）叶片通过光合作用提供氧气、吸收二氧化碳，对生态系统和全球气候稳定起重要作用。思政教育可以帮助学生深刻理解叶片在生态系统中的价值，明白保护生态系统的重要性。通过学习叶片的功能和作用，激发学生的环保意识，引导他们行动起来，为生态环境的保护和改善贡献力量 （3）叶片研究与可持续农业、林业和食品生产密切相关，符合国家倡导的可持续发展原则。思政教育可以使学生了解如何将可持续发展原则应用于农业生产实践中，以确保植物资源的可持续利用。通过学习叶片的研究，培养学生的可持续	爱农学农 生态文明 批判精神

知识点	思政素材	思政维度
叶的结构特点	发展意识和实践能力，引导他们在未来的工作中积极践行可持续发展理念 （4）通过讲解根、茎、叶的联系，让同学们了解三者之间是相互依赖又相互促进的。在思政教育中，可以通过这种关系展示团结互助的集体观念，培养学生的团队合作精神和社会责任感。通过深入理解植物的生长结构和生理功能，学生将更加珍视自然界的生命，提升对团队合作与社会和谐的认识	

植物生殖器官部分主要讨论了花朵、种子及果实的结构、功能和发育过程。通过学习这一部分，学生应该掌握植物生殖器官的结构和功能，以及理解生殖过程在植物生命周期中的重要性。种子和果实是人类主要的营养来源之一，因此了解它们不仅有助于认识我国农业的悠久历史，也有助于理解现代农业研究的重要意义。思政素材梳理见表 2-5。

表 2-5　植物的生殖器官部分思政素材梳理表

知识点	思政素材	思政维度
花的结构与发育过程	（1）古代诗词中充满了对花的赞美和描述，这不仅是对自然美的赞颂，也是对传统文化的弘扬。诗词中对花的描绘往往蕴含着深厚的文化内涵，反映了古人对自然的敬畏和对生命的感悟 （2）对花朵进行的精细解剖需要大量的时间和精力，这体现了科学精神。通过深入解剖花朵的结构，学生能够更深入地理解植物生殖器官的构成和功能，从而提升对科学探究的兴趣和能力 （3）花器官发育 ABC 模型的提出和发展展现了科学精神的进步。该模型通过对花发育过程的深入研究，揭示了花器官发育规律，为植物生殖器官的形成提供了重要理论支持	文化自信 科学精神
种子的结构与发育过程	（1）在强调种子的重要性时，可以提及我国的种子库建设，这不仅推动了科学技术的进步，也体现了对国家粮食安全和生态保护的重视。通过了解种子库的建设，学生能够增强对家国情怀的认同，意识到自己所学的知识与国家的发展密切相关，进而增强对国家建设的责任感和使命感 （2）钟扬教授收集西藏种子的英勇事迹是对科学家精神的生动诠释。这种无私奉献、勇于探索的精神值得学生学习和尊重。通过讲述这样的故事，可以激励学生积极探索、锐意进取，培养他们坚韧不拔、追求真理的科学家精神，为科学事业的发展贡献力量	家国情怀 生态文明
果实的结构与发育过程	（1）通过讲述柿子、柑橘等果实在传统文化中的含义，可以弘扬传统文化。这些果实在中国传统文化中往往具有吉祥、美好的寓意，如柿子象征着平安和吉祥，柑橘象征着好运和财富。通过深入了解和传承这些文化内涵，可以帮助学生更好地理解中国传统文化的丰富与深厚，增强对传统文化的认同和尊重	文化自信 国际视野 科学精神

续表

知识点	思政素材	思政维度
果实的结构与发育过程	（2）讲述袁隆平院士在杂交水稻上的事迹和重要贡献，不仅可以弘扬科学家精神，更能增强文化自信。袁隆平院士通过多年的辛勤研究，成功培育出高产优质的杂交水稻品种，为中国乃至全世界的粮食安全做出了巨大贡献。他的事迹激励着学生投身科学事业，同时也展现了中国科学家的智慧和实力，增强了国家的文化自信 （3）通过讲解番茄的发现和在世界范围的研究进展，可以培养学生的国际视野。番茄作为一种重要的农作物，在世界范围内受到广泛关注和研究。了解番茄的发现历史、品种特点及在农业、营养学等领域的应用，有助于学生拓展视野，认识到科学研究的国际性和交叉性，培养国际意识和提升国际竞争力	

植物分类的基础知识主要包括植物分类学的发展历程和基本方法。学习这部分内容，学生将能够掌握查询和使用植物学名的技能，以及利用检索表进行植物鉴定的基本方法。同时，了解植物分类学的发展历史可以激发学生的学习兴趣，加深他们对生物世界系统性和秩序性的理解。此外，强调合作精神和知识共享的重要性，将有助于学生认识到科学发展的基石所在。思政素材梳理见表 2-6。

表 2-6　植物分类的基础知识部分思政素材梳理表

知识点	思政素材	思政维度
分类系统	（1）讲述我国古代劳动人民对植物的分类可以弘扬传统文化。古代劳动人民通过长期实践，对植物进行了分类，形成了丰富的植物分类系统，如中草药分类、农作物分类等。这些分类系统反映了古代人民对植物的认识和利用，体现了他们对自然的敬畏和智慧，是中华传统文化的重要组成部分 （2）通过讲解林奈双名法的提出和传播，可以增强国际的科学合作，提升学生的国际视野。林奈双名法是现代生物学中最基本的分类方法，使用拉丁学名为植物命名，使得不同国家和地区的科学家能够使用统一的语言进行交流和合作。了解林奈双名法的起源和传播历程，有助于学生理解国际科学界的合作与交流，培养他们的国际意识和开放思维 （3）花器官发育 ABC 模型的提出和发展体现了科学精神。这一模型通过对花发育过程的深入研究，揭示了花器官的发育规律，为植物生殖器官的形成提供了重要的理论支持。花器官发育 ABC 模型的提出体现了科学家们对自然规律的不断探索和总结，展示了科学精神的创新和进步	文化自信 国际视野 科学精神
我国的植物分类	（1）我国拥有数量众多的种子植物，是世界植物种类最为丰富的国家之一，这一事实有助于增强我们的文化自信。中国的植物资源丰富多样，反映了我们国家自然生态环境的多样	家国情怀 科学精神 文化自信

知识点	思政素材	思政维度
我国的植物分类	性和独特性。这种多样的植物资源不仅丰富了我们的生态环境，也为我国的文化传承和发展提供了重要的物质和精神支撑（2）以我国最高科学技术奖获得者吴征镒院士为例，分享他带领团队编撰《中国植物志》的艰辛历程，能够激励学生珍惜科研工作的机会和珍贵的科学资源。吴征镒院士带领团队历经数十年的工作积累和努力，编撰了具有重要学术价值的《中国植物志》，为我国的植物学研究和生物多样性保护做出了卓越贡献。他的事迹鼓舞学生勇于追求科学事业，坚定地投身于科学研究和学术探索，同时也展现了我国科学家的智慧和勇气，为国家的科技进步做出贡献，从而赢得了尊重和荣誉	

在低等植物（藻类植物、菌类植物和地衣）部分，重点讲解藻类植物、菌类植物和地衣的主要结构特点和分类方法。通过学习这一部分内容，旨在让学生明确藻类植物的分类及主要特征，了解藻类植物的繁殖方式和生活史；同时，明确菌类植物的分类框架，认识常见的藻类植物和真菌类群及代表物种，掌握地衣是藻类和真菌的共生体。具体内容如下。

藻类植物：通过介绍藻类植物的形态特征、生活史和繁殖方式，学生可以了解藻类植物的多样性和生物学特点。这有助于学生对生物多样性的认识和尊重，同时引导他们关注环境保护和生态平衡的重要性。

菌类植物：讲解菌类植物的分类框架和常见类群，让学生认识到真菌在生态系统中的重要作用及其与植物和动物的区别。通过讲解真菌的生态功能和生活方式，可以引导学生更深入地思考生物间的相互关系和生态平衡。

地衣：地衣是藻类和真菌的共生体，可重点介绍地衣的结构特点和生活习性，让学生了解地衣的生物学意义和生态功能。以地衣为例，可以引导学生思考共生关系对生物多样性和生态系统稳定性的重要性，从而培养他们的环保意识和生态责任感。该部分的思政素材梳理见表2-7。

表2-7 低等植物（藻类植物、菌类植物和地衣）部分思政素材梳理表

知识点	思政素材	思政维度
藻类植物	（1）介绍某些藻类会引起水华或赤潮时，可以引导学生关注水环境污染的问题，增强他们的环保意识。水华和赤潮是某些藻类过度繁殖导致水体中的生态平衡被破坏，对水生生物和人类健康造成严重影响。通过了解这些藻类的特点和引起水华的原因，学生可以更加重视水环境的保护，积极参与环境保护活动，为改善水质和保护水生生物做出贡献	生态文明 文化自信 家国情怀

知识点	思政素材	思政维度
藻类植物	（2）介绍褐藻门的植物时，可以指出许多与人类生活紧密相连的褐藻。例如，海带是餐桌上的美食，许多褐藻还被用作中药材。为了可持续地利用这些植物资源，我国掌握了这些藻类的养殖技术。通过学习，学生不仅可了解到褐藻在人类生活中的作用，还能认识到可持续利用自然资源的重要性，可增强环保意识，提升科学素养	
菌类植物	（1）食用菌人工养殖是可持续农业的一部分，它注重资源的有效利用，减少对自然环境的负面影响，并提供了可持续的食品生产方法。这符合可持续发展原则，强调人类对生态系统的责任。通过人工养殖食用菌，可以减少对野生菌类资源的过度开采，保护自然生态平衡，同时提供稳定的食品供应 （2）食用菌人工养殖需要合理管理资源，以减少对自然环境的负面影响。这涉及水资源的使用、能源消耗和废弃物处理等方面的环境保护问题。通过科学管理和技术创新，可以降低水资源的使用量，减少能源消耗，并采取有效的废弃物处理方法，以确保食用菌人工养殖在环保的同时可持续发展	文化自信 生态文明 科学精神
地衣	（1）地衣是一种生物共生体系，由真菌和藻类组成。这种共生体系的存在提醒我们应当尊重生物间的相互依存关系，保护生态系统的完整性，并认识到人类对自然环境的影响和应承担的责任 （2）地衣对于生态系统的健康和生物多样性保护至关重要。它们通常存在于环境相对干旱、污染程度低的地方，因此可以用来监测环境健康和生物多样性的状态。思政教育可以强调生物多样性保护的重要性及对濒危物种进行保护的责任，提醒学生要珍惜并保护生物多样性，以维护生态系统的平衡和稳定 （3）地衣的研究通常涉及全球性的问题，如气候变化、污染和生态系统健康。思政教育可以培养学生的国际视野，让他们认识到这些问题的全球性影响，并激发他们树立在全球范围内做出积极贡献的志向。通过深入了解地衣植物及其在全球生态系统中的作用，学生将深刻意识到人类活动对环境的影响，并且更加积极地参与保护环境和应对气候变化的行动	生态文明 国际视野 科学精神

在苔藓植物和蕨类植物部分，重点讲解它们的一般特征、生活史和主要类群。通过学习这一部分内容，学生可以掌握运用形态和结构特征识别常见苔藓植物和蕨类植物的方法。具体内容如下。

苔藓植物：将介绍苔藓植物的一般特征，如体型较小、生活史中有两个代数（雌、雄配子体和孢子体）、缺乏真根和木质组织等。同时，也将讲解苔藓植物的主要类群，如藓类、角藓类和灰藓类等。通过对不同苔藓植物的形态特征和生活史的了解，学生可以掌握识别苔藓植物的基本方法。

蕨类植物：我们将介绍蕨类植物的一般特征，如体型较大、生活史中有两个代数（叶状体和孢子体）、具有真根和维管束等。同时，我们也将讲解蕨类植物的主要类群，如蕨类、水蕨类和蛇葡萄类等。通过对不同蕨类植物的形态特征和生活史的了解，学生可以掌握识别蕨类植物的基本方法。

通过以上内容的学习，学生将能够了解苔藓植物和蕨类植物的基本特征和分类方法，掌握运用形态和结构特征识别这两类植物的方法。同时，对植物多样性的认识和理解，有助于培养学生的生态意识，提升科学素养，引导他们关注自然环境的保护和可持续发展。思政素材梳理见表2-8。

表2-8 苔藓植物和蕨类植物部分思政素材梳理表

知识点	思政素材	思政维度
苔藓植物	（1）泥炭藓通常生长在湿地和泥炭地，对于维持这些生态系统的生态平衡具有重要作用。湿地和泥炭地的可持续管理对于保护这些生态系统和维护生态平衡至关重要。思政教育可以教育学生如何在可持续发展原则下管理湿地资源，以确保它们能够长期有益于人类社会 （2）"苔花如米小，也学牡丹开"这句诗表达了苔藓的生命力和坚韧品格，弘扬了传统文化中积极向上的精神。苔藓虽然体型小，但它们也敢于向阳而生，展示了顽强不息、积极向上的品质。这种精神值得我们学习和传承，鼓舞着我们在生活和工作中不畏艰难，勇往直前，为实现自己的目标而努力奋斗	生态文明 文化自信 科学精神
蕨类植物	（1）桫椤和金毛狗蕨等蕨类植物被列为国家二级保护植物，突显了生物多样性保护的重要性。这些植物的保护不仅是对自然生态系统的保护，也是对生物资源的合理利用和保护。通过严格的法律保护，可有效地保护这些植物的生存环境，促进生物多样性的发展和可持续利用 （2）讲述秦仁昌院士的事迹可以激发科学家精神。秦仁昌院士是我国著名的植物学家，他在植物学领域做出了卓越的贡献，尤其是在中国植物资源的研究和保护方面。讲解他的事迹，可以激励学生学习他坚韧不拔、追求真理的科学家精神，鼓励学生投身于科学事业，为国家的科技进步和生态环境保护做出贡献	家国情怀 科学精神 生态文明 法治意识

在裸子植物部分，主要讲解裸子植物的基本特征、分类系统及各大类群的基本特征和代表植物。对裸子植物的各大类群，如松科、柏科、杉科等，学生需要了解其主要的形态特征和代表植物。例如，松科的植物具有针状叶片和球果，代表植物包括松树、杉树等。通过以上学习，学生可以初步掌握鉴定裸子植物的基本技能，了解其主要的分类系统和代表植物，为进一步的学习和实践奠定基础。同时，通过对裸子植物的了解，学生也可以进一步认识裸子植物的

多样性和演化历程，培养对自然界植物的兴趣和热爱。思政素材梳理见表2-9。

表2-9　裸子植物部分思政素材梳理表

知识点	思政素材	思政维度
苏铁纲	"铁树开花"在北方很难见到，但在南方却很常见。这一现象提醒我们要从科学的角度理解日常生活中约定俗成的说法和看法。"铁树开花"中的"铁树"，通常指苏铁，原产于热带，不常开花，若移植北方，往往多年才开一次花。铁树的开花与地域、气候等因素相关。这个例子提示学生要用科学的眼光去观察周围的现象，避免基于传统观念的片面认识，从而提高对世界的认知水平	科学精神
松柏纲	水杉（*Metasequoia glyptostroboides*）是一种古老的针叶树，被认为在恐龙时代存在过，后灭绝。然而，水杉在我国被再次发现，说明了科学探索和环境保护的重要性。这个事例告诉学生，尽管某些物种可能在某个地区或特定时期被认为绝迹，但科学探索的进步和环境保护的努力可能会带来惊喜的"再发现"，同时也提醒学生要重视生物多样性的保护，珍惜每一个物种	生态文明家国情怀
买麻藤纲	麻黄科的许多植物含有麻黄碱，其是一类易制毒品，这提醒我们提升学生法治意识的重要性。了解麻黄科植物中含有的毒性成分，以及相关的法律法规，有助于使学生认识到毒品对个人和社会的危害，提升他们对法律的尊重和遵守意识，加强自我保护意识，远离毒品	法治意识
银杏纲	（1）尽管银杏在中国的栽培历史悠久，但在20世纪初，中国科学家陈焕镛在四川省发现了一些野生的银杏树。这一发现引起了国际学界的广泛关注，被认为是对银杏的"再发现"。这个发现说明了科学家对自然的持续探索和发现的重要性，也展示了中国在植物学研究方面的贡献，可以增强学生的文化自信 （2）银杏被广泛栽培于世界各地，可作为一种耐污染和适应力强的城市树种。除此之外，银杏在药用和保健领域的应用也备受关注，因此其种植和研究受到了重视。这表明银杏在环境改善、健康保健等方面具有重要意义，同时也突显了对植物资源合理利用和保护的重要性	家国情怀文化自信
红豆杉纲	曼地亚红豆杉叶片含有紫杉醇，这一发现对保护红豆杉影响重大。由于曼地亚红豆杉叶片含有紫杉醇，科学家不再需要像以往那样通过扒树皮来提取紫杉醇，而可以通过收集曼地亚红豆杉叶片来获取这一有价值的化学物质。这一发现不仅提高了紫杉醇的提取效率，也为药物开发和医疗应用提供了更便捷的方法。同时，这也彰显了科学研究的创新性和实用性，为植物资源的合理利用开辟了新的途径	生态文明科学精神

被子植物部分是植物学学习的重点之一，主要包括以下几方面。①基本特征和起源分布：被子植物是种子植物的一个主要类群，其特征包括种子包裹在果实内，并通过花进行有性生殖。②形态学术语的运用：学会运用形态学术

语，如叶型、花型、果实类型等，科学地描述被子植物的形态特征。学习植物的形态学特征，可以更准确地识别和描述不同的被子植物。③识别常见的被子植物：通过实地观察和学习，能够辨认常见的被子植物，加深对它们的了解和认识。④编制科普材料：学会整理、编制植物科普材料，包括被子植物的分类、特征、生态习性、药用价值等方面的内容，以便向公众传播植物知识，提高公众对植物的认识和保护意识。⑤系统学研究的学科前沿：介绍系统学研究的最新进展，激发学生对科学研究的兴趣，培养他们拼搏、探索的精神。⑥被子植物的多样性及其价值：强调被子植物的多样性对生态系统的重要性，教育学生从身边做起，关注生态环境，保护植物多样性，促进生态文明建设。⑦欣赏植物之美，提升人文素养：引导学生通过欣赏植物之美，培养人文素养，感受自然之美，激发对环境保护和生态文明建设的热爱和责任感。思政素材梳理见表2-10。

表 2-10 被子植物部分思政素材梳理表

知识点	思政素材	思政维度
木兰亚纲	（1）木兰亚纲包括一些原始的、古老的植物类群，这些植物对于生物多样性的保护至关重要。它们可能是生态系统中的关键物种，保护它们有助于维持生态平衡。作为原始植物类群的代表，木兰亚纲的植物在生态系统中扮演着重要角色，它们可能是其他生物的食物来源和栖息地。因此，保护木兰亚纲的植物有助于维护生态平衡，促进生物多样性的保护和生态系统的健康发展 （2）木兰科的木兰花在中国文化中具有悠久的历史和象征意义。木兰花被誉为"花中之王"，代表着高雅、纯洁和坚贞不渝的品质，被赋予了崇高的文化内涵和象征意义。在中国的诗词、歌赋、绘画等艺术形式中，常常出现对木兰花的赞美和描绘，反映了人们对美好品质和高尚情操的追求。因此，木兰花不仅是一种美丽的植物，更是中华优秀传统文化的象征之一，承载着人们对美好生活和精神追求的向往	生态文明 文化自信
金缕梅亚纲	（1）桑树是桑蚕的食物来源，因此与蚕丝产业密切相关。桑叶是蚕的主要食物，蚕丝业对农村经济和农民收入有重要影响。研究和推广桑树种植有助于农业发展和食品安全，可以改善农村经济结构，增加农民的收入来源，提高农村居民的生活水平。同时，桑树的种植也有助于改善生态环境，提高土地的生产力，加快推进农业绿色与可持续发展 （2）桑树具有重要的象征意义。例如，在中国和其他亚洲国家，桑树被视为文化遗产的一部分，与丝绸制作、茶文化等传统有关。桑树与丝绸文化紧密相连，是丝绸制作的原材料，体现了中国古代丝绸文明的辉煌。此外，桑树在茶文化中也有一定的地位，常被种植在茶园中作为树荫。因此，桑树不仅是一种重要的农业资源，更是中华传统文化的象征之一，承载着丰富的历史文化内涵，对于文化传承和民族精神的弘扬具有重要意义	家国情怀 文化自信 生态文明

知识点	思政素材	思政维度
石竹亚纲	（1）康乃馨和石竹因其美丽的花朵而受到欢迎，在传统文化和世界其他文化中都具有特殊的含义。康乃馨在西方文化中象征着母爱、爱情和敬意，常被用于母亲节和其他庆祝活动中，代表着对母亲的感激和尊重。而在东方文化中，石竹也常被赋予吉祥、美好和幸福的寓意，常见于婚礼、庆典等场合，代表着美好的祝愿和希望。通过讲解这些花朵在不同文化中的含义，可以弘扬传统文化，增强学生对文化多样性的认识和尊重，拓展国际视野，促进跨文化交流和理解 （2）塔黄和覃蚊在高等植物生存的极限区域通过合作，完成了生命的奇迹，突显了团队协作的重要性。在极端环境下，植物生存面临着巨大的挑战，需要借助团队合作来克服。塔黄和覃蚊的合作充分体现了相互依存、相互支持的团队精神，展现了团队协作的力量和价值。这不仅强调了个体的力量，更重要的是强调了团队协作在实现共同目标中的不可替代性。这些案例，可引导学生树立团队意识，培养团队合作精神和集体荣誉感，为未来的学习和工作打下良好基础	文化自信 家国情怀 国际视野 团队协作
五桠果亚纲	（1）柳树在传统文化中具有深远的意义，常被视为勇敢和坚韧不拔的象征。在中国文化中，"柳暗花明又一村"寓意着即使在困难的环境中，也能展现生命的顽强与希望的光明。此外，柳树还常被用来形容友情、爱情等情感，如"此夜曲中闻折柳，何人不起故园情"，抒发了诗人怀家恋土的思乡之情，深沉而不低落。通过讲解柳树在传统文化中的意义，可以弘扬传统文化，传承中华民族的优秀传统，增强学生对中华文化的认同感和自信心 （2）阿司匹林的发现是科学家从植物中提取有效成分的典型案例。阿司匹林最初是由德国化学家在19世纪末合成的，但其有效成分乙酰水杨酸却源自柳树的树皮。这一发现突显了植物在药用方面的重要性，也增强了植物多样性保护的意识。了解植物中的有效成分对于医学和药物开发至关重要，同时也提醒人们应当保护和维护自然界的植物多样性，以确保人类可以继续受益于植物的药用价值	文化自信 生态文明 国际视野
蔷薇亚纲	（1）玫瑰是一种富有浪漫和文化内涵的花卉，在不同国家和文化中都具有特殊的意义。现代玫瑰的培养历史可以追溯到古代，经过漫长的培育和繁衍，如今的玫瑰已经成为世界各地最受欢迎的花卉之一。玫瑰在传统文化中常常作为爱情、美丽和浪漫的象征，而在国际上，玫瑰也象征着友谊、和平和团结。讲述玫瑰的故事，不仅可以弘扬传统文化，增强学生的文化自信心，还能够拓展学生的国际视野，让他们了解不同文化对玫瑰的不同解读和赋予的意义 （2）我国大豆资源流失反映了植物资源保护的重要性。大豆作为我国重要的农作物之一，在现代农业中发挥着重要作用。然而，由于人类活动、环境污染等，我国的大豆资源面	文化自信 法治意识 生态文明 国际视野

知识点	思政素材	思政维度
蔷薇亚纲	临着严重的流失和减少。这个事例可以引发学生保护植物资源的意识，提醒他们应当尊重自然、爱护环境，从法治角度思考如何保护和合理利用植物资源，实现生态与经济的可持续发展 （3）猕猴桃作为一种水果，在全世界范围内得到了广泛的传播。起源于中国的猕猴桃经过引种和培育，已经成为世界各地重要的水果之一。猕猴桃的传播不仅丰富了人们的饮食结构，也促进了不同国家和地区之间的交流与合作。讲述猕猴桃的传播故事，可以拓宽同学的国际视野，让他们了解不同地域之间的农业发展和水果文化，增强对于国际合作和交流的认识 （4）新疆野生苹果资源的保护和利用是生物多样性保护的一个重要例子。新疆地区拥有丰富的野生苹果资源，这些苹果品种独特、珍贵，对于维持当地生态平衡和保护生物多样性具有重要意义。加强对新疆野生苹果资源的保护和利用，可以实现生态环境与经济发展的良性循环，同时也能够提高人们对于生物多样性保护的认识和重视程度	
菊亚纲	（1）探究菊花在中国传统文化中的深远意义，如其在诗词、绘画、文学作品中常具有坚贞、高洁、长寿等美好寓意。通过弘扬传统文化，引导学生珍视中华传统价值观 （2）阐述青蒿素的发现故事，突出我国科学家在抗疟事业上的杰出贡献。强调他们在攻克科学难题、挽救生命的过程中展现的家国情怀和责任担当，激发学生对祖国的热爱和自豪感 （3）详述唇形科唇形花冠在昆虫与植物之间的协同进化机制，强调在科学研究中团队协作的重要性。通过阐述这一过程，引导学生学会团队合作、知识共享，培养他们的集体荣誉感和团队精神	文化自信 家国情怀 团队协作
单子叶植物	（1）介绍兰科植物受《濒危野生动植物种国际贸易公约》保护的情况，强调法治观念，阐明不得对其买卖，加强学生对法律法规的认识 （2）探讨水葫芦作为引入的花卉可能带来的生态影响，引发对于生态系统和水域环境潜在危害的关注，强调生态环境保护的重要性 （3）讲述石斛作为中药材的重要性及我国科学家成功对其进行人工繁殖的故事，强调科技手段在物种保护和可持续发展中的作用，促进学生树立生态文明观念 （4）叙述袁隆平院士寻找野生稻的经历，以及由此开发的水稻杂交方法，突出生物多样性保护对于农业发展的重要性，激发学生对于生物多样性保护的关注和意识	法治意识 生态文明 科学精神

2.3 "植物学"课程思政教学典型案例

2.3.1 案例一

以培养学生学农爱农为主的"植物学"课程思政

1. 教学内容

本次教学将重点围绕植物花的结构展开，包括花的各组成部分及其特点，以及与传粉适应性的关系。同时，通过袁隆平院士和钟扬教授等我国科学家的事迹，引导学生了解科学精神与透过现象看本质的能力，以及花发育理论在农业生产中的应用。

2. 教学目标

知识目标：理解植物花的基本结构，包括花瓣、花萼、雄蕊、雌蕊等组成部分；掌握不同类型花的特点和结构差异。

能力目标：能够准确分析花的各组成部分，并理解其与传粉的关系；运用所学知识，分析花的特征对植物繁殖的适应性。

素质目标：理解植物的开花和受精过程对植物生存及农业生产的重要意义；培养学生对农业生产的兴趣和热爱，提高他们的农业科学素养。

情感、态度、价值观目标：激发学生求真求知的科学精神，引导他们透过现象看本质，培养批判性思维和探究精神；培养学生学农爱农的家国情怀，让他们意识到农业生产对国家和社会发展的重要性，以及科学知识在农业生产中的应用价值。

3. 教学流程设计

学习任务发布：提前一周，在 QQ 群或学习通发布学习任务和学习要求，在学习通上上传课件"单子叶植物花的结构"及扩展阅读资料，并要求学生自行学习袁隆平院士在水稻育种上的重要贡献和光荣事迹。

授课准备：课程团队集体备课，充分挖掘思政素材，制作授课 PPT。

课堂授课：主讲教师采用讲授法和小组讨论相结合的方式进行，运用"润物细无声"的方式开展思政教育。

小组讨论：讨论水稻等禾本科花与双子叶植物花在结构上的异同，从而更进一步地了解和掌握禾本科植物花的特点。

过程性考核和课后作业：关注学生在课程学习中所表现出来的情感、态度、价值观的变化，如重视对学生在课堂讨论等教学环节中表现出的科学探究精神、辩证思维及实践能力的考查，以进一步培养学生学农爱农的家国情怀。课后作业中也特意设计了渗透思政素材的习题。

4. 课程思政设计及实施

采用课程思政的 SIUE 教学模式，即专业课程思政教学落地的"选"（select）、"授"（instruct）、"用"（utilize）、"评"（evaluate）四步走实施策略。其中，"选"（S）：个性化甄选课程思政素材；"授"（I）：精细划分课程思政主体；"用"（U）：多样化选用信息技术，强化课程思政效果；"评"（E）：多元化设计课程思政评价体系。SIUE 课程思政教学模式通过层层递进、环环相扣，建构学科课程思政体系，并立足学情、联系社会实际、充分利用各类育人资源，使得专业知识同思政素材的联系更为紧密，促进学科教学与思政教育的有机结合。

（1）个性化甄选课程思政素材（"选"，S）

本章节的思政素材丰富，在国家向度、社会向度、专业向度和自然向度四个向度，生态文明、家国情怀及国际视野、法治意识、品德修养和职业操守、科学精神、文化自信等六个维度均可挖掘思政素材。结合课堂教学实际情况，甄选了课程思政素材，详见表 2-5。

（2）精细划分课程思政主体（"授"，I）

教学是师生之间的互动过程，在课堂上要注重师生、生生之间的协助互助，并以学生为主体。

师生互动：在教学中，教师介绍我国粮食生产面临的主要威胁，提出如何应对这些威胁，从而引发学生思考；通过讲解钟扬收集种子的事迹，引发学生思考为什么钟扬教授需要收集种子。

生生互动：袁隆平院士是如何克服水稻自交不亲和的？雄性不育水稻为什么会雄性不育？生物多样性对人类有何重要意义？此类问题可组织学生讨论。

（3）多样化选用信息技术，强化课程思政效果（"用"，U）

信息技术的应用能够使课程思政起到更好的教学效果，有助于提高学生学习的积极性、主动性和学习兴趣。

课前，通过公众号和班级 QQ 群推送关于花的图片、诗词和生物多样性等方面的近期热点话题，引发学生的讨论与关注；发布相关文献供学生学习讨论；学生以小组为单位分享水稻育性最新研究进展。

课后，进一步通过互联网总结相关知识和研究进展，制作知识体系思维导图，通过整理和修改研究报告进一步提升思政效果。

（4）多元化设计课程思政评价体系（"评"，E）

对专业课思政教育效果进行考核，只有加强对学生理论素养、情感态度、价值观念、行为表现、综合能力等方面的综合评估和考核，才有利于充分发挥课程思政在大学生思政教育中的主导作用。因此，课程采用讨论发言、调查报告、案例分析等相结合的多元评价形式，在评价过程中综合采用教师评价、学生自评、生生互评相结合的多元评价主体。教师的评价通过课堂观察、课堂实录、平台学习行为跟踪及在线测试等手段完成。

本部分的课程思政教学评价如下。

1）考查学生对于植物花结构的理解和分析能力，可以采用书面测试、口头答辩和实际操作等形式。

2）通过学生小组讨论和展示，评价学生对于课程思政素材的理解和体悟程度，以及其对于农业生产的认识和态度的转变。

以上教学设计，能够充分挖掘植物学课程中的思政素材，在传授专业知识的同时，培养学生的家国情怀和社会责任感，促进其全面发展。

2.3.2 案例二

以培养学生家国情怀及国际视野、生态文明意识为主的"植物学"课程思政

1. 教学内容

本次教学将重点围绕植物根的结构展开，包括根的初生结构与次生结构等。通过讲述"根深叶茂、本固枝荣"的现象和红薯传入我国的历史，以及菌根的功能，强化学生的家国情怀及国际视野和生态文明意识。

2. 教学目标

知识目标：理解植物根的初生结构，包括根尖、表皮、皮层和维管柱等组成部分；掌握根的次生结构和发育过程。

能力目标：掌握根的基本构造与功能；了解根的生长发育过程；学会使用

模式图描绘植物解剖结构。

素质目标：引导学生从生活中找到相关案例，培养理论联系实际的学习习惯。

情感、态度、价值观目标：激发学生的家国情怀及国际视野，让他们意识到粮食作物对国家和社会的重要性，理解粮食作物的引种是我国粮食安全的重要一环；培养学生的生态文明意识，理解生态系统是由动植物和微生物共同组成的有机整体。

3. 教学流程设计

学习任务发布：提前一周，在 QQ 群或学习通发布学习任务和学习要求，上传课件"植物根的结构"及扩展阅读资料，并要求学生自学"红薯传入我国的历史"。

授课准备：课程团队集体备课，充分挖掘思政元素，制作授课 PPT。

课堂授课：主讲教师采用讲授法和小组讨论相结合的方式进行，用"润物细无声"的方式开展思政教育。

小组讨论：讨论植物根初生结构与次生结构的异同，从而更进一步了解和掌握植物根的特点。

过程性考核和课后作业：关注学生在课程学习中所表现出来的情感、态度、价值观的变化，重视对学生在课堂讨论等教学环节中表现出的科学探究精神、辩证思维及实践能力的考查，以进一步培养学生的家国情怀。课后作业中也特意设计了渗透思政素材的习题。

4. 课程思政设计及实施

（1）个性化甄选课程思政素材（S）

本章节的思政素材丰富，在国家向度、社会向度、专业向度和自然向度等四个向度，生态文明、家国情怀及国际视野、法治意识、品德修养和职业操守、科学精神、文化自信等六个维度均可挖掘思政元素。结合课堂教学实际情况，甄选了课程思政素材，详见表2-4。

（2）精细划分课程思政主体（I）

教学是师生之间的互动过程，在课堂上要注重师生、生生之间的协作互助，并以学生为主体。

师生互动：在教学中，教师讲出粮食主要是植物的种子与果实，提出除了种子与果实，哪些植物的器官也可以作为粮食，从而引发学生思考；通过讲解红薯传入我国的历史，引发学生思考为什么需要从国外引种粮食作物。

生生互动：菌根对植物的生长非常重要，讨论菌根对我们植树造林、种植粮食作物和经济作物有何意义。让学生了解生态系统是一个有机整体。

（3）多样化选用信息技术强化课程思政效果（U）

信息技术的应用能够使课程思政起到更好的教学效果，有助于提高学生学习的积极性、主动性和学习兴趣。

课前，通过公众号和班级 QQ 群推送根的图片、有关根的诗词和生物多样性等方面的近期热点话题，引发学生的讨论与关注；发布相关文献供学生学习；学生以小组为单位分享有关植物根的最新研究进展。

课后，进一步通过互联网总结相关知识和研究进展，制作知识体系思维导图，通过整理和修改研究报告进一步提升思政效果。

（4）多元化设计课程思政评价体系（E）

对专业课思政教育效果进行考核。只有加强对学生理论素养、情感态度、价值观念、行为表现、综合能力等方面的综合评估和考核，才有利于充分发挥"课程思政"在大学生思政教育中的主导作用。因此，课程采用讨论发言、调查报告、案例分析等相结合的多元评价形式，在评价过程中综合采用教师评价、学生自评、生生互评相结合的多元评价主体。教师的评价通过课堂观察、课堂实录、平台学习行为跟踪及在线测试等手段完成。

本部分的课程思政教学评价如下。

1）考查学生对于植物根结构的理解和分析能力，可以采用书面测试、口头答辩和实际操作等形式。

2）通过学生小组讨论和展示，评价学生对于课程思政素材的理解和体悟程度，以及其对于粮食作物和生态系统的认识和态度的转变。

以上教学设计，能够充分挖掘植物学课程中的思政素材，在传授专业知识的同时，培养学生的家国情怀及国际视野和生态文明意识，促进其全面发展。

参 考 文 献

邓贤兰，龙婉婉，周兵. 2023. 植物学课程思政教学改革探索与实践. 安徽农业科学，51（19）：271-274.

董美芳，何艳霞，陈华. 2021. "植物学"课程教学中融入思政教育的探索和实践. 黑龙江教育（高教研究与评估），22（20）：201-202.

欧阳亦聘,唐铁军,赵毓,等.2021.植物学课程群"三位一体"课程思政的改革与探索.湖北师范大学学报(哲学社会科学版),41(3):4.

秦永梅,郝树芹,杨向黎,等.2023.植物学课程建设.创新教育研究,11(4):711-716.

曲波,邵美妮,崔娜.2016.结合诗性语言进行植物学教学,激发学生兴趣.当代教育实践与教学研究(电子版),(9):2.

王君,陈新,张亚楠,等.2021.课程思政融入植物学课堂教学的方法和途径探究.现代农村科技,(11):89-91.

王小平,周泉澄,毛善国.2021.高等师范类学校"植物学"开展课程思政教育探讨.现代园艺,44(23):2.

谢东锋,张清平,郎莹,等.2024.OBE 理念下园林苗圃学课程思政的探索与实践.安徽农业科学,(6):52.

解新明,张向前.2020.植物学教学的课程育人和文化自信.高教学刊,(14):4.

张磊,古丽仙,阿布都,等.2021.在高校植物学教学中开展思政教育的内容与路径.教育观察,10(46):69-72.

张英,马志国,吴孟华,等.2021."融入无痕,育人无声"的《药用植物学》课程思政教学探索与实践.药学研究,40(6):411-414.

赵亮.2021."植物学"课程思政元素的挖掘与实践.黑龙江教育(高教研究与评估),(12):2.

"动物学"课程思政教学设计与典型案例

3.1 "动物学"课程简介

3.1.1 课程性质

"动物学"是以动物进化为主线，系统地研究动物形态结构、分类、生命活动与环境的关系及其发生发展规律的传统学科。它是一门具有多种分支学科的基础学科，理论研究内容广博，与农、林、牧、渔、医等多方面的实践密不可分，也是后续动物生理学、发育生物学、生态学、水生生物学等课程的基础。该课程是生物科学及相关专业的必修基础课，以刘凌云、郑光美主编，2009 年出版的《普通动物学》（第 4 版）为例，参考书目包括侯林、吴孝兵主编，科学出版社 2016 年出版的《动物学》（第 2 版），以及周长发、李鹏、戴建华等编著，科学出版社 2022 年出版的《基础动物学》等。

3.1.2 专业教学目标

本课程的专业教学目标是让学生能够从演化的角度认识各类动物的结构特点、分类和分布，掌握动物解剖、分类及开展动物学科学研究的基本理论和科学方法，从科学的角度运用这些知识认识动物进化、动物与人类、动物与自然环境的关系，构建尊重自然、珍爱生命、人与自然和谐共处的理念。具体目标如下。

1）从演化的角度掌握动物各主要类群的基本形态、结构、生物学特征、生殖与发育、生态与分布特点及分类的基础知识，熟悉动物的生态习性和动物行为，了解动物进化、地理分布与区系划分。

2）掌握基本的动物观察解剖技术，理解动物形态与机能的高度统一性及动物进化规律；通过分析动物各类群的多样性，构建人与自然和谐共处的理念。

3）能够了解动物学知识前沿，积极利用国际动物学最新发展技术及前沿动态信息，能够在动物学的原理及规律等方面与国内外学者进行探讨和交流。

3.1.3　知识结构体系

根据"动物学"的研究内容，该课程主要分成 5 个教学板块，即绪论、动物体的基本结构与机能、无脊椎动物、脊椎动物、动物进化与环境，其知识结构体系见表 3-1。

表 3-1　"动物学"课程知识结构体系

知识板块	章节	课程内容
一、绪论	第一章　绪论	1. 生物分界及动物在其中的地位 2. 动物学概念及分支学科 3. 研究动物学的意义 4. 动物学的发展 5. 动物学研究方法 6. 物种的概念和命名
二、动物体的基本结构与机能	第二章　动物体的基本结构与机能	1. 细胞的概念、特征和生化组成 2. 细胞的结构 3. 细胞分裂和细胞周期 4. 人体四大组织 5. 器官和系统
三、无脊椎动物	第三章　原生动物	1. 原生动物的主要特征 2. 鞭毛纲 3. 肉足纲 4. 孢子纲 5. 纤毛纲
	第四章　多细胞动物的起源	1. 中生动物 2. 多细胞动物起源于单细胞动物的证据 3. 胚胎发育的重要阶段 4. 生物发生律 5. 群体学说与合胞体学说
	第五章　多孔动物门	1. 侧生动物 2. 多孔动物的形态结构与机能 3. 多孔动物的生殖与发育 4. 多孔动物的分类与演化

续表

知识板块	章节	课程内容
三、无脊椎动物	第六章 腔肠动物门	1. 腔肠动物门的主要特征 2. 代表动物水螅 3. 腔肠动物的分类：水螅纲、钵水母纲、珊瑚纲 4. 腔肠动物的起源与演化
	第七章 扁形动物门	1. 扁形动物门的主要特征 2. 涡虫纲 3. 吸虫纲 4. 绦虫纲 5. 寄生虫和寄主的相互关系及防治原则 6. 扁形动物的起源与演化
	第八章 假体腔动物	1. 假体腔动物的共同特征 2. 线虫动物门 3. 轮虫动物门 4. 假体腔动物的起源与演化
	第九章 环节动物门	1. 环节动物门的主要特征 2. 多毛纲 3. 寡毛纲 4. 蛭纲
	第十章 软体动物门	1. 软体动物门的主要特征 2. 无板纲 3. 单板纲 4. 多板纲 5. 腹足纲 6. 掘足纲 7. 双壳纲 8. 头足纲 9. 软体动物的起源与演化
	第十一章 节肢动物门	1. 节肢动物门的主要特征 2. 三叶虫亚门 3. 甲壳亚门 4. 螯肢亚门 5. 多足亚门 6. 六足亚门 7. 节肢动物与人类 8. 节肢动物的起源与演化
	第十二章 触手冠动物	1. 触手冠动物的共同特征 2. 苔藓动物和外肛动物 3. 腕足动物 4. 帚虫动物 5. 触手冠动物的起源和演化

续表

知识板块	章节	课程内容
三、无脊椎动物	第十三章 棘皮动物门	1. 棘皮动物的主要特征 2. 代表动物——海盘车 3. 棘皮动物的分类 4. 棘皮动物与人类 5. 棘皮动物的起源与演化
	第十四章 半索动物门	1. 半索动物的形态结构与重要种类 2. 半索动物在动物界系统演化的地位
四、脊椎动物	第十五章 脊索动物门	1. 脊索动物门的主要特征和分类 2. 尾索动物亚门 3. 头索动物亚门 4. 脊索动物亚门 5. 寒武纪大爆发与脊索动物门的起源和演化
	第十六章 圆口纲	1. 代表动物——东北七鳃鳗 2. 圆口纲的生殖行为和变态 3. 圆口纲的分类 4. 圆口纲的起源和演化
	第十七章 鱼纲	1. 鱼纲的主要特征 2. 鱼纲的分类 3. 鱼类的洄游 4. 鱼类的起源和演化
	第十八章 两栖纲	1. 从水生到陆生的转变 2. 两栖纲的主要特征 3. 两栖纲的分类 4. 两栖纲的起源和演化 5. 两栖类的生存与环境
	第十九章 爬行纲	1. 爬行纲的主要特征 2. 爬行纲的分类 3. 爬行类的起源及适应辐射 4. 爬行动物和人类的关系
	第二十章 鸟纲	1. 鸟纲的主要特征 2. 鸟纲的分类 3. 鸟类的起源和适应辐射 4. 鸟类的繁殖、生态及迁徙 5. 鸟类与人类的关系
	第二十一章 哺乳纲	1. 哺乳纲的主要特征 2. 哺乳纲的分类 3. 哺乳类的起源和适应辐射 4. 哺乳类的保护、持续利用与害兽防治原则

续表

知识板块	章节	课程内容
五、动物进化与环境	第二十二章　动物进化基本原理	1. 生命起源 2. 动物进化的例证 3. 进化原因的探讨——进化理论 4. 动物进化形式与系统发育 5. 物种与物种形成
	第二十三章　动物地理	1. 动物的分布 2. 动物地理区系划分
	第二十四章　动物生态	1. 生态因子 2. 种群 3. 群落 4. 生态系统

3.2　"动物学"课程思政

3.2.1　课程思政特征分析

"动物学"课程主要沿着动物演化这一主线，从动物的结构基础、生命功能的多样性来理解动物的多样性，并掌握结构、功能和环境的统一性。该课程是生物学相关专业的基础课程，是动物生理学、遗传学、分子生物学、生态学等的先行课程。深入挖掘动物学课程的思政素材，在知识传授的同时开展课程思政，不仅可为后续课程构建框架理论基础，也有利于推进和优化后续其他课程的课程思政教学，从而全面完成立德树人的根本任务。

动物学课程内容丰富，课程思政素材充足，思政教育功能齐全。从内容上，本课程主要分为无脊椎动物和脊椎动物两大板块，包括绪论、多细胞动物的起源等24章内容。它所涵盖的物种门类广、内容多样，所蕴含的思政素材也高度丰富，可从人、专业、时间、空间、社会、自然等多层面，将家国情怀及国际视野、科学精神、文化自信、生命伦理、生态文明、辩证唯物主义等多个维度融入动物学教学。动物学的发展历史悠久，我国是一个文明古国，动物资源丰富，我国人民在与自然界长期共处中，累积了极为丰富的动物学知识。了解动物的古文化和历史，可以增强文化自信。我国老一辈学者如陈世骧、王家楫、秉志、陈桢、伍献文等，以及目前众多中青年科学家都在动物学领域做出了重要贡献，推动了动物学研究的蓬勃发展。讲好我国科学家的研究故事，可以引导学生秉承科学家艰苦奋斗、刻苦钻研、勇于创新的科学精神，培育学生的家国情怀；同时培育职业情怀和职业操守，践行社会主义核心价值观。在以演化为主线，从单细胞到多细胞，从无脊椎动物到脊椎动物这一循序渐进的学习过程中，学生能建立生命演化的思想，深入理解结构是功能的基础，生命是发展变化的而非静止不变的含义，从而建立辩证唯物主义思维。生物的演化和发展依赖于地球的环境，而动物（人）也会改变环境，这种相互影响体现了动物（人）、自然与社会的和谐统一，这也正是当下生态文明的核心思想。很多动物在人类生命活动中扮演着"朋友"的角色，几乎所有动物都演化出了一系列的逆境生存策略；人隶属哺乳纲灵长目，与其他动物具有相同的生命本质，因此人类应该尊重生命、珍爱生命，不仅仅是自己，也包括大自然所有的生命，从而在生命伦理的维度使学生树立科学正确的生命观及生命科学与技术伦理观念，增强生物安全意识和社会责任。

3.2.2 课程思政教学目标

通过课程思政教学，学生可掌握动物学的基本理论和方法，掌握各类动物的基本结构、功能，理解动物的演化和适应规律及与人类的关系；了解科学家的研究故事，学会使用辩证唯物主义思维，发扬踏实肯干、精益求精、勇于创新、严谨求实的科学精神；形成结构与功能相统一、动物（人）与自然和谐统一的生态文明观念；养成尊重生命、热爱生命、关怀生命的生命品质，树立科学正确的生命观并践行生命科学与技术伦理观念；建立文化自信心，树立远大理想和崇高追求，增强国家认同等家国情怀；形成国家安全观，增强生物安全意识和社会责任感。

3.2.3 课程思政素材

本书将以刘凌云、郑光美等主编的《普通动物学》（第4版）为选用教材，从绪论、动物体的基本结构与机能、无脊椎动物、脊椎动物、动物进化与环境等5个部分，对与教学内容相关知识匹配的思政素材进行梳理。

第一部分为绪论。该部分教学目标为：了解动物界的概况，研究动物学的目的意义、动物学发展简史、研究方法和动物分类的知识；通过学习动物学发展简史，体会国内与国外动物学发展史的差异，树立爱国爱家思想。其思政素材梳理见表3-2。

表 3-2 绪论部分思政素材梳理表

知识点	思政素材	思政维度
生物的分界及动物界在其中的地位	（1）从两界系统到六界系统的发展历程 （2）科学技术的发展对生物分界知识体系发展的作用 （3）我国著名昆虫学家陈世骧院士提出六界系统 （4）生命进化的阶段	家国情怀 文化自信 历史唯物主义 科学精神
动物学及其分科	（1）由动物学衍生出的学科网络 （2）新兴的保护生物学研究保护物种、保护生物多样性和持续利用生物资源等问题	历史唯物主义 生态文明
研究动物学的目的意义	（1）江豚再现长江口的新闻 （2）视频《从七只到九千多只 中国朱鹮保护成为世界范例》 （3）世界第一只"克隆羊"多莉（Dolly） （4）长人耳的小鼠 （5）中国科学院昆明动物研究所赖仞课题组牵头揭示蜈蚣捕食巨大猎物策略及研发蜈蚣中毒的解毒方法，后续通过干预瞬时受体电位香草酸亚型 3（TRPV3）研发出具有止痒和镇痛功能的候选药物等事例	家国情怀 生态文明 科学精神 国际视野
动物学发展简史	（1）马克思和恩格斯对达尔文进化论的评价 （2）恩格斯"没有物种概念，整个科学便都没有了"的论述 （3）达尔文、施莱登、施万、孟德尔、沃森、克里克等科学家故事 （4）物种起源与自然选择学说 （5）秦汉时期的《尔雅》现存十九篇，其中"释草""释木""释虫""释鱼""释鸟""释兽"和"释畜"七篇记录了 590 多种动植物，代表了我国人民对生物分类的早期认识 （6）晋朝《南方草木状》记载了利用蚂蚁扑灭柑橘害虫 （7）北魏的《齐民要术》总结了农民的生产经验，包括农业、畜牧业、养蚕、养鱼和农副产品加工等技术经验 （8）唐朝《本草拾遗》记载有关于鱼类分类的内容，其所选用的鱼类分类依据为侧鳞的数目，目前鱼类分类仍以此作为依据之一 （9）《黄帝内经》和《扁鹊难经》记录了人体解剖、生理、病理、治疗等方面的丰富知识	历史唯物主义 辩证唯物主义 家国情怀 文化自信 国际视野
动物学的研究方法	（1）我国胚胎学先驱童第周先生的故事 （2）各种实验技术和方法的发现史	科学精神 家国情怀
动物分类的知识	（1）林奈在物种分类和物种命名法的开创性工作 （2）云南大学于黎团队在 Science 上发表文章，揭示黔金丝猴起源于川金丝猴、滇金丝猴与怒江金丝猴的共同祖先之间的杂交事件 （3）一些物种分类上的发展变化过程	科学精神 家国情怀 历史唯物主义

第二部分为动物体的基本结构与机能。该部分主要从细胞、组织、器官、系统等多层次讲述了动物体的结构组成。通过该部分的学习，学生要了解动物体的基本结构与机能；掌握不同组织正常活动状态下的特点；理解作为动物生命体最重要构成部分的细胞区别于其他类型细胞的关键特征、动物四大组织的形态结构及其重要性；形成辩证看待不同组织结构与机能的统一性观念。其思政素材梳理见表3-3。

表3-3 动物体的基本结构与机能部分思政素材梳理表

知识点	思政素材	思政维度
细胞	（1）施莱登、施万对于提出细胞学说的贡献 （2）生命形成过程 （3）1965年，我国科学家成功合成的结晶牛胰岛素，是当时世界上第一个人工合成的蛋白质。王应睐因此被英国学者李约瑟（Joseph Needham）誉为"中国生物化学的奠基人之一" （4）沃森和克里克发现DNA的双螺旋结构 （5）历年有关细胞生物学领域的诺贝尔奖	生命伦理 科学精神 家国情怀 国际视野
组织和器官系统的基本概念	（1）生物学"组织"与社会学"组织"的相通之处，都有分工与合作 （2）各器官的相互协调，构成一个复杂而完整的有机整体	品德修养及职业操守

无脊椎动物部分主要包括教材第三章至第十四章的内容，该部分需掌握不同门的无脊椎动物的结构特征、代表物种、分类等内容；认识各类动物与人类的关系；了解多细胞动物起源于单细胞动物的证据、胚胎发育的各个阶段、多细胞起源的学说。其思政素材梳理见表3-4。

表3-4 无脊椎动物部分思政素材梳理表

知识点	思政素材	思政维度
原生动物	（1）屠呦呦有关青蒿素的提取及其抗疟疾方面的卓越成就 （2）科技日报：《了不起的大科学家｜中国原生动物学的奠基人——王家楫》 （3）科学网：《她以原生动物为朋友——记原生动物学家沈韫芬院士》 （4）识科研之"纤"，探学术之"海"——记中国科学院院士宋微波 （5）赤潮的发生与人类养殖业经济损失 （6）新中国五大寄生虫病对我国人民造成的危害及病原消灭的推广与成功 （7）我国卫生部门在寄生虫病防治工作中所做的努力和成绩，保障人民健康，央视视频：《国家卫健委：我国寄生虫病防控工作取得显著成效》	家国情怀 文化自信 科学精神 生态文明 社会责任 政治认同

知识点	思政素材	思政维度
多细胞动物的起源	（1）所有多细胞动物均起源于单细胞，具有相同的生命本质 （2）恩格斯说，整个有机界在不断地证明形式和内容的同一或不可分离。形态学的现象和生理学的现象、形态和机能是互相制约的 （3）*Nature* 杂志发表文章 "Ancient origins of multicellular life" （4）各种有关多细胞起源的学说	生命伦理 科学精神 辩证唯物主义
多孔动物门	（1）多孔动物没有组织器官的分化，但细胞有一定的分化和分工 （2）多孔动物具有强大的再生能力，再生、分化是当今生物及医学领域研究的前沿和热点 （3）生存超过 8.9 亿年、躲过 5 次物种大灭绝，海绵动物现在怎么就栽了跟头	生态文明 生命伦理 社会责任
腔肠动物门	（1）"海洋沙漠绿洲"再揭秘丨美丽南海 （2）1982 年，我国科学家发表《南海软珊瑚两新种（腔肠动物：八放珊瑚亚纲）》一文，指出在南海发现的两个珊瑚新种 （3）《家园·生态多样性的中国》，美丽的珊瑚礁由于海水升温、海水酸化等的持续影响而大量白化	家国情怀 生态文明 社会责任
扁形动物门	（1）我国自西汉以来便发现有血吸虫病，1972 年长沙马王堆汉墓出土的女尸的直肠及肝组织中就有血吸虫卵，其后 1975 年湖北江陵凤凰山出土西汉男尸肝肠组织内查有大量血吸虫卵，证明血吸虫病在我国流行至少有 2100 年的历史；中华人民共和国成立前，我国南方血吸虫病流行极为严重，患者约有一千万，受到威胁的人口在一亿以上；1956 年 2 月 17 日，毛泽东发出了"全党动员，全民动员，消灭血吸虫病"的号召；1958 年 7 月 1 日，毛泽东得知江西省余江县消灭了血吸虫病后，写下《七律二首·送瘟神》。此后，各地区血吸虫病相继根除 （2）我国南方曾长期流行"蛊病"，1956 年，我国著名医学家傅在希曾在论文《进一步探索血吸虫病的来源》中，将这种"蛊病"称为"血吸虫病" （3）厦门大学毕业致力于寄生虫研究的父女双院士：唐仲璋、唐崇惕 （4）央视纪录片《五位院士带你了解中国防疫抗疫历史》有关血吸虫病的视频节段，了解该传染病在中国的防治历程及医界前辈的杰出贡献 （5）学术争论：关于血吸虫演化的不同学说	政治认同 家国情怀 社会责任 科学精神
假体腔动物	（1）我国科学家、医务工作者及我国政府在攻克丝虫病工作中所做出的贡献 （2）新中国成立后，我国政府、卫生健康职能部门及相应	家国情怀 社会责任 国际视野

知识点	思政素材	思政维度
假体腔动物	的医务人员和科学工作者在消灭寄生虫工作中的付出和取得的成效 （3）对蛔虫体壁角质膜结构的认识变化历程 （4）以秀丽线虫为模型动物所开展的研究而取得的多个诺贝尔奖 （5）假体腔动物的线虫动物门、轮虫动物门等曾被列入袋形动物门，后因各类动物的形态结构差异巨大，且起源与亲缘关系不清，因此各自列为独立的门；现在有关假体腔动物的分类依然存在争论	科学精神 唯物主义
环节动物门	（1）蚯蚓与人类关系：农业方面可疏松、改良土壤，提高肥力，促进农业增产；医药方面是中药"地龙"；环境监测方面是土壤重金属等污染物监测的指示生物 （2）很多蛭类会给人类的生活造成干扰，但从一些种类的蛭中提取的"水蛭素"是效能极高的抗凝剂，在血栓等心脑血管疾病的治疗中具有重要作用 （3）视频《淤泥里抓出沙蚕的财富：不好养殖的沙蚕怎么让人致富的》 （4）环节动物对贫氧环境的忍受能力强，因此在二叠纪生物大灭绝后，成为早三叠世生物复苏的先驱者	生态文明 辩证唯物主义 社会责任
软体动物门	（1）纪录片《软体动物的秘密世界》 （2）头足纲动物鹦鹉螺经历了数亿年的演变，但外形、习性等变化很小，有"海洋活化石"之称，为我国国家级野生保护动物 （3）瓣鳃类软体动物砗磲，数量十分稀少，其中大砗磲（原名库氏砗磲），壳最宽处可达 1.3m，重约 300kg，是最大的一种贝类，可用作婴儿浴盆。由于海洋的污染和人类的过度捕捞，数量越来越少 （4）扇贝、牡蛎、鱿鱼、鲍鱼等，这些人类养殖的营养价值高、味道鲜美的海鲜都属于软体动物门 （5）腹足纲的钉螺、沼螺等，是一些寄生虫的中间寄主。新中国成立后，正是通过消灭中间寄主才达到消灭血吸虫病等疾病的目的 （6）福寿螺原产于南美，于 1981 年被引入中国，由于其繁殖力强，缺乏天敌，现已被列入中国首批外来入侵物种 （7）软体动物起源的争论	生态文明 家国情怀 社会责任 辩证唯物主义
节肢动物门	（1）2020 年，东非发生蝗灾：肯尼亚的一个蝗虫群长 40km，宽 60km，每平方千米可聚集 1.5 亿只蝗虫；据估计，即使是小型虫群，每天也能吃掉 3.5 万人的食物；东非受灾人口达 1300 万，联合国粮食及农业组织发起了一项 7600 万美元的筹款呼吁，以控制蝗虫的扩散；2020 年 7 月 8 日，欧盟捐赠了 1500 万欧元用以抗击东非几十年来最严重的沙漠蝗灾 （2）三叶虫化石在我国古代称为燕子石；明朝《格古要论》详细记载了燕子石的特点："色泽古雅、姿质温润、虫体如燕；纹彩特异、富有天趣"；清朝《池北偶谈》详细记录了泰山燕子石头的形态："背负一小蝠、一蚕，腹下蝠近百，飞者、伏者、肉羽如生，蚕右天然有小凹，可	生态文明 社会责任 家国情怀 自然辩证法

续表

知识点	思政素材	思政维度
节肢动物门	以受水；下方正受墨，公制为砚，名曰'多福砚'" （3）甲壳亚门鳃足纲的卤虫，是水体环境的指示生物 （4）肢口纲动物在古生代奥陶纪已有化石记录，繁荣于志留纪和泥盆纪，大部分种类已经灭绝。现存种少，我国分布有东方鲎、圆尾蝎鲎，均为国家二级重点保护野生动物 （5）蚂蚁、白蚁、蜜蜂等社会性群居动物的分工与合作 （6）昆虫学院士：陈世骧、尹文英、蔡邦华等在我国科技和农业发展中的贡献 （7）生物防治，其实就是利用自然界万物相生相克的规律来维护生态系统平衡	
触手冠动物	（1）触手冠动物化石可以作为重要地质年代和远古海洋环境的指示物种，常作为海底底层研判的重要指标 （2）西北大学早期生命研究团队张志飞教授在触手冠动物研究中取得的一系列成就 （3）2022年9月，古生物研究院丛培允课题组与英国牛津大学、布里斯托大学、法国国家自然历史博物馆、中国科学院南京地质古生物研究所、澄江化石地世界自然遗产博物馆、玉溪师范学院等国内外科研单位合作，揭示了作为特殊的两侧对称支系的触手冠动物在寒武纪早期的形态特征	国际视野 家国情怀 生态文明
棘皮动物门	（1）法国纪录片《极度深海》记录的蛇尾纲动物 （2）我国纪录片《藏海花2》记录有海星、海胆等动物 （3）海胆、海参是人类喜爱的海鲜，但由于海洋温度升高、水体污染等因素，这些动物的野生种群曾受到严重威胁 （4）利用海胆开展发育生物学的相关研究	生态文明 家国情怀 科学精神
半索动物门	关于半索动物的地位争论，以及我国科学家在云南澄江生物群的一系列研究发现	科学精神 辩证唯物主义

脊椎动物部分包括教材第十五章至第二十一章的教学内容，该部分需掌握脊索动物的三大基本结构特征、各类脊索动物的基本结构特征及代表种；让学生认识各类脊椎动物分类、结构特点与功能的同时，建立结构与功能相统一的理念；树立保护自然环境、保护生物多样性、维护生态平衡、维护人与自然和谐统一等良好观念，其思政素材梳理见表3-5。

表 3-5　脊椎动物部分思政素材梳理表

知识点	思政素材	思政维度
脊索动物门	（1）尾索动物早在2000多年前就已经被记载，但被列为无脊椎动物；直到1866年俄国学者柯瓦列夫斯基研究了海鞘的胚胎发育及其变态后，才正式判定其属于脊索动物门 （2）脊索动物起源学说的争论	历史唯物主义 辩证唯物主义 科学精神 家国情怀

续表

知识点	思政素材	思政维度
脊索动物门	（3）澄江生物群及中国科学家在脊椎动物起源的问题上所开展的工作 （4）华夏鳗是已知的地球上最古老的原始脊索动物；视频《穿越寒武纪丨脊索动物华夏鳗》 （5）1998 年，我国学者在云南昆明西山海口地区约 5.3 亿年前早寒武纪地层中发现的海口鱼，是脊椎动物最古老的祖先	
圆口纲	2006 年 6 月 22 日，*Nature* 杂志刊登了中国科学院古脊椎动物与古人类研究所张弥曼院士等在热河生物群（内蒙古宁城）发现的七鳃鳗化石	科学精神 家国情怀
鱼纲	（1）纪录片《蓝色星球》、Life 第四集 *Fish* （2）2022 年 7 月 21 日，《世界自然保护联盟濒危物种红色名录》发布更新，有着"中国淡水鱼之王"之称的长江白鲟正式被宣告灭绝 （3）中国水产科学研究院长江水产研究所危起伟研究员拯救中华鲟的故事 （4）秉志等我国老一辈的鱼类学研究者 （5）中国科学院水生生物研究所何舜平研究员在鱼类进化与生理适应及脊椎动物起源等方面的研究进展 （6）近现代灭绝的鱼类	生态文明 国际视野 家国情怀
两栖纲	（1）全球有 6000 多种两栖类，但约 1/3 处于濒危或灭绝的状态；42%的两栖物种数量呈现减少趋势 （2）中国科学院昆明动物研究所车静研究员有关大鲵的研究工作 （3）两栖类起源学说的争论 （4）古两栖类化石的发现及鉴定	生态文明 国际视野 科学家精神
爬行纲	（1）我国受到威胁的爬行类物种共 137 种，约占总数的 29.72%，超过世界爬行纲动物受威胁比例的 21.1%。受威胁爬行动物致危因子之首为人类活动的影响 （2）扬子鳄为我国长江中下游特有种类，曾经种群不足 200 只，通过长期的研究与保护工作，扬子鳄物种总体数量呈上升趋势，总数达到 1 万多 （3）弄蛇人奥斯汀 （4）爬行动物的起源与发展，恐龙的兴衰史 （5）2019 年 5 月，南京海关联合无锡公安查获一起特大濒危野生动物走私案	生态文明 家国情怀 科学精神 生命伦理
鸟纲	（1）鸟类及其飞翔的起源学说与争论 （2）歌曲《丹顶鹤的故事》及女大学生保护丹顶鹤的故事 （3）云南绿孔雀栖息地保护案件 （4）鸟类的适应性演化及多样性保护 （5）我国文化中与鸟类有关的诗词曲赋、成语典故等	生态文明 社会责任 辩证唯物主义 家国情怀

知识点	思政素材	思政维度
鸟纲	（6）1981 年，中国国务院批准了林业部等 8 个部门《关于加强鸟类保护执行中日候鸟保护协定的请示》报告，要求各省（自治区、直辖市）都要认真执行，并确定在每年的 4 月底至 5 月初的某一个星期为"爱鸟周" （7）美国摄影师 Chris Jordan 利用三年的时间，在中途岛记录了无数张触目惊心的照片——一些鸟类由于生前吞下大量的塑料垃圾而死亡，最终，当它们的尸体腐化成白骨，那些塑料还都完好无损地堆积在它们的腹部	
哺乳纲	（1）麋鹿、大熊猫、华南虎等珍稀濒危动物保护的故事 （2）胡锦矗、潘文石等在大熊猫保护研究中所做的贡献 （3）新型冠状病毒、埃博拉病毒等引发人兽共患病 （4）纪录片《鲸鱼的秘密》 （5）视频：《融化的冰川、枯瘦的北极熊在垃圾堆寻找食物》	生态文明 科学精神 社会责任 家国情怀

动物进化与环境部分包括教材第二十二章至第二十四章内容，需掌握地球生命起源的基本条件和过程，物种的概念及形成，种群、群落的概念和调节因子；了解各种进化学说、物种形成学说；认识到自然环境对于动物（人）生存的重要性，形成动物（人）与自然和谐共处、保护生态平衡的环保意识，积极参与生态教育的宣传和教育活动，增强社会责任感。其思政素材梳理见表 3-6。

表 3-6　动物进化与环境部分思政素材梳理表

知识点	思政素材	思政维度
动物进化基本原理	（1）米勒的实验装置、类蛋白微球的电镜照片显示生命形成之初的状态，现存生命具有同一起源 （2）2010 年 5 月 20 日美国科学家向世界宣布：首例人造生命——完全由人造基因控制的单细胞细菌诞生 （3）不同动物的同源器官 （4）各时代进化理论的发展：神创论、达尔文进化论、拉马克学说	生命伦理 科学精神 国际视野 辩证唯物主义 历史唯物主义
动物地理	（1）纪录片《鲑鱼生殖洄游》 （2）白鲟、中华鲟等是分布在长江中下游的大型鱼类，每年会洄游到金沙江繁殖产卵；河道中多级大坝的建立，阻隔了它们的洄游通道，这是这类鱼的资源量在长江减少、绝迹的主要原因之一 （3）生物地理理论与大陆漂移学说	生态文明 社会责任 国际视野
动物生态	（1）人类的工业、农业活动对地球环境及生物的影响 （2）1967 年英吉利海峡游船漏油事故导致 30 000 只水鸟死亡 （3）抗生素滥用导致的社会担忧	生态文明

3.3 "动物学"课程思政教学典型案例

3.3.1 案例一

以培植学生科学精神为主的"动物学"课程思政
——以"假体腔动物"为例

1. 教学目标

知识目标：了解假体腔的含义、假体腔动物的主要特征、线虫动物门的主要特征和代表种类，以及轮虫动物门的基本特征；认识秀丽线虫。

能力目标：理解体腔和完整消化管道的出现对动物演化的意义及秀丽线虫对生命科学研究的重要性。

素质目标：通过学习模式生物秀丽线虫，了解模式生物的基本条件与要求，为进一步构建和利用模式生物提供思路。

2. 教学流程设计

学习任务发布：提前一周，通过在线学习平台（如学习通）发布学习任务和学习要求，上传课件"假体腔动物"及扩展阅读资料，提供动物学课程组在线课程"动物学"链接。

授课准备：课程团队集体备课，将以秀丽线虫为模式动物开展的系列突破性研究为主线，充分挖掘思政素材，制作授课PPT。

课堂授课：主讲教师采用讲授法和学生小组讨论相结合的方式进行，"润物细无声"地渗透思政教育。

小组讨论：小小的秀丽线虫如何在科研界发出耀眼的光芒。

过程性考核和课后作业：关注学生在课程学习中所表现出来的情感、态度、价值观的变化，重视对学生在课堂讨论等教学环节中表现出的对假体腔动物结构特点和相应科学研究理解程度的考查，以进一步引导学生建立科学研究所需的基本素养，树立理性批判、开拓创新的科学思维，培养探求未知、追求卓越的科学志趣。课后作业中也特意设计总结秀丽线虫适合作为科学研究模式动物的结构特点等习题，从而进一步渗透思政素材。

3. 课程思政设计路径

（1）个性化甄选课程思政素材

本章节的思政素材丰富，在国家向度、社会向度和自然向度等三个向度，家国情怀及国际视野、政治认同、科学精神、文化自信、品德修养和职业操守、生命伦理、辩证唯物主义、历史唯物主义等八个维度均可挖掘思政素材。结合课堂教学实际情况，甄选了课程思政素材，详见表3-4。

（2）精细划分课程思政主体

教学是师生之间的互动过程，在课堂上注重生生之间、师生之间的协助互动，结合课堂小组讨论，充分发挥以学生为主体的课堂教学模式。

生生互助：在教学中，以小组讨论的方式，让学生总结分析不同类群的假体腔动物的异同点，总结分析秀丽线虫具有成为科学研究模式动物的结构特点等，让学生通过观察、相互讨论、分析和总结，得出假体腔动物的共同特点（即本章的知识点）；同时培养学生的团结协作能力。

师生互动：在学习了秀丽线虫的结构特点之后，教师让学生用书本、头发、笔等物品，衡量1mm、1cm、10cm的大小，并提出"如此小的线虫，为何会受到科学家的青睐？什么原因使它成为世界顶级科学研究的模式生物？"等问题。教师还可提出"肠道寄生虫蛔虫为何在肠道蠕动的情况下不会被排出？如何避免被寄主消化液消化？为什么其消化系统、泌尿系统等简单而生殖系统却极度发达？"等一系列问题，引导学生透过表面现象思考事物本质，形成结构与功能辩证统一的观念，并形成崇尚真理、实事求是的科学态度。

（3）多样化选用信息技术，强化课程思政效果

充分利用现代信息化技术平台，打破传统课程在授课时间和空间的限制，提高课程思政效果。

课前，通过学习通、公众号、班级QQ群推送以秀丽线虫为研究对象的相关资料。例如，2002年诺贝尔生理学或医学奖（表彰发现细胞程序性死亡的遗传调节）、2006年诺贝尔生理学或医学奖（表彰发现RNA干扰——双链RNA基因沉默）、2008年诺贝尔化学奖（表彰发现和发展绿色荧光蛋白GFP）及发表在 Science 等杂志上的相关文献资料，引发学生对秀丽线虫等这一类假体腔动物的讨论与关注。学生以小组为单位，总结蛔虫等寄生性假体腔动物适应消化道寄生的结构特点、秀丽线虫能成为科学研究模式动物的优点及有关蛔虫类寄生虫在各年龄段人群中的寄生情况调研等。选择以上题目之一开展较为深入的系统学习或调研，形成读书或调研报告。

课后，进一步通过互联网对种群相关知识、新闻事件、研究进展等进行讨论交流，通过技术软件制作知识体系思维导图，整理和修改读书或调研报告，提升思政效果。

（4）多元化设计课程思政评价体系

课程采用讨论发言、调查报告、案例分析等相结合的多元评价形式，在评价过程中综合采用教师评价、学生自评、生生互评相结合的多元评价主体。教师的评价通过课堂观察、课堂实录、平台学习行为跟踪及在线测试等手段完成。

4. 课程思政教学设计

根据教学目标和教学内容，充分挖掘课程思政素材，筛选思政功能元素较多的教学资源，制作能体现课程思政特点的新课件、新教案，找准教学内容中能融入思政素材的切入点，使思政教育与专业教育有机衔接和融合。本节课思政教学设计方案见表3-7。

表3-7 "假体腔动物"课程思政教学设计方案

教学内容	思政教学目标	切入点	教学设计	教学活动	教学评价
导入	通过了解新中国消灭寄生虫工作中的努力，树立社会责任感	蛔虫类寄生虫的过去和现状	人蛔虫的消灭史	教师提问：大家有没有吃过宝塔糖的经历，是否听过曾有患者口吐蛔虫的现象 学生：思考，回答问题	学生讨论和发言
假体腔动物的结构特点	科学精神、结构与功能、生理卫生安全意识	假体腔动物的结构特点及蛔虫的生活史	对比分析：20世纪70~80年代宝塔糖等打虫药的盛行 讲解：角质化膜曾经被认为是蛔虫的体壁，由细胞构成，随着科技的进步，发现角质化膜仅仅是上皮层（合胞体）细胞的分泌物，主要成分是胶原蛋白；蛔虫唇瓣及其他器官系统的结构 推理分析：蛔虫适应消化道寄生的结构特点 宝塔糖、肠虫清的作用原理	教师提问：蛔虫如何避免寄生在消化道而不被寄主的消化液消化？宝塔糖、肠虫清等消灭蛔虫类寄生虫的作用原理是什么 学生：思考，讨论，总结，给出答案	学生讨论和发言

续表

教学内容	思政教学目标	切入点	教学设计	教学活动	教学评价
秀丽线虫	科学精神、职业素养、建立国际视野	相关科学研究成果和科学家故事	观察分析：秀丽线虫与其他动物的大小对比 讨论：小小身材的秀丽线虫如何在科学研究领域助力科学家攀登高峰 视频：科学家利用 1mm 秀丽线虫研究衰老的原因，有关诺贝尔奖获得者的获奖感言 思政教育：开展科学研究所必备的素养和精神	教师通过画面对比，让学生形成直观的大小差异感；以 2002 年、2006 年、2008 年诺贝尔奖的获奖理由为线，引出秀丽线虫在科学研究领域的重要贡献。进而教师提问：小身材的秀丽线虫，有哪些结构特点利于科学研究，并结合秀丽线虫结构讲解的视频，引导学生观察、分析、总结和讨论。由此展开线虫在生命科学领域的其他科学研究方向上所做出的贡献，引导学生培养查阅文献、阅读文献的能力；并以此介入诺贝尔奖获得者的获奖感言及科学研究故事，使学生树立科学精神	学生思考、讨论、分析、总结、发言、形成文献报告
假体腔动物的分类	历史唯物主义、社会责任	生物多样性及人类对其认识的发展变化过程、丝虫的防治	观察：各种各样的假体腔动物 总结：除蛔虫以外的各类属于假体腔动物的寄生虫如丝虫、钩虫、蛲虫等 2015 年诺贝尔生理学或医学奖：当年除表彰了我国科学家屠呦呦在全球防治疟疾（病原体：疟原虫）的卓越贡献外，也表彰了针对全球防治象皮病和河盲症（病原体分别为班氏丝虫和盘尾丝虫）做出卓越贡献的科学家	观看视频并进行寄生虫感染的案例分析	学生思考体悟

3.3.2　案例二

以增强生态文明为主的"动物学"课程思政
——以"鱼纲"为例

1. 教学目标

知识目标：掌握鱼类动物的主要特征；认识各种各样的鱼类，掌握常见鱼类的分类地位。

能力目标：理解上下颌出现在动物演化史上的重要意义；理解鱼类多样性的形成原因。

素质目标：通过学习鱼类的基本结构特征，理解鱼类与环境的适应，进而理解动物与环境的统一；以鱼类的分类学习为基础，了解鱼类多样性与人类的关系，树立保护生态环境、保护鱼类多样性的生态文明意识。

2. 教学流程设计

学习任务发布：上传课件"鱼纲"及扩展阅读资料，提供动物学课题组在线开放课程"动物学"链接，通过在线平台发布学习任务和要求：请学生预习课程，观看纪录片 *Life* 第四集 *Fish*；思考有没有可以离开水生活的鱼类。

授课准备：以鱼类的主要特征及鱼类多样性的形成和丧失为主线，充分挖掘思政元素，制作授课课件。

课堂授课：主讲教师采用讲授法、问题探究法和小组讨论相结合的方式进行。

问题探究：哪些鱼可以离开水环境而不至于死亡，为什么？

小组讨论：鱼类多样性的产生及白鲟灭绝的原因。

过程性考核和课后作业：重点关注学生在学习过程中的情感、态度、价值观的变化。课前通过在线平台布置任务，增强学生的学习参与度和自主性；课上采用问题探究和小组讨论的方式，重视对学生在课堂讨论等教学环节中表现出的对鱼纲的结构特点和鱼类多样性与环境、人类的关系理解程度的考查，引导学生通过拓宽国际视野，培养动物与环境相统一、人与自然和谐相处的生态文明精神；课后作业中则设计通过查阅 ICUN 官网和其他文献资料，了解鱼类的濒危程度，结合其结构特征和生存环境，分析其濒危的原因等习题，从而在进一步学习、巩固理论知识的过程中深入渗透思政元素。

3. 课程思政设计路径

（1）个性化甄选课程思政素材

本章节的思政元素丰富，在国家向度、社会向度、专业向度和自然向度等四个向度，家国情怀及全球视野、政治认同、科学精神、文化自信、品德修养和职业操守、生态文明、辩证唯物主义等七个维度均可挖掘思政元素。结合课堂教学实际情况，甄选了课程思政素材详见表3-5。

（2）精细划分课程思政主体

课堂上注重师生、生生之间的协助互助，结合问题探究和课堂小组讨论，充分发挥以学生为主体的课堂教学模式。

生生互助：在教学中，以小组讨论的方式，让学生列举并对比分析所了解的鱼类（如草鱼、鲤鱼、泥鳅、肺鱼、带鱼等）的形态、生活环境和生活习性，分析不同鱼类的形态结构特点、生活习性特点、栖息地的生存环境特点等，让学生通过查阅资料、相互讨论、总结和分析，得出鱼类的共同特点（即本章的知识点），以及鱼类对于水生环境的适应性；同时培养学生的团结协作能力、批判性思维和发现问题、解决问题的能力。

师生互动：在学习了鱼类的结构特点之后，教师通过展示我国鱼类物种数量、世界鱼类数量，以及更多不同鱼类的形态特征、更多的生活环境和生活方式，提高学生的学生兴趣，激发学生探究鱼类及自然规律的热情；同时也展示有关鱼类与人类食物的文献报道，培养学生形成动物与环境相统一的生态文明观念；再以近现代人类活动的干扰导致的水体环境恶化，进而引发的鱼类多样性降低，甚至物种灭绝的事件来培养学生保护生物多样性、保护环境的意识。通过提出弹涂鱼为何可以生活在滩涂中，肺鱼如何实现在干涸的河床长期存活的问题，引导学生透过现象发现本质，形成结构与功能是辩证统一的观念。

（3）多样化选用信息技术强化课程思政效果

信息技术应用能够突破传统课堂教学的时间和空间的限制，使得课程思能够进一步深入到学生学习的各个环节，从而实现更好的教学效果。

课前，通过学习通、公众号、班级 QQ 群等推送有关鱼类的报道，如纪录片 Life 第四集 Fish；文献 "Divergent responses of pelagic and benthic fish body-size structure to remoteness and protection from humans" "Tunable stiffness enables fast and efficient swimming in fish-like robots" "The spread of fear in an empathetic fish" 等，引发学生对鱼类的讨论和关注；学生以小组为单位，总结鱼类的共同结构特点、栖息地特点。课堂中，以问题探究式进行知识点讲解，并开展小组讨论，从而进一步引导学生通过观察、阅读，分析并思考鱼类的环境适应性

及鱼类与人类的关系等。课后，进一步提供有关的参考文献资料，鼓励学生通过自主查阅文献资料，开展讨论交流，选择某一种近期灭绝的鱼类，描述其形态特征、生活环境及灭绝的原因等，并通过整理和修改，形成读书报告。

（4）多元化设计课程思政评价体系

课程采用课前预习、课中讲解、课后总结反思的形式，将自主学习、思考和讨论贯穿整个教学过程，并结合信息技术平台，利用问题探究、发言讨论、读书报告等多元评价形式，在评价过程中综合采用教师评价、学生自评、生生互评相结合的多元评价主体，通过课堂观察、课堂实录、平台学习行为跟踪及在线测试等手段完成课程思政的评价体系。

4. 课程思政教学设计

根据教学目标和教学内容，充分挖掘课程思政元素，筛选思政功能元素较多的教学资源，制作能体现课程思政特点的新课件、新教案，找准教学内容中能融入思政元素的切入点，使思政教育与专业教育有机衔接和融合。本节课思政教学设计方案如表 3-8 所示。

表 3-8 "鱼纲"课程思政教学设计

教学内容	思政教学目标	切入点	教学设计	教学活动	教学评价
导入	鱼类的多样性，体现自然界的生物多样性，激发学生的学习兴趣	世界各种各样的有特殊生境和特殊生活习性的鱼类	苏门答腊鱼，体长7.9mm，生活在酸性沼泽环境 肺鱼寿命可达80年以上 蓝鳍金枪鱼为恒温动物	教师提问：大家是否知道可生活在环境 pH＜3.0 的动物？鱼类是否有恒温的物种？ 学生：思考、回答问题	学生讨论、发言
鱼类的主要结构特点	结构与功能相统一的辩证唯物主义和动物与环境相统一的生态文明思想	水环境的物化特征和鱼类的结构特点	综合水环境的特点讲解鱼类的共同特征 讲解：鱼类物种丰富，是数量最多的脊椎动物，分析各种各样的鱼类，总结其共有特征 推理分析：结合物理学知识，推断鳍的作用，分析鱼为何不需要像其他四足动物那样的四肢 观察鳃的解剖和显微结构，分析鱼鳃的功能	教师：水有哪些物理属性？鱼类的共有特征是什么？为什么鱼类没有像其他脊椎动物那样的四肢？为什么鳃是鱼类的主要呼吸器官？ 学生：思考、总结、讨论、给出答案	学生讨论、发言

教学内容	思政教学目标	切入点	教学设计	教学活动	教学评价
鱼鳔的功能探究	理论联系实际、发现和解决问题的能力	鱼鳔与鱼类的密度调节、相关科学研究成果	视频：鱼类在不同水层的运动和悬停 视频：小孩子学游泳的视频 图片：鲤鱼的鱼鳔 视频：蜂鸟悬停时快速煽动翅膀 讨论：鱼鳔的作用 通过综合分析上述视频和图片，推理得出鱼鳔的主要作用是调节鱼体密度；同时引导学生讨论并分析得出深海和快速游泳的鱼类无鳔这一结构 展示有关无鳔管鱼类的鳔的结构和功能研究的文献资料，讲解鱼类通过调节鳔内气体的含量实现调节身体密度的机制	教师通过几个视频和画面的对比，引导学生总结出鱼鳔的主要作用为调节身体密度，通过与蜂鸟实现悬停的视频比较，引导学生进一步了解通过调节鳔内气体达到身体密度的调节，最终实现在某种水层悬停是一种高度节约能量的方式；展示鳔管的类型和有鳔和无鳔对应的鱼类物种，结合鳔的结构和功能特点，引导学生思考、分析并总结出快速游泳和深海的鱼类一般无鳔的结论。结合国际国内有关的科学研究成果，讲解鱼鳔实现调节鱼体密度的机制。整个过程中，引导学生运用所学的物理知识，通过观察、总结、分析、并利用已有理论知识，培养发现问题和解决问题的能力	学生思考、讨论、分析、总结、发言
鱼类的多样性和面临的威胁	生态文明、社会责任	鱼类生物多样性及其与人类的关系；鱼类目前所受到的威胁	观察：各种各样的鱼类动物 阅读：联合国粮食及农业组织（FAO）关于各年度世界渔业和水产养殖状况的报告，了解鱼类对于人类生存的重要性。 阅读：有关鱼类灭绝的报道，有关鱼类受威胁状况的研究报道 总结：鱼类受威胁的原因	查阅资料，阅读并挑选某一种近期灭绝的鱼类物种，描述其形态结构特征、灭绝前栖息地环境状况，分析其灭绝原因，并通过进一步查询资料，分析如果该物种尚未灭绝，人类可以有哪些保护措施	学生思考、体悟，形成文献报告

参 考 文 献

高立杰，李楠，纪守坤，等. 2024. 立德树人理念下《动物学》课程思政教学改革与实践. 现代畜牧科技，(5)：176-182.

李安宁，吴朗，董武子，等. 2022. 课程思政融入《动物学》教学的探索与实践. 畜牧兽医杂志，41 (1)：59-61.

李青，何斌，余丹凤，等. 2022. 师范专业认证下课程思政探索与实践——以"普通动物学"课程为例. 教育教学论坛，(43)：101-104.

李彦明，梁琨，李颖靓，等. 2021. 浅谈普通动物学课程中思政元素的融入. 大学教育，(12)：126-128.

刘长海. 2023. "脊椎动物学"课程思政育人元素的挖掘与融入. 当代教育理论与实践，15 (3)：1-6.

涂加钢，姬伟，吴志新. 2023. "动物学"课程思政的探索与实践. 黑龙江教育（理论与实践），(1)：15-17.

王猛，闫华超，苗秀莲，等. 2021. 动物学课程思政核心要点分析. 高教学刊，7 (30)：181-184.

张涛，李彦明. 2022. 课程思政在普通动物学课程中的初步应用. 当代畜牧，(11)：52-54.

赵卫红，王加美，张余霞，等. 2023. 动物学课程思政元素的开发与课程内容的探索——以海洋科学类专业为例. 安徽农业科学，51 (22)：279-282.

赵亚，张彩勤，孟寒，等. 2023. 课程思政视域下实验动物学教学实践探索. 实验动物与比较医学，43 (6)：641-646.

朱慧，金龙如，王海涛，等. 2023. 思政教育理念融入高校"动物学"课程的教学探索. 高校生物学教学研究（电子版），13 (1)：17-20.

朱勇，徐忠东，李进华. 2023. 动物学课程思政教育的探索与实践. 合肥师范学院学报，41 (3)：79-81.

Barbarossa V，Bosmans J，Wanders N，et al. 2021. Threats of global warming to the world's freshwater fishes. Nature Communication，12 (1)：1701.

Béné C，Barange M，Subasinghe R，et al. 2015. Feeding 9 billion by 2050-Putting fish back on the menu. Food Security，7 (2)：261-274.

Su G H，Logez M，Xu J，et al. 2021. Human impacts on global freshwater fish biodiversity. Science，371 (6531)：835-838.

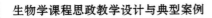
Xing Y C，Zhang C G，Fan E Y，et al. 2015. Freshwater fishes of China：species richness，endemism，threatened species and conservation. Biodiversity and Distribution，22（3）：358-370.

Zhang H，Jaric I，Roberts D L，et al. 2020. Extinction of one of the world's largest freshwater fishes：Lessons for conserving the endangered Yangtze fauna. Science of Total Environment，710：136242.

第四章

"微生物学"课程思政教学设计与典型案例

4.1 "微生物学"课程简介

4.1.1 课程性质

"微生物学"是现代生物学的重要分支学科和支撑学科之一，它是主要研究微生物分类、形态、结构、生理生化特征、表观基因组、基因组、蛋白质组、蛋白质翻译后修饰组、代谢组、调控、遗传与变异、与宿主相互作用、进化、生态、合成生物学、计算微生物学等规律和应用的一门学科。该课程是生物科学、环境科学、农学、植物保护、药学、医学、动物医学、空间生物学等相关专业的必修基础课程，是生命科学专业的主干课程之一。本书以沈萍、陈向东主编，2016年出版的《微生物学》（第8版），或者周德庆主编，2020年出版的《微生物学教程》（第4版）为例。

4.1.2 专业教学目标

本课程的专业教学目标是让学生掌握和领会有关微生物学理论的基本概念，掌握微生物学研究的基本理论和科学方法，具备微生物学专业技能及较强的动手能力、实践经验和创新意识。具体教学目标如下。

掌握微生物学的基础知识、主要理论、实验技能和创新思维方式；把握微生物学学科的整体框架和其基础知识的内在联系；树立正确的自然观，培养微生物学学科素养。

理解微生物学作为生物学科基础的学科，能够起到启发和引领作用，能够将微生物学知识与日常生活、生产实践结合起来，并能用微生物学理论和方法分析和解决一些具体的微生物问题。

能够了解微生物学前沿知识，积极利用国际微生物学最新发展及前沿信息，能够与微生物学相关领域国内外专家学者进行有效交流。

4.1.3 知识结构体系

根据微生物学的研究方向及由浅入深、由微观到宏观、由理论到实践的原则，该课程共分 15 章，其知识结构体系见表 4-1。不同学校根据学科的发展，可以适当增加学科的最新发展情况。

表 4-1 "微生物学"课程知识结构体系

知识板块	章节	课程内容
绪论	第一章 绪论	1. 微生物学的概念 2. 微生物学的研究对象 3. 微生物学的起源、形成与发展 4. 微生物学的研究途径 5. 学习微生物学的意义
一、微生物基本操作技术	第二章 微生物的纯培养和显微技术	1. 微生物的分离和纯培养 2. 显微镜和显微技术 3. 微生物的种类
二、微生物细胞基本结构和功能	第三章 微生物细胞的结构和功能	1. 原核微生物 2. 真核微生物
三、微生物的营养和代谢	第四章 微生物的营养	1. 微生物的营养要求 2. 培养基 3. 营养物质进入细胞的途径
	第五章 微生物的代谢	1. 微生物产能代谢 2. 微生物耗能代谢 3. 微生物代谢的调节 4. 微生物的次级代谢与次级代谢产物
四、微生物的生长繁殖	第六章 微生物的生长繁殖及其控制	1. 细菌的个体生长 2. 微生物生长的测定 3. 细菌的群体生长繁殖 4. 真菌的生长繁殖 5. 环境对微生物生长的影响 6. 微生物生长繁殖的控制
五、病毒	第七章 病毒	1. 病毒概述 2. 病毒学研究的基本方法 3. 毒粒的性质 4. 病毒的复制 5. 病毒的非增殖性感染

知识板块	章节	课程内容
五、病毒	第七章 病毒	6. 病毒与宿主的相互作用 7. 亚病毒因子
六、微生物的遗传学及其与现代基因工程及合成生物学关系	第八章 微生物遗传	1. 遗传的物质基础 2. 微生物的基因组结构与表观遗传 3. 质粒和转座因子生物学课程思政教学设计与优秀案例 4. 基因突变及修复 5. 细菌基因转移和重组 6. 真核微生物的遗传学特性 7. 微生物育种 8. 微生物基因组、蛋白质组、代谢组、表观基因组等多组学
	第九章 微生物基因表达的调控	1. 转录水平的调控 2. 转录后调控 3. 古菌的转录及其调控 4. 细菌的群体感应调节 5. 真菌的转录和转录后调节 6. 微生物蛋白质翻译后修饰与调节
	第十章 微生物与基因工程、合成生物学	1. 基因工程概述 2. 基因的分离、合成与诱变 3. 微生物与克隆载体 4. 基因克隆操作 5. 外源基因导入及目的基因筛选鉴定 6. 克隆基因细菌中的表达 7. 基因工程的应用及展望 8. 微生物与合成生物学、计算微生物学、人工智能和机器学习
七、微生物生态学	第十一章 微生物的生态	1. 环境中的微生物 2. 微生物在生态系统中的地位和作用 3. 人体微生物及病原微生物的传播 4. 微生物分子生态学 5. 微生物与环境保护 6. 微生物组与动植物健康、合成微生物组
八、微生物的系统发育、分类鉴定及多样性	第十二章 微生物的进化、系统发育与分类鉴定	1. 生物进化钟 2. 原核生物的分类 3. 真菌的分类 4. 微生物系统学的研究内容与方法 5. 微生物的快速鉴定与分析技术 6. 基因组与微生物分类系统发展

续表

知识板块	章节	课程内容
八、微生物的系统发育、分类鉴定及多样性	第十三章 微生物物种的多样性	1. 细菌的多样性 2. 古菌的多样性 3. 真核微生物的多样性 4. 噬菌体多样性 5. 微生物资源的开发利用和保护
九、感染与免疫	第十四章 感染与免疫	1. 感染的概念 2. 宿主的非特异性免疫 3. 宿主的特异性免疫 4. 抗感染免疫 5. 免疫病理 6. 细菌免疫 7. 免疫学的实际应用
十、微生物相关生物技术	第十五章 微生物生物技术	1. 微生物产业的菌种和发酵特征 2. 微生物产业的发酵方式 3. 微生物产业的主要产品 4. 微生物生物技术的广泛应用 5. 微生物生物技术的安全性风险评价和管理

4.2 "微生物学"课程思政

4.2.1 课程思政特征分析

地球上生命的起源为微生物。学习"微生物学"有助于学生理解"我是谁？我从哪里来？我要到哪里去？"的哲学命题，塑造对生命起源的认识。"微生物学"课程的特点，决定了其在思政建设中的重要地位。该课程的主题与人类生产、生活、健康和文明发展等密切相关，包含极为丰富的思政素材，大到生命的起源、生物安全、国家安全，小到日常生活，都与微生物密不可分。学习"微生物学"可以拓宽学生科学视野，引导学生增强中国特色社会主义道路自信、理论自信、制度自信、文化自信。在传授知识与技能的过程中对学生进行思想精神上的积极指引，培养学生积极进取、创新开拓、追求真理、勇攀科学高峰的责任感和使命感，以及参与人类命运共同体、人类卫生与健康共同体建设的主动性。

4.2.2 课程思政教学目标

目标是使学生掌握微生物学的基本理论和方法，从进化的角度理解微生物在人类起源、发展的重要地位，不断加深对微生物资源的理解和认识，理解传染病背后的理论逻辑，引导学生热爱生命、勤于思考，激发学生的责任意识和使命担当。

4.2.3 课程思政素材

本书将以沈萍、陈向东主编的《微生物学》（第8版）为选用教材，对经典微生物学教学内容相关知识点匹配的思政素材进行梳理。部分思政素材梳理见表4-2。

表 4-2 "微生物学"思政素材梳理表

知识点	思政素材	思政维度
微生物学绪论	（1）明末清初医生吴又可提出"疠气"学说 （2）列文虎克首次发现并描述微生物 （3）微生物学发展过程中的重大事件 （4）巴斯德彻底否定"自生说"	家国情怀 国际视野 文化自信 创新精神
微生物的纯培养和显微技术	（1）纯培养单一微生物与多微生物共存的对立统一 （2）通过显微镜观察微生物 （3）微生物的多样性 （4）微生物"麻雀虽小，五脏俱全"的结构特点	科学精神 辩证法
微生物的营养	微生物对营养的多元化需求与人类生产生活的关系	科学精神 国际视野 生命伦理
微生物的代谢	（1）1961年英国学者米切尔提出化学渗透假说 （2）微生物产能代谢与耗能代谢	跨学科结合 国际视野
病毒	（1）2002年严重急性呼吸综合征（SARS）疫情 （2）2019年新型冠状病毒感染疫情 （3）人类免疫缺陷病毒（HIV）	家国情怀 国际视野 科学精神 法治意识 社会责任 生命伦理
微生物遗传	（1）耐药性基因的来源 （2）DNA是遗传物质的证据 （3）朊病毒的发现与同类相食的哲学思考 （4）基因组与人类遗传信息	科学精神 法治意识 社会责任 生命伦理 政治认同

知识点	思政素材	思政维度
微生物与基因工程	（1）人类/微生物基因组计划 （2）重组 DNA 技术合成人胰岛素和乙肝疫苗 （3）克隆伦理	科学精神 法治意识 社会责任 生命伦理
微生物的生态	（1）微生物在生态文明建设中的重要地位 （2）人体微生物及病原微生物的传播 （3）生物降解助力环境保护	生态文明 科学精神 法治意识 社会责任
微生物的进化、系统发育与分类鉴定	生命起源的哲学思考	政治认同
微生物生物技术	（1）微生物发酵生产工业产品 （2）微生物生产食品和饮料	家国情怀 国际视野 科学精神

4.3　"微生物学"课程思政教学典型案例

4.3.1　案例一

以培养学生人与自然发生发展哲学素养为主的"微生物学"
课程思政——以"绪论"为例

1. 教学目标

认知类目标：了解"微生物学"课程的研究对象、内容、范围、方法及微生物学的最新发展。

情感、态度、价值观目标：引导学生认识微生物在人类历史发生发展中的重要地位，培养学生以天下为己任的家国情怀。

方法类目标：掌握微生物学的学科特点和专业发展途径；能够通过图书馆或网络检索查询微生物学相关期刊；能用微生物学理论和方法分析并解决一些生活中的具体问题。

2. 教学流程设计

学习任务发布：提前在师生交流群发布学习任务和学习要求，上传课件"绪论"及扩展阅读资料，提供慕课（中国大学 MOOC）链接（谢建平"微生物学"）。

授课准备：课程团队集体备课，充分挖掘思政素材，制作授课 PPT。

课堂授课：主讲教师采用讲授法和小组讨论相结合的方式进行。

小组讨论：分析微生物学的学科特点及未来发展趋势，进一步了解微生物学的重要性。

过程性考核和课后作业：通过上课时的师生互动、小组讨论考核学生的分析能力、交流能力和思辨能力；以"微生物学的重大问题"为命题，结合人类命运共同体，以小组的形式将某个问题作为课后作业，开展思政教育。

3. 课程思政设计路径

（1）微生物的历史人文价值

微生物是地球上最早的生命形式，与人类生活息息相关。自古以来，就有利用微生物进行各种生产的工艺，如酿酒、酵母发面等。我国民间所说的开门七件事：柴、米、油、盐、酱、醋、茶，其中酱、醋两样就是微生物的贡献。微生物产业促进了社会经济的发展，在人类历史的长河中占据了极其重要的地位。

（2）微生物是矛盾的重要表现

矛盾是辩证法的核心概念，矛盾就是对立统一。微生物既可以被人们所利用，也可以带来各种疾病。历史上，鼠疫（又称黑死病）、天花、霍乱、流感、SARS 及近年来的新型冠状病毒感染都是由微生物引起的重要传染性疾病，给人类社会带来了沉重的痛苦和灾难。因此，只有坚持矛盾分析法，才能正确地认识微生物。

（3）培养学生以天下为己任的家国情怀

习近平总书记说："人民对美好生活的向往，就是我们的奋斗目标。"微生物与人类命运息息相关，如何理解微生物，如何利用微生物，如何与微生物和谐共存是学习微生物学的重中之重，更是对学生哲学思辨能力的重要考量。新型冠状病毒感染（COVID-19）、猴痘等此起彼伏的全球疫情告诉大家，学好微生物学，做好相关的科学研究，是构建人类命运共同体的重要基础。

4. 课程思政教学设计

其具体的教学设计方案见表 4-3。

表4-3 "微生物学"绪论部分课程思政的教学设计方案

教学内容	思政教学目标	切入点	教学设计	教学活动	教学评价
导入	加深学生对人类命运共同体的认识	疫情现状热点新闻	通过了解人类历史上的各种疫情，让学生讨论微生物在人类社会发展过程中的影响	教师提问：为什么要学习微生物学 学生：思考，回答问题	学生讨论发言
微生物学定义	培养学生生命伦理和科学精神，厚植家国情怀	环境现状	通过大量实例，让学生讨论微生物与人类的关系，举例说明人类利用微生物对社会经济发展的重要性	教师提问：什么是微生物学 学生：思考，回答问题	学生思考、讨论发言
微生物学的起源与发展	培养学生的文化自信	传统文化	以时间顺序，通过层层递进的方式讲解微生物学的起源、形成与发展。通过讲述中国古代的各种文献，让学生了解古人利用微生物进行生产活动的智慧	教师：讲解微生物学的起源和发展历史 学生：思考，讨论	学生思考
微生物学的研究途径	培养学生职业理想、科学精神和国际视野，增强学生家国情怀	研究进展	通过举例微生物学的最新研究进展，结合校内微生物研究情况，让学生了解微生物学的研究方法和途径	教师：讲解微生物学研究方法 学生：思考，讨论	学生思考、体悟

4.3.2 案例二

猴痘、冠状病毒与人类健康共同体

1. 教学目标

认知类目标：了解病毒和疫苗对于人类健康来说是非常重要的。学习病毒和疫苗的基本概念，以及疫苗在预防和控制传染病方面的关键作用。

情感、态度、价值观目标：探讨人类健康共同体的概念，强调全球合作的重要性。了解如何通过合作应对全球公共卫生挑战，以及每个人在其中扮演的角色。

方法类目标：介绍猴痘和重要病毒的疫苗研发、接种程序和效果。讲解防控措施如勤洗手、戴口罩等的重要性，以及如何预防传染病的传播。在面对疫情挑战时，疫苗作为关键工具，对保护人类健康发挥着重要的作用。

2. 教学流程设计

（1）引入

引起学生对此起彼伏的疫情的关注，了解疫情对全球健康的影响。解释人类健康共同体的概念。

（2）指导学生了解历史上的各种病毒

提供背景信息，包括病毒的起源、传播途径和感染症状。强调病毒在全球范围内的传播及是如何威胁人类健康共同体的。

（3）探讨病毒的预防与控制措施

介绍个人防护措施，如勤洗手、戴口罩、保持社交距离等。分析社会防控措施，如封锁措施、检测和隔离政策等。讨论科学家和医疗工作者在抗击疫情方面的努力。强调个人责任和担当在构建人类健康共同体方面的重要性。

（4）探究疫情对身心健康的影响

引导学生了解疫情对人们身心健康的负面影响，如焦虑、孤独感、抑郁等。讨论疫情对于特定人群（如医护人员、老年人、学生等）的影响。引导学生思考适应疫情和保护身心健康的方法，如建立支持网络、寻求心理支持等。

（5）强调全球合作与人类健康共同体

解释全球合作在控制疫情和保护健康共同体中的重要性。引导学生思考全球公共卫生合作的实际案例和挑战。鼓励学生思考个人和集体共同行动，为促进人类健康共同体做出贡献。

（6）总结与评估成果

回顾学生所学的知识和观点，提供一个小结性讨论。让学生分享他们在课程中学到的内容，并发表个人看法。对学生的学习成果进行评估，可以通过小组讨论、个人写作或问答形式完成。通过这样的教学流程设计，学生将对病毒和人类健康共同体有深入了解。他们将了解到个人行动对于保护全球健康的重要性，同时也会认识到全球合作在控制疫情中的不可或缺性。这将有助于培养学生的创新思维、社会责任感和国际视野，使他们能够积极参与到保护人类健康共同体的工作中。同时，通过讨论与反思，学生还可以提升批判性思维和团队合作能力，从而更好地应对类似挑战。

3. 课程思政设计路径

（1）病毒与疫苗

病毒是一种微生物，无法独立生活，需要侵入寄主细胞才能复制。病毒可以引起多种不同的疾病，包括病毒性肝炎、流感、艾滋病、小头畸形等。猴痘是一种由病毒引起的传染病，主要通过接触感染者的病毒颗粒而传播。这种传染病会给人们带来严重的身体痛苦，使人体出现皮疹、发热和全身不适等症状。导致小头畸形的寨卡病毒属黄病毒科黄病毒属，单股正链 RNA 病毒，直径 20nm，是通过蚊虫进行传播的虫媒病毒，宿主不明确，主要在野生灵长类动物和栖息在树上的蚊子如非洲伊蚊中传播。

疫苗是为了预防、控制传染病的发生流行，用于人体预防接种，使我们的机体产生对某种疾病的特异性免疫力的生物制品。通过激活人体的免疫系统，可使人体产生针对特定病毒的免疫力。疫苗的接种可以防止感染疾病或减轻疾病的严重程度。疫苗是采用减毒的病原体或者病原体的组分激活人体的免疫系统，使其对未来可能的感染产生免疫力。这样一来，当真正的病原体侵入人体时，免疫系统能够迅速识别并消灭它们，从而保护我们的健康。爱德华·詹纳在 1796 年成功发明了人类牛痘疫苗，将牛痘病毒直接接种到人体，从而使人体产生免疫力。这个里程碑式的发现开启了现代疫苗时代。

（2）病毒变异与猴痘感染对人类健康的威胁

病毒或者细菌感染导致的传染病，一直威胁人类健康。

尽管猴痘疫情通常不会引发大规模的暴发，但它对个体健康仍然构成威胁。在没有免疫保护的情况下，猴痘疫情可能在群体中传播。以下是对冠状病毒和猴痘病毒的比较。

传播途径：冠状病毒主要通过飞沫传播，在吸入含病毒的飞沫时会感染人体。而猴痘主要通过直接接触感染物质或被猴痘病毒污染的物体而传播。

病理影响：冠状病毒主要影响呼吸系统，但也可能对其他器官产生严重影响。病情严重的患者需要接受医院治疗和监护。猴痘主要引起皮肤病变，症状比较轻微，但也可能导致并发症。

虽然两种病毒都对人类健康构成威胁，但冠状病毒由于其高传染性和大规模性，对全球公共卫生产生了更大的影响。

（3）培养学生人类健康共同体的理念

人类健康共同体是指全球范围内的人类社会在面对共同的健康威胁时，通过跨国合作和协作，共同保护和促进全人类的健康。人类健康共同体的理念强调人类健康是全球共同关注的重要议题，超越国界和种族，大家对全球卫生安全具有共同责任。学生必须认识到疾病的传播不受国家边界限制，而是全球公共卫生的挑战，需要各国之间的合作和协作来应对。

在教学过程中，向学生介绍国际组织（如世界卫生组织）和各国卫生机构之间的协作，以及各国在抗击 SARS 和 COVID-19 疫情及猴痘传播方面所采取的共同措施。鼓励学生思考全球卫生安全和全球公共卫生的意义，以及培养国际合作意识对于共同应对全球健康挑战的重要性。教育学生如何保护自己的身体和心理健康。培养学生正面应对压力、焦虑和不确定性的能力，鼓励他们去寻求心理健康支持和适当的疏导渠道。

通过以上的教学方法和内容，可以帮助学生理解人类健康共同体的理念，并培养他们参与保护个人和社区健康的意识和责任心。同时还可以培养学生的团队合作和批判性思维，以便在未来面对类似挑战时能够为人类健康做出积极的贡献。

4. 课程思政教学设计

其具体的教学设计方案见表 4-4。

表 4-4　猴痘、冠状病毒与人类健康共同体部分课程思政的教学设计方案

教学内容	思政教学目标	切入点	教学设计	教学活动	教学评价
病毒和疫苗概述	加强学生推崇科学知识和建立正确信息传播的观念	基本概念科学认知	讲授猴痘和冠状病毒的起源、传播途径、症状和后果。通过实例和图表等，增加学生对病毒的直观理解。教导学生如何依靠可靠的科学知识和权威公共卫生组织提供的信息，做出正确的决策和行动。强调科学方法和数据分析的重要性，培养学生的批判性思维和科学素养	教师提问：为什么要不断开发疫苗 学生：思考，回答问题	学生讨论发言
人类健康共同体的理念	让学生了解如何通过合作应对全球公共卫生挑战，以及每个人在其中扮演的角色	国际合作	追溯冠状病毒和猴痘病毒的传播途径，让学生认识到人类健康共同体追求公平和平等的健康机会和资源分配，促进全球公共卫生的公正与公平	教师提问：为什么要重视人类健康共同体？ 学生：思考，回答问题	学生思考讨论发言
课堂互动与实践活动	培养学生的同理心	小组分析讨论案例	组织学生进行小组讨论、角色扮演、案例分析等活动，提倡学生间的互动与合作。教导学生对患者和受影响的社会群体表达同情和支持，消除对疫情扩散的污名化和歧视现象。培养学生的同理心和社会责任感	教师提问：为什么关注弱势群体的健康问题非常重要 学生：思考，讨论	学生思考

教学内容	思政教学目标	切入点	教学设计	教学活动	教学评价
自我保护和心理健康	教育学生如何保护自己的身体和心理健康	科学防护	培养学生正面应对压力、焦虑和不确定性的能力，鼓励他们寻求心理健康支持和适当的疏导渠道。通过以上的教学方法和内容，可以帮助学生理解人类健康共同体的理念，并培养他们参与保护个人和社区健康的意识和责任心。这些教育措施还可以培养学生的团队合作、批判性思维和社会参与能力，在未来面对类似挑战时能够为人类健康做出积极的贡献	教师提问：如何及时、正确认识出现的病毒感染，包括但不限于猴痘病毒 学生：思考，讨论	学生思考体悟

4.3.3 案例三

微生物学与人类生物安全

1. 教学目标

认知类目标：认识微生物学在人类社会发展中的重要性。

情感、态度、价值观目标：认识人类与微生物的关系。

方法类目标：熟悉保障生物安全的主要方法。

2. 教学流程设计

导言：微生物在人类历史和社会发展中的重要作用

微生物（microorganism，简称 microbe）是一大类生物，包括细菌、病毒、真菌和一些小型原生动物。它们是小个体，但与人类生活密切相关。微生物在自然界无处不在，它们可以在我们的外部环境和身体中找到。它们不仅分布广泛，而且种类和数量也超出了我们的想象。我们总是不可避免地与微生物打交道。微生物与人类生活息息相关，极大地影响了人类的生存与健康。微生物不仅可以通过产业化经营促进地方社会的经济发展，在生物制药方面发挥拯救人类生命的作用，也能在改善生态环境方面发挥重要作用。微生物在给人类带来福祉的同时，也可能对人类文明进程造成重大影响。微生物对人类有有害的一面，如可以腐蚀工业设备，腐化食品和原材料，甚至可以食品为媒介引起人类中毒、疾病和死亡；也有有益的一面，在食品、制药、冶金、采矿、石油、皮革、轻化工等行业中可以发挥不可替代的重要作用。因此，人类的生活无法不与微生物世界产生交集，微生物永远是与人类"相爱相杀"的老伙伴。

人类和流行病在这个世界上是相互依存的，人类不能避免流行病的发生，也不能根除流行病的存在。同样地，流行病也没法让全人类消失。那么，流行病到底是什么呢？为什么会暴发流行病呢？人类又该如何与流行病共存呢？这对于 21 世纪的每个人而言，都是不可不思考的问题。人类文明发展史就是不断与流行病斗争的历史。法国免疫学教授帕特里斯·德布雷等的《流行病的生与死》，就是一本能够很好解答我们上述疑问的科普书籍。

第一部分：人类与微生物的和谐共生之道

在生物学的定义中，微生物是除动物、植物外的微小生物的总称。在人类文明发展史中，微生物始终对社会生产发展与人类健康生活发挥着重要作用。微生物资源既是生物资源的重要组成部分，也是国家重要的战略性资源。微生物对人类未来社会发展所具有的重要意义日益凸显。如何把握微生物与生物安全、生态治理及人类文明发展之间的关系是重要的时代议题。

第二部分：微生物和人体健康

人体存在大量的微生物，包括细菌、真菌、病毒等。病原微生物能给人、动物和植物带来疾病，给人类健康和生命带来严重威胁。在 14 世纪中叶，耶尔森菌引起的鼠疫导致了欧洲 1/3 的人口死亡。中华人民共和国成立前我国也经历过类似的瘟疫。即使现在，人类社会仍然受到病原微生物引起的疾病和灾难的威胁。艾滋病、结核病、疟疾和霍乱正在卷土重来并进行大规模传播，新出现的病菌如朊病毒、军团菌、埃博拉病毒、大肠杆菌 O157：H7、霍乱 O139 新致病株、西尼罗病毒、禽流感病毒和猪流感病毒等给人类带来新的灾难。

适者生存是众所周知的自然法则。我们的祖先在抗击创伤、疾病和瘟疫以促进健康方面积累了丰富的经验，并创立和发展了预防保健医学和临床医学。医学是预防诊断、治疗和控制疾病及保持身体健康的技术和科学。目前，许多微生物被用于生产各种药物，如抗生素、维生素、氨基酸、酶制剂、酶抑制剂、细菌制剂和微生物表面活性剂，它们是在微生物生命活动过程中产生的或由微生物自身制造的合成代谢物。虽然生物毒素对人类健康有害，但我们也可以用它们作为治疗人类疾病的药物。例如，肉毒杆菌产生的肉毒毒素可用于治疗人类斜视、斜颈、面肌痉挛和其他肌肉疾病。微生物毒素是一把"双刃剑"，它不仅是人类的敌人，也是人类的朋友。

第三部分：人类与微生物的较量

1346~1353 年，黑死病在全球肆虐，造成约 2500 万人死亡。

1976 年，埃博拉病毒在苏丹南部和刚果（金）的埃博拉河地区被发现，是一种病死率高达 90%的致命病毒之一。

2003 年 2 月至 4 月，全世界的卫生服务机构都陷入了恐慌，因为越南河内的一家医院暴发了一种闻所未闻的致命的严重急性呼吸综合征，即 SARS。

细菌、病毒和寄生虫感染导致的死亡远多于其他原因导致的死亡。人类与致病微生物的战争，从人类诞生那天就已开始，且注定要与人类文明同行。

第四部分：微生物对经济社会发展的影响

微生物学经过近一个世纪的快速发展，不仅在疾病特别是流行性疾病的控制和治疗方面对人类产生了巨大的影响，而且在经济社会和科学技术的发展过程中也发挥了巨大的作用。微生物学知识的运用，改变了人类的行为和生活方式。19 世纪之前城市没有化粪池，更没有现代的污水处理厂，化粪池的发明不仅控制了霍乱疾病的传播，还消解了城市产生的人类代谢废物；从化粪池发展成为今天的城市污水处理设施，是环境微生物学和环境工程结合的结果。20 世纪初中国科学家伍连德发明了原始的口罩，基于鼠疫传播是由细菌感染引起的微生物学知识，在抗生素匮乏的年代，提出了隔离疫区人群流动的措施，使得鼠疫这个人类头号病魔被控制。从马桶到城市污水管网再到现代城市污水处理设施，从口罩到隔离措施，是人类文明历史中对自然界微生物不断认知，并且不断利用新知识以改变自身行为的重要体现。微生物学知识和微生物技术对于新型病原微生物的发现、建立防控措施和防控体系、恢复社会秩序和经济发展发挥了重要作用。

我国专家学者曾经针对国际微生物组研究情况和国内形势开展了研讨，香山科学会议第 582 次学术讨论会专题研讨了"中国微生物组研究计划"，提出了"科学假说驱动，技术创新支撑，国家需求导向"的原则，中国科学院启动了中国科学院微生物组计划，聚焦人体健康和环境微生物组共性技术研究。从国家需求看，全面系统地解析微生物组的结构和功能，研究清楚微生物组的调控机制，不仅能够促进微生物学理论发展，还将为解决人类社会面临的医疗健康、工农业生产和环境保护等重大系统问题带来革命性的新思路和颠覆性的技术，并可提供不同寻常的解决方案。

结语

教学课程可让学生加深对微生物学的理解和对微生物的认知。微生物对人类社会的发展和人类健康产生了深远的影响。

3. 课程思政设计路径

（1）如何理解微生物学在人类生物安全工程中的重要地位

我国对生物资源管控与生态环境规制已经上升到国家安全的高度。立足于新发展阶段，我们需要对生物领域进行更多向度的挖掘与探索。国家最新颁布的《中华人民共和国生物安全法》中，将生物安全界定为：国家有效防范和应对危险生物因子及相关因素威胁，生物技术能够稳定健康发展，人民生命健康和生态系统相对处于没有危险和不受威胁的状态，生物领域具备维护国家安全和持续发展的能力。在现实中，引发生物安全危机的因素往往是多元的。在引发生物安全危机的内在因素中，极具代表性的是各种病原微生物的滋生、繁殖与扩散。病原微生物，是指能够攻击人体、动物引发病患的微生物，包含细菌、病毒、真菌、寄生虫等。相对于其他引发生物安全危机的因素，微生物具有隐蔽性强、扩散速度快、破坏效果大等特点，极易对人类身体健康与生态系统环境造成持续的破坏。

事实上，不论是历史还是当下，病原微生物导致的生物安全危机从未远离过我们，国家主体与非国家行为体之间通过微生物病毒来赢得战争和掠夺资源的例子屡见不鲜。15世纪末，欧洲人将带有天花病毒的毯子送给印第安人，致使瘟疫在印第安人中肆虐。

（2）人类与微生物的四次大战

只是在过去100年左右的世界历史中，才显著降低了微生物导致的死亡率。实现这一结果之前，人类以一种真实且可量化的方式打赢了四场有史以来最重要的全球战争——不是人类与人类之间的战争，而是人类与微生物之间的战争。

人类与微生物的第一次大战：疫苗。疫苗是我们用来向许多有害微生物发起反击的有力武器。这些微生物以前在我们身上大肆实践着"自然选择"规则，而疫苗的使用从根本上塑造了人类文明。在现代，几乎所有人都会暴露接触一些传染病或者人工化合物，这会刺激人们的免疫系统，其背后其实是我们在驱使着一大批微生物走向非自然灭绝。

人类与微生物的第二次大战：消毒剂。对于人类与微生物的第二次大战，其成功之处再怎么强调也不为过。在约瑟夫·李斯特的消毒方法成为标准手术步骤之前，去医院做很小的手术也往往意味着被宣判死刑。严重骨折往往需要立刻截肢，且极易引发后续的大范围感染，其致死率高达68%。1915年，《科学》杂志中的一篇文章是这样描述当时的医院的，"充斥着浓臭的味道，满是患者死后剩下的空病床。手术后清点名册时，报告的死亡率高达 40%、60%、90%甚至 100%，而现在医院的环境洁白干净，登记表显示死亡率很少超过10%，绝大多数都降到了 5%以下。"

人类与微生物的第三次大战：抗生素。现在我们已经很少会见到流行病肆虐横行了，而它们过去曾经非常普遍，极其致命。仅是黑死病就导致了 14 世纪中叶约 2500 万人死亡，1/3 的欧洲人口被扫荡一空。抗生素带来的奇迹出现时，恰逢第二次世界大战真正开始向盟军有利的方向转折之时，而那时细菌感染仍远比任何一支敌军更可怕。霉菌汁（即青霉素）最初是在一个条件不佳的实验室培养皿里被偶然发现的，它能够有效地控制和杀死细菌群落，因此其成了人类对抗感染的神奇疗法。

1941 年，西方把青霉素列为军事机密，中国老百姓和军人伤口发炎红肿后，往往因为没有用青霉素治疗而死去。汤飞凡得知后十分难受。汤飞凡1897 年生于湖南醴陵，毕业于湘雅医学院，后赴美国哈佛大学医学院细菌学系深造，是中国微生物学与病毒学的奠基人之一，享有"东方巴斯德"之誉。1943 年，在资源匮乏、设备简陋的条件下，他带领团队深入研究青霉素的制造工艺。汤飞凡领导的团队经过无数次的试验与失败，最终成功制造出中国第一批临床级青霉素，打破了西方对这一关键药物的垄断，为战争中的中国带来了一线生命的希望。这也极大地提高了中国在战争中的生存能力，为战局的扭转和最终胜利立下了汗马功劳。

到第二次世界大战结束时，在对抗细菌的战争中，战局也开始发生变化。曾经放倒大量军人的感染性疾病，如梅毒、淋病、败血症等，突然间都可以被控制了。但是，在大规模地毯式"轰炸"微生物群落后，我们逐渐发现，有个别微生物具有了抗生素耐药性。

人类与微生物的第四次大战：抗病毒药物。1886 年德国农业化学家麦尔研究出烟草花叶病是一种植物传染病。条件所限他没有成功找到病原体。1892年伊万诺夫斯基发现该种病原体可以穿透滤纸，它比细菌更小。1898 年荷兰细菌学家贝杰林克更进一步提出这种致病因子只有依附细胞才可以增殖，在加热到 90℃以后才会失活。现在我们知道变异和繁殖的速度比任何生物体都快，尽管我们已经在很大程度上能够处理一些细菌及环境，但系统地理解和应对复杂的病毒病原体的历史还很短暂。

（3）微生物的应用

微生物是一类微小到用肉眼难以分辨的生物体，包括细菌、真菌、病毒等。微生物的种类繁多,它们能够带来很多好处,并在我们的现实生活中被广泛应用。

首先,微生物对人类的健康具有重要影响。人体内存在着许多有益的微生物,如肠道微生物群。这些微生物有助于消化食物,促进免疫系统发育,并帮助防止病原微生物的入侵。此外,微生物也是制药工业的重要资源,许多抗生素和其他药物都是由微生物生产加工的。

其次,微生物在环境中扮演着关键的角色。它们参与了有机物质的分解和循环过程,维持了生态系统的平衡。例如,许多微生物能够分解有机废物,将其转化为营养物质,提高土壤肥沃度。微生物还能够生产一些有益物质,如氧气、维生素和酶等,为生物多样性的维持和发展提供了重要的支持。

最后,微生物在食品加工领域中发挥重要作用。例如,一种产糖型酵母——面条专用酵母菌,在面条制作中的应用就是一个很好的例子。通过酵母菌的发酵作用,可以产生糖类化合物和酯类化合物。

我们应该更加重视微生物的研究和应用,发挥其潜力,为人类的生活和社会进步做出更大的贡献。同时,我们也要意识到微生物的潜在风险,加强微生物感染的预防和控制,确保人类和环境的健康与安全。

(4)培养学生对微生物学的兴趣

微生物在生活中无处不在,往往因为过于渺小而被人类忽视,但它们却与人类的生活息息相关。微生物影响着人类的生活习惯、身体健康,带给人类茶酒文化,也在生态环境保护中起到不可替代的作用。因此说来,微生物也是生命共同体中的一员。然而,微生物的世界过于庞大,人类对其认识仍然十分有限。疫情肆虐给人类敲响了警钟,人类开始意识到微生物一次次扭转着人类历史进程,变革着人类生活和社交习惯,在改变和塑造人类历史的进程中发挥重要作用。

随着现代生物技术的发展和生物安全治理力度的加大,微生物的利用前景将更加广阔,控制微生物灾害的技术手段和管理策略也会不断增强。2021 年 4 月 15 日,《中华人民共和国生物安全法》正式实施。研究和保护微生物多样性,趋其利而避其害,是生物学研究领域一个永恒的主题。

4. 课程思政教学设计

其具体的教学设计方案见表 4-5。

表 4-5 微生物学与人类生物安全部分课程思政的教学设计方案

教学内容	思政教学目标	切入点	教学设计	教学活动	教学评价
导言	帮助学生建立人类与微生物的密切联系	微生物学的重要性，与人类生活的联系	从微生物所涉及的领域讲解微生物对人类的社会发展和人类健康产生的深远影响	教师提问：为什么说微生物学在人类历史和社会发展中有很重要地位 学生：思考，回答问题	学生讨论发言
人类与微生物的和谐共生之道	加深对微生物的理解，培养学生的思考和联想能力	最新重点文献和环境现状	以培养学生兴趣为目的，大量列举实际案例，让学生明白微生物学是如何推动人类社会进步的	教师提问：日常生活中哪些现象是微生物形成的生物被膜 学生：思考，回答问题	学生思考讨论发言
微生物和人类健康	建立学生宏观层面的关系网络，进一步思考微生物在人类社会中的地位和重要性	医学案例，传统文化	介绍医学技术发展历史和微生物在其他领域的应用，让学生理解微生物对人类的利与弊	教师提问：人类该如何与微生物共生？ 学生：思考，讨论	学生思考
人类与微生物的较量	学习人类与微生物斗争的历史，以此培养学生思考能力	人类与微生物的四次大战	通过举例人类与微生物斗争历史，结合历史事件使学生加深对微生物的认识和对微生物学的兴趣	教师提问：人类与微生物到底谁是最后的胜者 学生：思考，讨论	学生思考体悟
微生物对经济社会发展的影响	使学生建立对微生物学的正确认识，培养对学科的兴趣	《中华人民共和国生物安全法》的正式实施	讲解现代生物技术和生物安全治理办法，强调微生物学在未来科学革命中的新机遇和新挑战	教师提问：为什么说微生物学的新时代已经到来 学生：思考，讨论	学生思考体悟

参 考 文 献

青宁生. 2008. 我国抗生素事业的先驱——童村. 微生物学报，48（10）：1283-1284.

朱既明. 1987. 汤飞凡教授的早期研究对病毒学发展的贡献——汤飞凡教授诞辰九十周年纪

念会上的发言. 病毒学报，（4）：311-312.

Amaral E P，Namasivayam S，Queiroz A T L，et al. 2024. BACH1 promotes tissue necrosis and *Mycobacterium tuberculosis* susceptibility. Nat Microbiol，9（1）：120-135.

Boo A，Toth T，Yu Q G，et al. 2024. Synthetic microbe-to-plant communication channels. Nat Commun，15（1）：1817.

Ghafari M，Hall M，Golubchik T，et al. 2024. Prevalence of persistent SARS-CoV-2 in a large community surveillance study. Nature，626（8001）：1094-1101.

Lee A，Floyd K，Wu S，et al. 2024. BCG vaccination stimulates integrated organ immunity by feedback of the adaptive immune response to imprint prolonged innate antiviral resistance. Nat Immunol，25（1）：41-53.

McBroome J，de Bernardi Schneider A，Roemer C，et al. 2024. A framework for automated scalable designation of viral pathogen lineages from genomic data. Nat Microbiol，9：550-560.

Mendelson M，Laxminarayan R，Limmathurotsakul D，et al. 2024. Antimicrobial resistance and the great divide：inequity in priorities and agendas between the Global North and the Global South threatens global mitigation of antimicrobial resistance. Lancet Glob Health，12（3）：e516-e521.

Smith J，Bansi-Matharu L，Cambiano V，et al. 2023. Predicted effects of the introduction of long-acting injectable cabotegravir pre-exposure prophylaxis in sub-Saharan Africa：a modelling study. Lancet HIV，10（4）：e254-e265.

Zhang J，Hasty J，Zarrinpar A. 2024. Live bacterial therapeutics for detection and treatment of colorectal cancer. Nat Rev Gastroenterol Hepatol，21（5）：295-296.

"生物化学"课程思政教学设计与典型案例

5.1 "生物化学"课程简介

5.1.1 课程性质

生物化学是研究活细胞的化学组成、化学反应及反应过程的科学,在分子水平上研究正常生命体的化学变化和化学规律。其任务主要是了解生物的化学组成、结构、功能及在生命过程中生物大分子的代谢变化与调控,是解释生物生长发育、生理机能和疾病发生的理论基础。该课程是生物学及相关专业的基础核心课程,其先修课程为普通化学、有机化学。本书以杨荣武主编,2018年出版的《生物化学原理》(第3版)为例。参考书目为朱圣庚、徐长法主编,2017年出版的《生物化学》上下册(第4版);王冬梅、吕淑霞主编,科学出版社2018年出版的《生物化学》(第二版);刘新光、罗德生主编,科学出版社2021年出版的《生物化学与分子生物学》(案例版,第3版)。

5.1.2 专业教学目标

本课程的专业教学目标是让学生能够掌握生物大分子的化学组成、结构与功能,掌握糖类、脂类、蛋白质等生物大分子的新陈代谢及调控,能够建构生物大分子的代谢网络,能够运用生物化学知识,学会定量定性分析生物活性物质的含量和成分、动植物代谢物的测定等基础理论。具备结构与功能的相适应性、生物分子动态与静态的统一性、宏观组织与微观分子的协调性等知识结构体系,具体如下。

知识目标:掌握生物大分子(包括蛋白质、核酸、酶、维生素等)的化学组成、化学结构及其与功能的关系，理解结构决定功能的基本属性。掌握生物大分子的分解及合成代谢（包括生物氧化、糖代谢、脂类代谢、蛋白质代谢、核苷酸代谢）及其代谢调控机制。

能力目标：能够对生物大分子的结构与功能、营养物质之间的代谢联系进行有效整合及分析。从物质代谢水平认识生物化学是一门多学科的综合体，学会从分子水平上认识生命，引导学生热爱科学和追求真理，养成良好的科学思维，提高观察分析问题的能力，训练严谨、求实的科学态度和工作作风，具备利用生物化学的理论和方法分析生物体内生化现象和解决问题的能力。

情感、态度、价值观目标：通过本课程的学习，学生可了解生物化学的最新发展和前沿动态，开阔国际视野。有效开展课程思政，可提升学生的政治认识和文化自信，使学生具有良好的职业素养和敬业精神，热爱科学和追求真理，养成良好的科学探究精神和社会责任感。

5.1.3　知识结构体系

根据生物化学的研究范畴，本课程主要分为两个大的教学板块（包括静态生物化学和动态生物化学），共十个部分。"生物化学"课程知识结构体系见表5-1。

表 5-1　"生物化学"课程知识结构体系

知识板块	章节	课程内容	
绪论	绪论	第一节	生物化学的定义
		第二节	生物化学的研究内容
		第三节	生物化学的发展史
		第四节	生物化学的应用
一、蛋白质化学	第一章　氨基酸	第一节	氨基酸的结构、种类和分类
		第二节	氨基酸的性质和功能
		第三节	氨基酸的分离与纯化
	第二章　蛋白质的结构	第一节	肽
		第二节	蛋白质的结构
		第三节	蛋白质的折叠历程与结构预测
		第四节	蛋白质组及蛋白质组学
	第三章　蛋白质的功能及其与结构之间的关系	第一节	蛋白质的功能
		第二节	蛋白质结构与功能之间的关系

续表

知识板块	章节	课程内容	
一、蛋白质化学	第三章　蛋白质的功能及其与结构之间的关系	第三节	几种重要蛋白质的结构与功能
		第四节	蛋白质功能预测
	第四章　蛋白质的理化性质、分类及研究方法	第一节	蛋白质的理化性质
		第二节	蛋白质的分类
		第三节	蛋白质的研究方法
二、核酸化学	第五章　核苷酸	第一节	核苷酸的结构与组成
		第二节	核苷酸的功能
	第六章　核酸的结构与功能	第一节	核酸的分类
		第二节	核酸的一级结构
		第三节	核酸的二级结构
		第四节	核酸的三级结构
		第五节	核酸与蛋白质形成的复合物
		第六节	核酸的功能
	第七章　核酸的理化性质及研究方法	第一节	核酸的理化性质
		第二节	核酸研究的技术和方法
三、酶化学	第八章　酶学概论	第一节	酶的化学本质
		第二节	酶的催化性质
		第三节	酶的分类和命名
	第九章　酶动力学	第一节	影响酶促反应的因素
		第二节	米氏动力学
		第三节	米氏酶抑制剂作用的动力学
		第四节	多底物反应动力学
		第五节	别构酶的动力学
	第十章　酶的催化机制	第一节	酶催化机制研究的主要方法
		第二节	过渡态稳定学说
		第三节	过渡态稳定的化学机制
		第四节	几种常见酶的结构与功能
	第十一章　核酶	第一节	核酶的种类
		第二节	核酶的催化机制
		第三节	核酶发现的意义及其应用

知识板块	章节	课程内容
三、酶化学	第十二章 酶活性的调节	第一节 酶的"量变"
		第二节 酶的"质变"
	第十三章 酶的应用及研究方法	第一节 酶活力的测定
		第二节 酶的分离和纯化
		第三节 酶工程
四、维生素与辅酶	第十四章 维生素与辅酶	第一节 水溶性维生素
		第二节 脂溶性维生素
五、代谢总论与生物氧化	第十八章 代谢总论	第一节 代谢的基本概念
		第二节 代谢的基本特征
		第三节 代谢研究的主要内容和方法
		第四节 代谢中的氧化还原反应和氧气在代谢中的作用
		第五节 代谢组和代谢组学
	第十九章 生物能学	第一节 热力学定律与 Gibbs-Helmholtz 方程
		第二节 生化反应的方向性与自由能之间的关系
		第三节 ΔG 与 ΔE 之间的关系
		第四节 生命系统内的偶联反应
		第五节 高能生物分子
	第二十章 生物氧化	第一节 呼吸链
		第二节 氧化磷酸化
六、糖代谢	第二十二章 糖酵解	第一节 糖类的消化和吸收
		第二节 糖酵解的发现
		第三节 糖酵解的全部反应
		第四节 NADH 和丙酮酸的命运
		第五节 其他物质进入糖酵解
		第六节 糖酵解的生理功能
		第七节 糖酵解的调节
	第二十三章 三羧酸循环	第一节 三羧酸循环的发现
		第二节 三羧酸循环的全部反应
		第三节 三羧酸循环的生理功能
		第四节 乙醛酸循环
		第五节 三羧酸循环的回补反应
		第六节 三羧酸循环的调控
		第七节 三羧酸循环的起源和进化

续表

知识板块	章节	课程内容
六、糖代谢	第二十四章 磷酸戊糖途径	第一节 磷酸戊糖途径的全部反应 第二节 磷酸戊糖途径的功能
	第二十五章 糖异生	第一节 糖异生所涉及的全部反应 第二节 糖异生的生理功能 第三节 糖异生的调节
	第二十七章 糖原代谢	第一节 糖原的分解 第二节 糖原的合成 第三节 糖原代谢的调节
七、脂代谢	第二十九章 脂肪酸代谢	第一节 脂肪酸的分解 第二节 脂肪酸的合成 第三节 脂肪酸代谢的调控
	第三十章 胆固醇代谢	第一节 胆固醇的合成 第二节 胆固醇的转运 第三节 胆固醇的代谢转变 第四节 胆固醇代谢的调节
八、蛋白质降解与氨基酸代谢	第三十一章 氨基酸代谢	第一节 氨基酸的分解 第二节 氨基酸及其衍生物的合成
九、核苷酸代谢	第三十二章 核苷酸代谢	第一节 核苷酸的合成 第二节 核苷酸合成的调节 第三节 核苷酸的分解 第四节 几种与核苷酸代谢相关的疾病 第五节 常见的抗核苷酸代谢药物

5.2 "生物化学"课程思政

5.2.1 课程思政特征分析

1. 生物化学能挖掘的课程思政素材丰富，能为课程思政的教学提供丰富的材料

生物化学具有长达几百余年的发展历史，现有的生物化学理论是无数优秀的科学家为科学奋斗的结晶，一代又一代的科学家推动着生物化学由静态生化到动态生化、由宏观生化到微观生化再到分子生物学。大多数生物学及相关专业的生物化学课程学分多、教学历时长、内容丰富，可挖掘的课程思政素材多。生物化学是多个其他生物学科的先修课程，开课学期较早，一般在大学第二学期或者第三学期。将课程思政融入生物化学的教学过程中，能尽早地从专业领域引导大学生树立正确的人生观、世界观和价值观。因此在生物化学课程教学中融入课程思政，是一流专业建设人才培养的需要，也是"全员育人、全程育人、全方位育人"三全育人的需要，是落实立德树人的根本任务，是全面提高人才培养质量的可靠途径。

2. 突出介绍生物化学发展史，塑造青年大学生的科学精神

生物化学是传统与新兴学科有效结合形成的理论，同时也是一门实验学科，其理论都是通过大量的实验数据得以证实的，因此从科学史出发，塑造学生的科学精神是实施生物化学课程思政的有效途径之一。尽管生物化学的很多知识点由西方人发现或创立，但在生物化学发展的历史长河中，中国科学家的名字同样熠熠生辉。例如，20 世纪 30 年代我国生物化学家吴宪提出蛋白质变性的学说。1965 年 9 月中国科学家在世界上首次人工合成结晶牛胰岛素。1981 年在世界上首次人工合成含 76 个核苷酸的酵母丙氨酸 tRNA 等。清华大学和西湖大学的施一公教授及其团队利用冷冻电镜技术先后在原子分辨率上揭示了葡萄糖转运蛋白、钾离子通道蛋白和酵母剪接体等一系列蛋白质和复合体的三维结构，大力推动了生物化学学科的发展。这些研究为中国的生物化学发展做出了卓越贡献。把类似的科学史融入课堂，可以塑造学生的科学精神；通过讲解中国科学家对生物化学的贡献，提升学生文化自信，以更好地培养青年学生的家国情怀与责任担当意识。

3. 强化案例教学，将创新能力与传播科学相结合

在课程教学中，通过案例教学培养学生对知识的掌握和应用能力。将学科知识讲授与案例分析进行有效结合，在经典的教学内容中引入最新的前沿进展，如蛋白质结构的最新进展、代谢关键酶的最新进展等，以此拓宽学生的国际视野。此外，将理论与生活实际相结合，鼓励青年大学生用知识解决生活中的实际问题，并开展科普宣传教育，如为什么吃多了糖容易发胖、狗急跳墙涉及的生物化学知识、"烫头发"过程的生物化学原理、维生素对人体为什么会如此重要等。通过这些生活实例，提高学生的学习兴趣，培养辩证唯物主义思想，让知识不再只停留于书本。

5.2.2　课程思政教学目标

生物化学在课程思政中具有重要地位，本课程通过充分挖掘中国科学家对生物化学学科的贡献，融入生物化学科学史内容。采用案例教学等方式，构建"1234"课程思政体系，即1个中心（坚持以"学生中心、产出导向"设计各个教学环节）、2个主体（有效融合"教"和"学"两个主体）、3个维度（"价值塑造、知识传授、能力培养"3个教学维度）、4个环节（教学目标、教学内容、教学方法、教学评价4个环节），探索润物细无声的育人方式，充分发挥专业基础课程在大学生立德树人中的渗透、融合作用，提高育人成效。

5.2.3　课程思政素材

以杨荣武教授主编的《生物化学原理》（第3版）为选用教材，从绪论、蛋白质化学、核酸化学、酶化学、维生素与辅酶、代谢总论与生物氧化、糖代谢、脂代谢、蛋白质降解与氨基酸代谢、核苷酸代谢等生物化学知识板块进行课程思政素材梳理。

绪论：选用教材没有单独的绪论部分，为了让学生了解生物化学的学习目的和激发学生对生物化学的学习兴趣，建议教师在第一节课介绍生物化学的发展历程及科学成就等内容。该章的教学目标如下。

认知类目标：掌握生物化学的含义及研究任务，了解生物化学的发展历史和发展趋势。

过程与方法类目标：掌握生物化学学科的知识框架结构，能够通过图书馆和网络检索查询有关生物化学的书籍和期刊，拓展学习内容，了解最新发展成果。

情感、态度、价值观目标：理解生物化学发展中所面对的困难和问题，认识科学之路没有捷径，要不断努力才能获得成功。本部分思政素材梳理见表5-2。

表5-2　绪论部分思政素材梳理表

知识点	思政素材	思政维度
生物化学的定义	（1）恩格斯关于生命的定义："生命是蛋白体的存在方式。"生命的本质是蛋白体的同化作用和异化作用的对立统一和矛盾运动 （2）生物体是由一定的物质成分按严格的规律和方式组织而成的，从单体分子到生物大分子，从微观到宏观	辩证唯物主义

知识点	思政素材	思政维度
结构生物化学	（1）7世纪唐朝孙思邈著有《千金要方》和《千金翼方》两部医书，书中记载了牛肝能治雀目，讲解背后的生物化学知识 （2）1883年安塞姆·佩恩（Anselme Payen）发现了第一个酶——淀粉酶，标志着生物化学研究的开始 （3）1965年中国首次人工合成结晶牛胰岛素 （4）1997年保罗·波耶尔、约翰·沃克、因斯·斯寇三位科学家由于在生命的能量货币——ATP的研究上的突破获得诺贝尔化学奖 （5）1997年史坦利·布鲁希纳（Stanley Prusiner）教授因在研究克罗伊茨费尔特-雅各布病时发现了朊病毒（prion）的突出贡献而获得诺贝尔生理学或医学奖 （6）2018年弗朗西斯·阿诺德（Frances H. Arnold）、乔治·史密斯（George P. Smith）和格雷戈里·温特（Gregory P. Winter）因在定向进化产生的酶用于制造从生物燃料到药物的所有物质及多肽和抗体的噬菌体展示技术领域的突出贡献，获得诺贝尔化学奖 （7）2021年，西湖大学首次揭示新型冠状病毒蛋白质分子病理全景图，这是在全球范围内第一次从蛋白质分子水平上，对新冠病毒感染人体后多个关键器官做出的响应进行了详细和系统的分析，相关成果发表在 Cell 杂志上	文化自信 政治认同 科学精神 国际视野
代谢生物化学	（1）《尚书》中的诗句"若作酒醴，尔惟曲蘖"蕴含的生物化学意义 （2）1839年，尤斯图斯·冯·李比希（Justus von Liebig），第一次对"发酵"和"腐败"做了理论说明 （3）1896年，爱德华·毕希纳（Eduard Büchner）阐释了一个复杂的生物化学进程——酵母细胞提取液中的乙醇发酵过程，推动了酶学和代谢的发展	文化自信 科学精神 国际视野
生物化学研究方法	（1）1912年，赫维西提出同位素示踪技术并相继开展了许多同位素示踪研究，该方法是早期解析代谢途径最有效的手段，并于1943年获诺贝尔化学奖 （2）1937年，瑞典的蒂塞利乌斯（Tiselius）建立了分离蛋白质的界面电泳之后，电泳技术开始应用 （3）质谱分析技术的发展 （4）利用电子显微镜技术对溶液中的生物分子进行高分辨率结构测定 （5）分子动力学模拟	科学精神 国际视野

　　第一部分蛋白质化学包含了第一章至第四章的内容，主要阐述了蛋白质组成的基本单位——氨基酸的种类、结构及性质，蛋白质的结构与功能，蛋白质性质及研究方法。通过该模块的学习，学生能够掌握氨基酸的组成和性质、蛋白质结构与功能的相适应性，激发学生对蛋白质结构前沿的认识，提高学习热

情及思考问题的能力。其思政素材梳理见表 5-3。

表 5-3 "蛋白质化学"课程思政素材梳理表

知识点	思政素材	思政维度
氨基酸的结构与种类	（1）药物的手性——1960 年左右的反应停事件，导致大量畸形婴儿出生。本质原因是分子立体异构不同使得药物变成了致畸物 （2）由终止密码编码的第 21 种和第 22 种蛋白质氨基酸发现的故事 （3）将氨基酸比作个体，蛋白质比作集体，引导学生思考个体、集体的紧密关系	生命伦理 科学精神 政治认同
蛋白质结构	（1）中国科学家施一公、颜宁教授利用冷冻电镜等技术在蛋白质结构解析领域的贡献 （2）化学家鲍林（Pauling）在感冒住院期间优化出蛋白质 α-螺旋的结构特征 （3）肌联蛋白"能屈能伸"的故事 （4）1954 年安芬森（Anfinsen）提出蛋白质一级结构决定三维结构学说的故事——内因与外因的有效协同 （5）丁酸妙用的故事——两种人类遗传病（镰状细胞贫血和 β 地中海贫血）的希望	文化自信 政治认同 辩证唯物主义 科学精神
蛋白质结构与功能的关系	（1）辩证思维看待氨基酸序列与蛋白质结构和功能的关系 （2）蛋白质结构和功能与适应环境的关系 （3）成人和胎儿血红蛋白与氧的亲和能力不同，人类从分子水平上体现母爱 （4）源远流长的丝绸之路主角蚕丝，因其独特结构而具有丰富的应用价值	科学精神 辩证唯物 生命伦理 家国情怀
蛋白质的性质与功能	（1）中国科学家吴宪先生首次提出了蛋白质变性理论，认为蛋白质变性的发生与其结构上的变化有关 （2）我国古代人民就能利用蛋白质变性的原理制作豆腐 （3）1923 年诺贝尔生理学或医学奖得主班廷发现胰岛素，挽救无数糖尿病患者的生命并拒绝申请专利、造福人类的事迹 （4）嗜热蛋白和嗜冷蛋白耐热及耐冷的秘密——极端环境下的生存之道 （5）毒也美丽——肉毒毒素具有宝贵的医药价值 （6）将含氮素量高但对婴幼儿生长发育具有毒性的三聚氰胺掺入奶粉，利用凯氏定氮法的缺陷，冒充蛋白质，导致出现"大头娃娃"的悲剧	文化自信 政治认同 科学精神 生命伦理 辩证唯物
蛋白质的研究方法及分离纯化	（1）缫丝工艺中蚕丝蛋白的纯化 （2）1953 年桑格（Sanger）在牛胰岛素氨基酸测序中勇于创新和持之以恒的科学精神 （3）1965 年中国首次人工合成结晶牛胰岛素 （4）屠呦呦课题组经过漫长而艰苦的研究，在经历多达上百次失败后，发现了抗疟效果为 100%的青蒿素提取物。所谓"千淘万漉虽辛苦，吹尽狂沙始到金"，引导学生能够认识到"路漫漫其修远兮，吾将上下而求索"的坚定意志和奋斗精神	文化自信 科学精神

第二部分核酸化学包含了第五章至第七章的内容,主要阐述了核酸的组成单位——核苷酸的结构与功能、核酸的结构与功能及核酸的理化性质和研究方法。通过该模块的学习,学生能够掌握核苷酸的化学性质、核酸 DNA 与 RNA 的一级和高级结构,激发学生对生物遗传物质——核酸的深入认识,培养学生思考问题的能力,增强学生积极探索、团队合作和坚忍不拔的科学精神,培养学生科技强国的责任意识,其思政素材梳理见表 5-4。

表 5-4 "核酸化学"课程思政素材梳理表

知识点	思政素材	思政维度
核苷酸	(1) DNA 是主要的遗传物质的发现过程 (2) 从生化新视野:DNA 的第六个碱基——甲基腺嘌呤的故事中提出发现问题、分析问题、解决问题的创新思维 (3) 生命"字母表"A、T、C、G、U 的人工扩增。2014 年,Denis 等在 *Nature* 上发表关于人工构建的碱基也能完成复制的文章。在宇宙其他地方如果有生命,是否会和我们人类的生命"字母表"不一样,该技术将会带来哪些可能的变革 (4) 1981 年我国首次完成酵母丙氨酸转移核糖核酸的人工全合成	辩证唯物 科学精神 生命伦理 文化自信
核酸的结构与功能	(1) 沃森和克里克发现 DNA 双螺旋结构的历程——科学研究中的坚守、合作与创新 (2) DNA 双螺旋结构研究中不能忽略的女性科学家富兰克林(Franklin)的重要贡献 (3) RNA 病毒的生存之道——科学防疫	科学精神 文化自信 政治认同
核酸的理化性质与研究方法	(1) 核酸加热变性和降温复性过程符合质量互变规律 (2) 桑格(Sanger)第二次获得诺贝尔奖——DNA 测序的贡献 (3) 中国是唯一一个参与"人类基因组计划"的发展中国家	辩证唯物 科学精神 文化自信

第三部分酶化学包含了第八章至第十三章的内容,主要包含了酶学概论、酶动力学、酶的催化机制、核酶、酶活性的调节、酶的应用及研究方法等内容。通过该部分的学习,学生熟悉酶的命名、分类、酶活性的调节、酶的分离纯化和活力测定,掌握酶的化学本质、组成、酶的结构和作用机制及影响酶活力的因素,帮助学生加强团队合作、开阔国际视野、保持健康生活方式、提升文化自信。其思政素材梳理见表 5-5。

表 5-5 "酶化学"课程思政素材梳理表

知识点	思政素材	思政维度
酶学概论	(1) 古人无意识地利用酶的催化作用,如酿酒、制作饴糖和酱、用红曲治病等 (2) 19 世纪西方国家对酿酒发酵过程进行研究,先后发现了淀粉酶、蛋白酶等实例	文化自信 生命伦理 科学精神

续表

知识点	思政素材	思政维度
酶学概论	（3）生化趣事之生化武器专家投弹手甲虫，在危险条件下会分泌过氧化氢酶和过氧化物酶，其产物氧气和苯醌能够在极短时间内产生爆炸，从而攻击和吓退捕食者 （4）酶的化学本质是蛋白质的确定——1946年诺贝尔化学奖获得者独臂科学家詹姆斯·萨姆纳与脲酶的故事	
酶动力学	（1）甲醇中毒怎么办——白酒可以暂时帮助解毒。甲醇在体内乙醇脱氢酶的作用下会形成有毒物质，但乙醇脱氢酶对乙醇亲和力更高。因此当甲醇中毒时，可以适当饮入少量优质白酒缓解中毒，并及时就医 （2）酶自杀底物的可取与不可取 （3）酶的竞争性抑制：面对抑制剂竞争，底物如何取胜 （4）酶的最适温度、pH等反应条件：过高过低都不行 （5）从磺胺类药物作用机制出发，引导学生合理使用抗生素，滥用抗生素容易产生耐药性，甚至引发超级细菌感染 （6）有机磷农药中毒：食品安全、农业安全	生命伦理 法治意识 辩证唯物
酶的催化机制	（1）利用过渡态稳定学说、采用抗体酶技术，科学家成功制备水解毒品可卡因的药物。引导学生远离毒品、崇尚科学 （2）酶的结构具有活性中心与其他基团，不仅有直接行使功能的活性中心，更有不可或缺的酶结构的保卫者——其他基团。引导学生团队合作意识	生命伦理 科学精神
核酶	1982～1983年，切赫（Cech）和奥特曼（Altman）发现RNA也具有酶活性，推翻了"酶都是蛋白质"的观点，并于1989年获诺贝尔化学奖	科学精神
酶活性的调节	（1）血红蛋白结合氧的变构调节现象说明蛋白质功能的实现往往需要多个部分的共同作用。 （2）弗莱明（Fleming）先是发现溶菌酶，后又发现了青霉素。	科学精神
酶的应用及研究方法	酶工程技术改变人类生活：一个酶（TaqDNA聚合酶）支撑一个产业	科学精神

第四部分维生素与辅酶是教材第十四章的内容，主要包含水溶性维生素和脂溶性维生素的种类、来源及功能。通过该部分的学习，学生可掌握维生素的种类和各自的生理作用，并保持健康的生活方式、提升文化自信。其思政素材梳理见表5-6。

表5-6　"维生素与辅酶"课程思政素材梳理表

知识点	思政素材	思政维度
脂溶性维生素	列举维生素D与佝偻病、维生素A与夜盲症、维生素K与凝血因子、维生素E与生育酚的实例。引导学生不挑食，注意影响均衡，养成健康的饮食习惯	生命伦理

知识点	思政素材	思政维度
水溶性维生素	（1）唐代名医孙思邈《千金要方》《千金翼方》两部医书中用赤小豆、乌豆等治疗脚气病，长期吃糙米可预防脚弱症，现代医学证明脚气病是由于缺乏维生素 B_1，而糙米中富含维生素 B_1 （2）航海时代，欧洲多个国家船员因患上坏血病而大量死亡。但郑和率领数万人下西洋，船员却极少患此病，现推测是携带了大量豆子的原因 （3）中国维生素 C 产业在国际上强势崛起 （4）B 族维生素自身不能参与代谢，而转变成辅酶等活性形式后，成为各种酶的"主力"。引导学生养成健康的饮食习惯	政治认同 文化自信 生命伦理

第五部分代谢总论与生物氧化是第十八章至第二十章的内容，主要包括代谢的基本特征、生物能学、生物氧化的含义及特点、呼吸链的组成成分及电子传递规律、氧化磷酸化机制、氧化磷酸化抑制或者解偶联。通过该部分的学习，学生掌握新陈代谢基本概论及生物氧化的成分、过程及机制。培养学生的团队意识、创新能力和追求科学真理的精神，使其养成健康的生活方式。其思政素材梳理见表 5-7。

表 5-7　"代谢总论与生物氧化"课程思政素材梳理表

知识点	思政素材	思政维度
新陈代谢总论	（1）在细胞代谢网络的调控下，细胞中的 ATP、葡萄糖等物质总能保持在相应恒定水平的调控机制 （2）生化技术突破——酵母菌制造鸦片的技术，可以用于生产止痛药吗啡及相关药品，但决不能用于毒品生产	科学精神 生命伦理 职业操守 法治意识
生物氧化	（1）三硝基甲苯（TNT）与减肥的故事，养成科学减肥、合理饮食的健康观念 （2）米切尔（Mitchell）因阐释化学渗透学说获得 1978 年诺贝尔化学奖。弘扬不惧权威、追求真理的科学精神 （3）对氧气来源的思考及提倡爱护森林、保护环境 （4）波耶尔（Boyer）和沃克（Walker）、斯寇因在 ATP 合酶研究的突出贡献获得 1997 年诺贝尔化学奖。诠释科学发现中先是怀疑新理论，然后是欣赏它的有趣过程 （5）2005 年，中国科学院生物物理研究所所长饶子和院士研究组在世界上率先解析了线粒体膜蛋白复合物 II 的精细结构，填补了线粒体结构生物学和细胞生物学领域的空白 （6）学习呼吸链的抑制剂氰化物、CO、H_2S 等有毒物质对机体的毒性，通过上述物质的中毒案例，引导学生养成健康的生活习惯，重视实验室安全	生态文明 生命伦理 文化自信 科学精神 品德修养

第六部分糖代谢是教材第二十二章至第二十七章的内容，主要涵盖糖类的消化和吸收、糖酵解、三羧酸循环、磷酸戊糖途径、糖异生、糖原的合成与分解等。主要掌握各个代谢途径的中间代谢物、重要酶（限速酶）及其调节方式和意义等。培养学生勇于创新的科学精神，使其增强文化自信，养成良好的生活习惯。其思政素材梳理见表5-8。

表5-8 "糖代谢"课程思政素材梳理表

知识点	思政素材	思政维度
糖类的消化和吸收	（1）生化与健康——蛀牙与防蛀牙。牙膏防龋齿的原因在于其所含的氟化物可以抑制糖酵解中烯醇化酶的活性，从而抑制口腔内厌氧菌的生长和繁殖，减少牙菌斑的生成。需要养成健康的生活习惯 （2）2014年，我国结构生物学家颜宁教授研究组在世界上首次揭示人源葡萄糖转运蛋白GLUT1的晶体结构	生命伦理 文化自信 科学精神
糖酵解	（1）我国传统的酿酒文化 （2）1931年，瓦尔堡发现无氧糖酵解的现象，发现肿瘤细胞优先利用糖酵解供给能量，为肿瘤代谢重编程研究奠定基础 （3）糖酵解途径在获得能量之前，需要进行能量投入，没有能量投入就没有产出，让学生理解分子水平上的得与失	科学精神 文化自信 辩证唯物
三羧酸循环	（1）克雷布斯（Krebs）揭示柠檬酸循环的研究经历 （2）草酰乙酸的回补反应可以保证细胞中三羧酸循环有充足的底物，引导学生应具备危机意识	科学精神 生命伦理
磷酸戊糖途径	（1）磷酸戊糖途径的发现过程——碘乙酸抑制呼吸反应后糖仍然可以发生分解。引导学生学会观察、勇于创新的科学意识 （2）磷酸戊糖代谢途径在各组织中活跃度不同，其精准调控，即按需发生。引导学生养成实事求是、因地制宜的工作作风	科学精神
糖异生	（1）肝脏糖异生直接补充血糖，经血液循环供给全身各个组织。引导学生理解人类社会的分工和合作 （2）2021年中国科学院天津工业生物技术研究所马延和研究员带领团队，在国际上首次实现二氧化碳到淀粉的从头合成	科学精神 生命伦理 文化自信
糖原的合成与分解	（1）机体通过糖原合成与分解的平衡，保持体内血糖水平恒定。引导学生养成健康的生活方式 （2）中医有关糖尿病治疗的记载，如《黄帝内经》、张仲景的《金匮要略》中描述的消渴病的相关病症及治疗方式 （3）中国科学家发现降糖药物新靶点：2022年2月 *Nature* 发表了厦门大学林圣彩院士团队里程碑式的研究，破解了二甲双胍直接作用靶点之谜 （4）《健康中国行动（2019—2030年）》中明确将糖尿病防治纳入15个专项行动中 （5）合理饮食对机体健康维系很重要，不宜摄取过多的糖类和脂肪，否则会引起血糖的大幅变化	文化自信 生命伦理 科学精神 国际视野

第七部分脂代谢是教材第二十九章至第三十章的内容，主要涵盖脂肪酸代谢、胆固醇代谢等内容。要求学生掌握必需脂肪酸分解和合成的调控、脂肪酸合成与分解途径中的各步反应、催化反应的酶及关键酶的调节、酮体产生的利用、胆固醇的代谢及转运、糖代谢与脂代谢的关系等知识。培养学生基于问题开展科研探索的能力，增强学生的时代使命感和社会责任感。其思政素材梳理见表5-9。

表5-9 "脂代谢"课程思政素材梳理表

知识点	思政素材	思政维度
脂肪、磷脂和糖脂代谢	（1）《"健康中国2030"规划纲要》《中国肥胖预防和控制蓝皮书》等国家的方针政策中体现国家大力预防肥胖等代谢疾病、保护人民健康的方针政策 （2）新陈代谢过程体现着矛盾的普遍性和特殊性 （3）雷夫叙姆病、尼曼-皮克病、戈谢病等脂代谢相关疾病病因机制分析 （4）2022年4月，*Nature Catalysis*发表我国科学家独创的一种二氧化碳转化新路径，即通过电催化与生物合成相结合，成功以二氧化碳和水为原料合成了葡萄糖和脂肪酸的方法，为人工和半人工合成"粮食"提供了新路径	政治认同 辩证唯物 生命伦理 文化自信 科学精神 国际视野
脂肪酸代谢	（1）1904年科学家努普（Knoop）采用苯环标记的奇数脂肪酸和偶数脂肪酸食物喂狗的创新实验方法，发现了脂肪酸的β-氧化 （2）左旋肉碱能否减肥 （3）通过糖能转化脂肪、反式脂肪酸的危害、生酮饮食与疾病等生化现象。学生可认识到健康饮食很关键 （4）肝内生酮肝外用。引导学生从组织器官层面意识到相互合作的重要性	生命伦理 法治意识 科学精神
胆固醇代谢	"好"胆固醇与"坏"胆固醇。健康饮食很关键	生命伦理

第八部分蛋白质降解与氨基酸代谢是教材第三十一章的内容。主要包含蛋白质的降解与消化吸收、氨基酸脱氨作用、氨的转运与排泄方式、尿素循环、一碳单位的代谢等知识点。要求学生掌握氨基酸氧化基本规律，掌握尿素循环的调节和生理意义，理解糖代谢、脂代谢与氨基酸代谢的关系。培养学生的科学精神和担当意识。其思政素材梳理见表5-10。

表5-10 "蛋白质降解与氨基酸代谢"课程思政素材梳理表

知识点	思政素材	思政维度
蛋白质降解	（1）细胞自噬、泛素调节的蛋白质降解及机制是细胞内部的循环经济，以及"生活做减法、人生做加法"的分子水平的体现	科学精神 生命伦理 辩证唯物

续表

知识点	思政素材	思政维度
蛋白质降解	（2）诺贝尔化学奖获得者关于泛素调节的蛋白质降解及机制的发现过程 （3）糖、脂、蛋白质的代谢网络调控体现了生物整体、细胞及分子间的协作	
氨基酸代谢	（1）黑色素的合成与美白产品 （2）叶酸为什么如此重要	科学精神 生命伦理

第九部分核苷酸代谢是教材第三十二章的内容。主要包含食物中核酸的消化吸收、嘌呤和嘧啶从头合成及补救合成途径、常见的抗核苷酸代谢药物。要求学生掌握嘌呤和嘧啶的两种合成途径及原料、步骤与调节，理解嘌呤代谢与痛风的关系，理解抗核酸代谢药物在抗肿瘤治疗中的应用。提升学生的科学视野，增强学生的科学使命感。其思政素材梳理见表5-11。

表5-11 "核苷酸代谢"课程思政素材梳理表

知识点	思政素材	思政维度
核苷酸代谢	（1）用整体观看待核酸代谢通路及其联系 （2）关于"核酸保健品"的思考，从食物中的碱基很难被再利用，揭示核酸保健品的伪科学性 （3）中医里有关痛风的记载 （4）抗核苷酸代谢药物与靶向药物在肿瘤治疗中的应用及各自的特点，利用电影《我不是药神》、格列卫等多种靶向药的最新应用，激发学生对新药研发的认知及兴趣	文化自信 科学精神 生命伦理 国际视野

5.3 "生物化学"课程思政教学典型案例

5.3.1 案例一

**拓宽国际视野、增强生命伦理的"生物化学"课程思政教学设计
——以"绪论"为例**

1. 教学目标

认知类目标：了解生物化学课程的研究任务、研究内容、研究方法、生物化学应用及生物化学发展历史和发展现状。

过程与方法类目标：掌握生物化学的学习方法和学习要求，理解生物化学的基本属性是一门实验学科，即经典的生物化学理论都是科学家通过大量的实验研究、不断探索而成的；能够通过图书馆或网络检索查询生物化学相关文献；能够利用生物化学的理论和方法分析和解决生活中的实际问题。

情感、态度、价值观目标：生物化学是研究生命的化学，也是基础与前沿并重的学科。培养学生具备开阔的国际视野，理解科学之路没有捷径，要不断创新和努力才能获得成功，同时利用生活中生物化学知识的实例增强生命伦理观。

2. 教学流程设计

学习任务发布：提前一周，发布学习任务和学习要求，让学生预习"绪论"课件。提供扩展阅读资料，如生物化学史上相关的诺贝尔奖获得者的贡献、生活中的生物化学实例等相关文献资料。

授课准备：课程团队集体备课，充分研讨课程内容，挖掘思政素材，制作授课 PPT。

课堂授课：积极实践"以学生为中心"的教学方法，引导学生进行知识重构；通过学习生物化学的科学史和最新研究成果，拓宽学生的国际视野；通过生物化学在生活中的实例，增强学生的生命观，提高学生学习生物化学的兴趣。

课堂讨论：讨论生物化学在未来可能的应用领域及生物化学在生活中的应用实例。

过程性考核和课后作业：关注学生在课程学习中所表现出来的学习兴趣、情感、态度、价值观的变化，引导学生拓宽国际视野、增强生命伦理观。课后让学生针对性地阅读生物化学在结构和代谢生物化学方面的最新研究文献，进一步阐述生物化学的发展趋势。同时列举几个常见的生活实例，如"三聚氰胺奶粉事件""烫头发的生物化学原理""为什么吃多了糖会发胖"等，让学生分析其背后的生物化学原理，从而进一步强化课程内容，渗透课程思政。

3. 课程思政设计路径

由于组成生命体的物质结构复杂，物质代谢途径繁多且相互联系，学生在学习"生物化学"课程时普遍感到抽象困难。良好的开端是成功的一半，绪论部分在整门课程的授课中发挥着举足轻重的作用。

（1）充分挖掘"国际视野、生命伦理"的课程思政素材

生物化学是在分子、细胞、整体和群体等不同水平研究生物体内重要化学物质的结构、功能及其代谢过程，揭示生命活动的化学本质。结合课程任务和内容，充分挖掘课程内容中"国际视野、生命伦理"的课程思政素材。例如，把生物化学教学与实际生活、热门话题紧密联系起来，以图片、视频或者新闻实例的形式进行展示，使学生能提高学习兴趣、养成健康的生活习惯、形成正确的生命观。通过讲解中国传统文化和中国科学家的贡献，提升学生的文化自信。通过讲解国际生物化学发展史上的代表性事件，特别是诺贝尔奖获得者的主要贡献，提升学生的科学精神和国际视野。

（2）解析"国际视野、生命伦理"的课程思政内涵

课程思政的实施不能生搬硬套，需要根据内涵与课程内容紧密结合。围绕国际视野的内涵，即正确认识中外发展大势，进行中国特色和国际比较。生命伦理的内涵是树立科学正确的生命观，践行生命科学与技术伦理观念、总体国家安全观，增强生物安全意识和社会责任。根据上述内涵，介绍历届诺贝尔奖获得者的主要贡献以推动生物化学发展的事例，提升国际视野。通过生活实例、社会现象及身体的故事密码，学生可充分理解生命伦理的内涵。

（3）提升学生"国际视野、生命伦理"的科学理念

生物化学研究生命的化学组成、结构和代谢。在教学过程中，始终贯穿生物化学探讨基于生命的化学本质这一思想，让学生树立正确的生命观，用全局性的观念去看待正常生命活动，养成良好的生活习惯，自觉与不良的生活方式及违法事件做斗争。同时，生物化学是一门前沿性学科，要让学生通过了解全世界科学家经过历代的奋斗，共同克服了生物化学中面临的难题，促进了生物化学的发展，拓宽国际视野，使其充分体会人类命运共同体的思想。

4. 课程思政教学设计

其具体的教学设计方案如表 5-12 所示。

表 5-12　绪论部分课程思政的教学设计方案

教学内容	思政教学目标	切入点	教学设计	教学活动	教学评价
导入	体会生物化学音乐之美	生物化学音乐	将一首美妙的音乐"Biochemistry"引入课堂，这首歌的词作者是美国俄勒冈州立大学生物化学与生物物理学系的凯文·埃亨（Kevin Ahern）教授，曲谱则来自一首动听的德国民间儿童圣诞歌曲。埃亨教授创作的"新陈代谢旋律"	教师提问：从歌词中，能提取哪些关键词学生：思考，回答问题	学生讨论发言

教学内容	思政教学目标	切入点	教学设计	教学活动	教学评价
导入			（metabolic melodies）歌集有 100 多首歌曲，"Biochemistry"是其创作的第一首歌曲		
生物化学的定义、研究任务及研究内容	培养学生正确的生命观	生活实例	通过 PPT 图片讲解和展示生物化学的定义、研究范围、研究任务等，让学生讨论在分子、亚细胞、细胞、组织或器官、个体中生物物质的组成及功能。通过图片、新闻、视频等方式展示生活实例，如"烫头发的生物化学原理""胆固醇也有好坏之分""左旋肉碱真能减肥？""三聚氰胺奶粉事件"等，让学生充分认识并理解生物化学是研究生命的化学组成和化学变化的科学	教师：请同学阐述自己所理解的生物化学现象	学生思考讨论发言
结构生物化学的发展	培养学生文化自信和科学精神、提升国际视野	传统文化、现代科学、中国贡献	按照时间顺序，选取有代表性的生物化学发展史上的重要事件进行讲述。中国传统文化及中国的科学家贡献，如 7 世纪唐朝孙思邈著有《千金要方》和《千金翼方》两部医书，书中记载了牛肝能治雀目，讲解背后的生物化学知识。吴宪教授于 1931 年提出蛋白质变性学说。刘思职院士主编了我国第一部生物化学教材《生物化学大纲》。1965 年，中国首次完成结晶牛胰岛素人工合成。通过讲述施一公、颜宁等中国科学家在蛋白质结构方面的贡献等，培养学生的文化自信。讲解如 1923 年诺贝尔生理学或医学奖获得者班廷发现胰岛素，1997 年保罗·波耶尔、约翰·沃克、因斯·斯寇三位科学家由于在生命的能量货币——ATP 的研究上的突破获得诺贝尔化学奖等。学科的发展是全世界科学家共同努力的结果，培养学生的国际视野	教师：以 PPT、新闻图片等方式讲解展示 学生：思考，讨论	学生思考

续表

教学内容	思政教学目标	切入点	教学设计	教学活动	教学评价
代谢生物化学的发展	培养学生职业理想、科学精神和国际视野	现代科学	按照时间顺序，选取有代表性的代谢生物化学发展史上的重要事件进行讲述。例如，《尚书》中的诗句"若作酒醴，尔惟曲蘖"已蕴含生物化学意义，由此提升学生的文化自信。1839年尤斯图斯·冯·李比希（Justus von Liebig），第一次对"发酵"和"腐败"做了理论说明。1896年，爱德华·毕希纳（Edward Büchner）阐释酵母细胞提取液中的乙醇发酵过程，推动了酶学和代谢的发展。通过讲述诺贝尔奖获得者 Krebs 发现三羧酸循环和尿素循环的故事，诺贝尔奖获得者米切尔阐释化学渗透学的故事，以及近年来代谢生物化学的重要进展和中国科学家的贡献等，培养学生的科学精神	教师：讲解生物化学的起源和发展历史 学生：思考，讨论	学生思考体悟
生物化学的研究方法及发展趋势	培养学生的科学精神、提升社会责任感	研究进展	通过代表性研究进展及课程团队研究的实例讲述如何开展生物化学研究，让学生了解生物化学的研究途径还有哪些亟需解决的问题，提升学生的使命感和责任感。通过讲解现代如1943年诺贝尔化学奖获得者赫维西发明的同位素示踪标记、1937年瑞典科学家 Tiselius 建立的电泳技术，以及现代质谱分析技术、冷冻电子显微镜技术等，让学生了解技术的发现过程，提升学生的创新思维	教师：引导学生思考生物化学未来的发展趋势 学生：讨论，分析，总结	学生思考讨论发言

5.3.2　案例二

厚植家国情怀、树立科学精神的"生物化学"课程思政教学设计——以"糖酵解"为例

1. 教学目标

认知类目标：了解糖酵解途径的研究历史；掌握糖酵解的概念、发生部

位、反应历程、关键酶和生理意义及丙酮酸的代谢去路。

方法类目标：能够运用所学知识解释常见的生理病理现象，如蛀牙和龋齿。学会分析关键酶的调控方式。

情感、态度、价值观目标：注重培养学生的奋斗精神、奉献精神、家国情怀、法治观念、节约意识和人文素养等。

2. 教学流程设计

学习任务发布：提前一周，发布学习任务和学习要求，让学生预习"糖酵解"课件，提供扩展阅读资料，如糖转运蛋白、糖酵解调控、糖酵解与肿瘤等相关研究进展的文献资料，让学生根据资料提出问题。

授课准备：课程团队集体备课，根据学生提出的问题，充分研讨课程内容，制作授课PPT。

课堂授课：积极实践"以学生为中心"的教学方法，引导学生进行知识重构，通过讲述糖酵解的研究历史、中国生物化学家的贡献，提升学生的家国情怀和科学精神；通过理解糖酵解与肿瘤的关系，增强学生的科技责任担当。

课堂讨论：讨论糖转运蛋白、糖代谢调控、糖酵解与肿瘤可能的发展及应用。引导学生进行积极思考，增强专业知识学习的能力。

过程性考核和课后作业：关注学生在课程学习时对知识点的掌握情况，以及学习兴趣、情感、态度、价值观的变化，培植学生的家国情怀，增强科学精神。课后，教师根据学生掌握知识的实际情况，让学生有针对性阅读糖转运蛋白、糖酵解调节或糖代谢与肿瘤的相关文献，进一步拓展理论知识。同时根据阅读文献的情况，让学生设计针对上述文献的研究课题，进一步增强学生的科学精神，进一步强化课程内容、渗透课程思政。

3. 课程思政设计路径

（1）课程思政素材的挖掘科学化

课程思政切记要不改变专业课程教学原有的教学内容，不要为了思政而思政，而是在课程思政的理念下，将专业知识与思政素材有机融合，使专业课程具备育人效果，且思政的融入能够提升学生对专业课学习的兴趣和动力。根据本节课的主要特点，在中国传统的发酵技术、中国科学家在糖转运蛋白和糖代谢调控的贡献、国际上糖酵解与肿瘤关系的研究进展等方面将课程知识与思政素材进行有机融合。通过上述的课程思政素材挖掘，学生可以很好地掌握糖酵解研究的发展历史及糖酵解过程中关于结构、调节、意义等方面的最新研究进展，以对教材知识有进一步拓展和提升，同时通过了解中国科学家的贡献，提升家国情怀和学习科学精神。

（2）课程思政增效的教学手段多样化

科学有效的教学方法是实现思政素材融合到专业知识中的最重要的途径。在课程知识中引入思政素材需要采用润物无声、滴水穿石的方式，追求"你若盛开，清风自来"的意境。根据糖酵解的教学内容和挖掘的课程思政素材，按照成果导向教育（outcome based education，OBE）理念，采取以下几种教学方法开展。①通过信息技术手段在学习通、雨课堂、公众号等在线平台上推送关于糖酵解的研究历史、糖转运蛋白的结构和糖代谢调控的相关研究进展，让学生提前预习重要的参考文献，鼓励学生提出问题。②将知识点进行有效整合归纳，如将糖酵解研究历史单独列出、糖转运引入到转运蛋白等，使得专业知识不弱化、课程思政不生硬。③选取学生预习时的代表性问题，进行前沿的重要文献的阅读展示并进行课堂讨论，拓展专业知识内容。通过中国科学家的贡献、全球面临恶性肿瘤的难题等彰显课程思政。④课后学生通过对糖酵解的知识点进行归纳总结，对相关文献进行进一步深入阅读，同时查阅中国科学家在结构生物学领域和糖代谢调控的贡献，巩固课程思政效果。

（3）课程思政效果的评价策略多元化

在制订专业课思政效果评价策略时，除重点考查学生的学习知识外，还应加强对学生情感态度、价值观念等方面的综合评估和考核。生物化学课程内容繁多，教师难教，学生难学，为了避免"一考定成败"，实现课程思政师生"同行同向"的评价方式，可以根据学生的学习情况"合理增负"，注重过程性考核。结合学生和学校的实际情况，过程性考核可采用以出勤、课堂回答问题、课堂讨论、教师布置专项任务、课程论文、课程作业、随机小测验和期末考试等为主要内容的"多模块多部分"立体评价体系。在课堂回答问题、课堂讨论、课程作业、期末考试等部分可以融入课程思政点进行评价。例如，本节课在课堂讨论和课堂回答问题时，可以列举中国科学家在糖转运蛋白结构解析中的贡献，引导学生学习中国科学家精神，提升民族自豪感。通过介绍恶性肿瘤是全球性重大疾病危机，引导学生树立青年学生的责任担当等。在课程作业中可以布置适合学生难度的中国故事和前沿文献的分析讨论任务，以达到课程思政课内课外的有效融合。

4. 课程思政教学设计

其具体的教学设计方案见表5-13。

表 5-13 "糖酵解"课程思政的教学设计方案

教学内容	思政教学目标	切入点	教学设计	教学活动	教学评价
葡萄糖的转运	家国情怀科学精神	从中国科学家在葡萄糖转运结构蛋白的解析与功能研究中,阐述精益求精的科学精神	生物大分子具备结构决定功能的本质属性。葡萄糖的转运是生理条件下人体外源吸收葡萄糖的途径。对葡萄糖转运蛋白结构的认识,可以加深对葡萄糖代谢途径和调控的理解。膜蛋白的结构研究是结构生物学家面临的重要难题,需要十分精密地测定蛋白质晶体的各种结构大小。经过无数次失败和总结,在精益求精的超微分辨下,中国科学家颜宁教授 2014 年在 *Nature* 上解析了人源葡萄糖转运蛋白 GLUT1 的结构及工作机制,并推测其与肿瘤代谢相关。2015 年,颜宁教授在 *Nature* 上发表 GLUT3 的结构,显示 GLUT3 与底物分子葡萄糖的复合物晶体结构处于向胞外闭合的状态,分辨率高达 1.5Å。2022 年,清华大学闫创业教授和颜宁教授合作在 *Nature Communications* 发表 GLUT4 的结构,并推测其与糖尿病相关。通过讲解中国上述科学家的贡献,激发学生的家国情怀,增强不畏艰难的科学精神	提前布置学习内容,让学生提前准备问题,教师选择代表性问题,在课堂上进行讨论	学生参与课堂讨论课后作业
糖酵解途径的定义	家国情怀	从中国古代对"代谢"的利用与改进中,厚植悠久历史的家国情怀	中国的酿酒文化源远流长,考古科学家发现了距今 5000 多年的酿酒器具,推测当时酒是通过对谷物的蒸煮、发酵、过滤、贮酒等过程制备而成。《黄帝内经》有记载"酒者……熟谷之液也",与现代文明的发酵技术过程基本相同。通过凸显中国传统的发酵酿造技术,培植家国情怀	教师通过图片、视频、PPT 等方式展示讲解,引导学生思考中国传统的酿造技术	学生听讲,认真思考
糖酵解途径	科学精神	糖酵解的发现史	19 世纪中叶法国微生物学家路易斯·巴斯德发现了乳酸杆菌,并认为其是促成发酵的关键因素。后来布赫那兄弟(Hans Buchner、Edward Buchner)打破须在活体酵母的情况下才能够发生发酵反应这一认识,进入了研究没有活细胞也能参与发酵的新纪元。最终经过几代人的努力终于阐释了糖酵解途径的完整过程。糖酵解过程的发现经历多位科学家的不懈努力,可引导	教师通过图片、视频、PPT 等方式展示、讲解,引导学生回答糖酵解每一步途径是怎么被阐述的	学生思考,回答问题

续表

教学内容	思政教学目标	切入点	教学设计	教学活动	教学评价
糖酵解途径			学生树立不怕困难、团结合作、勇于创新的科学精神		
糖酵解的调节	家国情怀 科学精神	从中国科学家对糖脂代谢的分子机制研究中，诠释持之以恒的科学精神	中国科学院林圣彩院士长期从事代谢稳态调控的分子机制、原理、生物学功能的研究。揭示和阐明了细胞葡萄糖感知器并偶联调节代谢稳态关键激酶 AMPK 和 mTORC1 的原理，发现脂肪吸收和利用的新途径，揭示了生长因子通过调节细胞自噬和糖脂代谢途径调控代谢稳态的机制。为了解糖脂代谢相关疾病的成因及其药物研发提供了新理论和新策略。用林院士的研究历程，阐述科学研究需要持之以恒的科学精神	提前布置学习内容，让学生提前准备问题，教师选择代表性问题，在课堂上进行讨论	学生参与课堂讨论 课后作业
糖酵解的生理意义	科学精神 责任担当	从恶性肿瘤的糖代谢特征诠释责任与担当的科学精神	恶性肿瘤是威胁人类健康的头号杀手，通过最新的全球癌症统计报告展示癌症的发病率和死亡率。让学生体会到攻克癌症是当前科学家亟待解决的问题。德国科学家 Warburg 发现癌细胞总是选择古老的代谢途径糖酵解来产生能量并于 1931 年获得诺贝尔生理学或医学奖，开启了肿瘤细胞糖代谢重编程的研究方向。通过展示或拓展阅读糖代谢及与肿瘤相关的研究进展，培养学生的科学精神和攻克人类疾病的责任担当	教师通过图片、视频、PPT、文献等方式展示、讲解，引导学生探讨抗肿瘤的可能途径及糖代谢可能的关键作用	学生听课 课堂讨论 课后作业

参 考 文 献

陈波，皮建辉.2023."生物化学"课程思政素材的深度挖掘和实施策略——以柠檬酸循环为例.教育教学论坛，(44)：58-61.

樊婷婷，钱鑫萍，罗建平，等.2023."生物化学"课程思政教学探索.教育教学论坛，(32)：94-97.

廖阳，李常健，袁志辉，等.2022.生物类专业基础课"生物化学"课程思政教育探索与创新. 微生物学通报，49（4）：1415-1425.

刘锐. 2015. 糖酵解过程的发现史. 医学与哲学（B），36（9）：91-96.

刘万宏，祝顺琴，姚波. 2021. 课程思政背景下蛋白质结构教学设计与实践. 生命的化学，41（9）：2100-2104.

罗晓婷，许春鹃，洪芦燕，等. 2021. 生物化学与分子生物学"四融入四结合"课程思政教学体系的构建与应用. 生命的化学，41（10）：2307-2314.

马丽萍，王建东. 2022. 生物化学与分子生物学课程思政教育的探索与实践——以成都医学院为例. 中国生物化学与分子生物学报，38（4）：537-545.

倪菊华. 2020. 生物化学，踏歌而来——《生物化学》绪论课的教学设计与授课技巧分享. 中国生物化学与分子生物学报，36（12）：1514-1518.

易晓华，张勇，刘新，等. 2022. "生物化学"课程思政素材的挖掘. 教育教学论坛，（18）：169-172.

张少斌，苏敏，刘慧. 2023. 农林高校"生物化学"课程思政的探索与实践. 中国生物化学与分子生物学报，39（10）：1504-1514.

赵晶，梁亮，魏仁吉，等. 2023. 生物化学"TCA"特色课程思政模式的构建与应用. 中国生物化学与分子生物学报，39（6）：896-902.

祝顺琴，刘万宏，刘堰，等. 2021. 基于培养卓越教师的生物化学课程思政的探索与实践. 生命的化学，41（7）：1431-1436.

Cai T，Sun H B，Qiao J，et al. 2021. Cell-free chemoenzymatic starch synthesis from carbon dioxide. Science，373（6562）：1523-1527.

Nie X，Qian L J，Sun R，et al. 2021. Multi-organ proteomic landscape of COVID-19 autopsies. Cell，184（3）：775-791. e14.

Zheng T T，Zhang M L，Wu L H，et al. 2022. Upcycling CO_2 into energy-rich long-chain compounds via electrochemical and metabolic engineering. Nature Catalysis，5（5）：388-396.

第六章

"分子生物学"课程思政教学设计与典型案例

6.1 "分子生物学"课程简介

6.1.1 课程性质

"分子生物学"是诞生于 20 世纪 50 年代的一门新兴学科，研究核酸、蛋白质等生物大分子的形态、结构特征及其重要性、规律性和相互关系，包括生物大分子的结构及功能、遗传信息的传递、分子生物学研究方法、基因表达与调控、疾病与人类健康、基因与发育及基因组与比较基因组学等内容。该课程是生物科学及相关专业的必修课程和主干课程，其先修课程为植物学、动物学、生物化学、遗传学、细胞生物学和微生物学。本书以朱玉贤主编，2019年出版的《现代分子生物学》（第 5 版）为例，参考书目为杨荣武主编，2017年出版的《分子生物学》（第 2 版）。

6.1.2 专业教学目标

本课程的专业教学目标是让学生能够掌握分子生物学的概念、研究内容与特点，掌握生命活动中重要生物大分子的结构与功能、遗传信息的传递及其调控等内容，具备运用分子生物学的知识发现科学问题、解决科学问题的综合能力。

理解分子生物学的发展历史，掌握常用的分子生物学技术的原理和方法，形成系统的分子生物学知识体系，在学习过程中有机结合相关的生命科学知识，了解本课程与其他课程的联系及分子生物学在生命科学等领域的应用与前景。

熟悉分子生物学研究的基本思路与方法，激发学生对科学的热爱，形成严谨的学习态度，能利用分子生物学知识、实验技术与其他学科知识解决生产实践问题，提高学生的综合素质。

了解分子生物学新知识和新动态，追踪国际分子生物学最新发展及前沿动态，有能力在分子生物学的原理及规律等方面与国内外学者和教师探讨交流，培养学生的科研思维和创新精神。

6.1.3 知识结构体系

根据分子生物学的研究尺度，该课程主要分为 7 个教学板块，即绪论、遗传物质的本质、遗传信息的传递、分子生物学研究方法、基因表达调控、基因与生命活动和比较基因组学，其知识结构体系见表 6-1。

表 6-1 "分子生物学"课程知识结构体系

知识板块	章节	课程内容
一、绪论	第一章 绪论	1. 分子生物学的概念 2. 分子生物学的研究内容 3. 分子生物学的起源与发展 4. 分子生物学的研究途径 5. 学习分子生物学的意义
二、遗传物质的本质	第二章 染色体与 DNA	1. 染色体的组成与 DNA 的结构 2. DNA 的复制 3. DNA 的修复 4. DNA 的转座 5. 单核苷酸多态性（SNP）的理论与应用
三、遗传信息的传递	第三章 生物信息的传递（上）：从 DNA 到 RNA	1. RNA 的结构、分类与功能 2. 转录的概念、基本过程 3. 原核生物与真核生物的 RNA 聚合酶 4. 启动子与转录起始 5. 原核生物与真核生物转录产物的比较 6. 真核生物 RNA 的转录后加工 7. RNA 的编辑、再编码与化学修饰
	第四章 生物信息的传递（下）：从 mRNA 到蛋白质	1. 遗传密码 2. tRNA 3. 核糖体 4. 蛋白质合成的生物学机制 5. 蛋白质运转机制 6. 蛋白质的修饰、降解与稳定性研究

续表

知识板块	章节	课程内容
四、分子生物学研究方法	第五章　分子生物学研究法（上）——DNA、RNA及蛋白质操作技术	1. DNA基本操作技术 2. RNA基本操作技术 3. 基因克隆技术 4. 蛋白质与蛋白质组学技术
	第六章　分子生物学研究法（下）——基因功能研究技术	1. 基因表达研究技术 2. 基因敲除技术 3. 蛋白质及RNA相互作用技术 4. 基因芯片及数据分析 5. 利用酵母鉴定靶基因功能 6. 其他分子生物学技术
五、基因表达调控	第七章　原核基因表达调控	1. 原核基因表达调控总论 2. 乳糖操纵子与负控诱导系统 3. 色氨酸操纵子与负控阻遏系统 4. 其他操纵子 5. 固氮基因调控 6. 转录水平上的其他调控方式 7. 转录后调控
	第八章　真核基因表达调控	1. 真核基因表达调控相关概念和一般规律 2. 真核基因表达的转录水平调控 3. 真核基因表达的染色质修饰和表观遗传调控 4. 基因沉默对真核基因表达的调控 5. 真核基因其他水平上的表达调控
六、基因与生命活动	第九章　疾病与人类健康	1. 肿瘤与癌症 2. 人类免疫缺陷病毒——HIV 3. 乙型肝炎病毒——HBV 4. 人禽流感的分子机制 5. 严重急性呼吸综合征的分子机制 6. 基因治疗 7. 肿瘤的免疫治疗
	第十章　基因与发育	1. 果蝇的发育与调控 2. 高等植物花发育的基因调控 3. 控制植物开花时间的分子机制
七、基因组与比较基因组学	第十一章　基因组与比较基因组学	1. 人类基因组计划 2. 高通量DNA序列分析技术 3. 新测序平台的应用 4. 其他代表性基因组 5. 比较基因组学研究

6.2 "分子生物学"课程思政

6.2.1 课程思政特征分析

"分子生物学"课程主要沿着中心法则这一主线,从原核生物和真核生物细胞结构、染色体组成方面来理解遗传信息传递的规律性与可调控性。该课程是生物学相关专业的核心课程,与遗传学、生物化学、细胞生物学、基因组与蛋白质组学和生物信息学等课程相互联系、相互渗透,具有与其他学科交叉融合的特点。在传授知识和技能的同时,挖掘其中的思政素材,全面推进课程思政,将智育、德育和美育相结合,有利于落实立德树人的根本任务,以培养德智体美劳全面发展的社会主义建设者和接班人。

分子生物学课程思政素材丰富、思政教育功能齐全,将思政教育融入分子生物学教学体系建设中,可以通过具体事例调动学生的认知情感,把做人做事的基本道理、社会主义核心价值观的要求、实现民族复兴的家国情怀与责任担当、科学精神和国际视野融入教学大纲和教学设计中,以润物细无声的方式引导学生树立远大的理想,激发其爱国情怀,使其成长为实现中华民族伟大复兴的高素质技术技能人才、能工巧匠、大国工匠。分子生物学是生物学的前沿与生长点,涵盖的知识点和思政素材丰富,体现在家国情怀、政治认同、科学精神、文化自信、生命伦理和国际视野等多个维度。近年来,我国大力发展以分子生物学为主的现代分子生物学技术,以解决当今世界面临的健康、粮食和人口等问题,这有助于增强同学们的政治认同感。分子生物学教学内容中彰显了诸多学者(如屠呦呦、朱作言、施一公等)的研究成果。讲好我国科学家的故事,有助于增强文化自信和培养家国情怀。随着分子生物学的不断发展,辅助生殖、克隆技术、器官移植、基因编辑等科技的成熟与应用及其与人文价值求真与求善的统一,使得人类对生命质量的关注达到了新的层次,这也是科学技术与伦理道德良性互动的体现。分子生物学是一门国际化的学科,全球范围内学术合作与交流频繁,开展具有国际影响力的研究、开发原创的技术和产品,有利于培养学生的国际视野,使其立志成为终身学习、跨文化交流的人才。分子生物学还是一门着重研究生命现象本质和规律的学科,是解决科学问题的课程,培养科学精神是其教学的核心目标。分子生物学的原理和方法贯穿整个教材,教材中理论成就与技术进步的背后蕴含着一个个与知识相关的经典实验、典型事例、科学史实和科学家逸事等，能够让学生领悟到科学的崇高、神圣和对历史的巨大推动作用，感悟到科学家求真创新、坚持不懈的意志品质，这将对培养学生的科学精神起到极大的促进作用。

6.2.2　课程思政教学目标

学习课程思政，学生可系统掌握分子生物学的基本概念和基本原理，熟悉分子生物学研究的思路、方法和重大成果，了解分子生物学的学科前沿动态。能够应用分子生物学知识理解生命现象和解决实际问题。另外，还能培养学生综合运用各学科知识的科学思维，进而提升学生的创新意识和综合素质。逐步认同"科技进步，民族复兴、基因技术，创新精神；环境保护，健康生活"的理念，引导学生成为具有家国情怀、创新精神、国际视野、科学精神和能够担当民族复兴大任的时代新人。

6.2.3　课程思政素材

本书将以朱玉贤主编的《现代分子生物学》（第5版）为选用教材，从绪论、遗传物质的本质、遗传信息的传递、分子生物学研究方法、基因表达调控、基因与生命活动及基因组与比较基因组学等几个部分，对与经典分子生物学教学内容相关知识点匹配的思政素材进行梳理。

教材第一章为绪论部分。该章的教学目标：了解分子生物学的定义与起源、历史与进展和中国的分子生物学发展，培养学生社会主义政治认同感、民族自豪感、家国情怀及科学探究的精神，其思政素材梳理见表6-2。

表6-2　绪论部分思政素材梳理表

知识点	思政素材	思政维度
分子生物学的定义与起源	（1）西方国家对于生命起源问题的思考有"创世说"与"进化论" （2）我国古代先民在《道德经》《本草经集注》《晏子春秋·内篇杂下》等著作中早已论述了生命的起源与进化 （3）施莱登和施万建立"细胞学说" （4）确定了蛋白质是生命的物质基础和生物的主要遗传物质是DNA （5）约翰逊根据希腊文"给予生命"之义创造了"基因"	文化自信 科学精神 辩证思维
分子生物学进展	（1）1944年，Avery肺炎双球菌体外转化实验 （2）1950年，Chargaff提出Chargaff定律	科学精神 辩证思维

续表

知识点	思政素材	思政维度
分子生物学进展	（3）1952 年，Hershey 和 Chase 证明 DNA 是遗传物质 （4）1953 年，Waston 和 Crick 揭示 DNA 双螺旋结构 （5）1953 年，Sanger 完成胰岛素一级结构氨基酸的序列分析 （6）1958 年，Crick 提出中心法则 （7）1958 年，Meselson 和 Stahl 验证 DNA 的半保留复制 （8）1965 年，Jacob 和 Monod 提出操纵子模型 （9）1970 年，Temin、Dulbecco 和 Baltimore 发现逆转录酶 （10）1975 年，Nirenberg 破译遗传密码 （11）1975 年，Southern 发明 DNA 印迹法 （12）1977 年，Sanger、Maxam 和 Gilbert 发明 DNA 测序技术 （13）1977 年，Robert 和 Sharp 发现断裂基因 （14）1982 年，Prusiner 发现朊病毒 （15）2001 年，人类基因组测序完成 （16）2006 年，Fire 和 Mello 发现 RNA 干扰机制 （17）2009 年，Blackburn、Greider 和 Szostak 揭示了端粒和端粒酶保护染色体机制 （18）2012 年，John Gurdon 和 Shinya Yamanaka 发现可以重新编程的成熟细胞及诱导多能干细胞 （19）2015 年，屠呦呦、William C. Campbell 和 Satoshi Ōmura 在寄生虫疾病治疗研究方面取得成就 （20）2016 年，Yoshinori Ohsumi 发现细胞自噬的分子机制 （21）2020 年，Emmanuelle Charpentier 和 Jennifer Doudna 在基因编辑方面作出卓越贡献 （22）2021 年，David Julius 和 Ardem Patapoutian 发现温度和触觉感受器 （23）2023 年，Katalin Karikó 和 Drew Weissman 发现核苷碱基修饰	国际视野 家国情怀
中国的分子生物学成就	（1）1965 年，中国科学家人工合成了结晶牛胰岛素 （2）1973 年，童第周克隆的"童鱼"是世界上首次报道的体细胞克隆动物 （3）中国在"人类基因组计划"中承担 1%的工作 （4）1983 年，中国科学家培育出世界第一批转基因鱼 （5）2003 年，中国科学家完成 SARS 病毒测序 （6）2011 年，中国第一位获诺贝尔奖的女科学家——屠呦呦 （7）2020 年，中国科学家完成新冠病毒基因组测序 （8）2021 年，解析转录起始超级复合物组装机制 （9）2022 年，绘制高精度生命全景时空基因表达地图 （10）2023 年，发现核孔复合体成熟度调控合子基因组激活 （11）华大基因在世界基因测序上的贡献超出了 50%	文化自信 集体主义 家国情怀 科学精神 国际视野 责任意识

续表

知识点	思政素材	思政维度
21 世纪的分子生物学前景	（1）疾病诊治与人类健康 （2）环境保护 （3）分子设计育种	辩证思维 法治意识 奉献精神 责任意识 家国情怀 科学精神 探索精神

注：分子生物学进展中（17）～（22）为诺贝尔奖授奖年度。

遗传物质的本质部分为现代"分子生物学"非常基础的教学部分，为教材的第二章，主要讲述 DNA 双螺旋结构、DNA 复制、修复、转座及 SNP 的理论与应用。通过该章的学习，学生可了解遗传物质的本质、染色体与 DNA 的结构，以及 DNA 的复制与修复是无数科学家共同探索的结果。其思政素材梳理见表 6-3。

表 6-3　遗传物质的本质部分思政素材梳理表

知识点	思政素材	思政维度
DNA 双螺旋结构	（1）Waston 和 Crick 的研究经历 （2）白春礼院士利用隧道扫描显微镜首次观察到了三链 DNA 的存在，并绘制了清晰的扫描图片 （3）我国作为唯一的发展中国家参与人类基因组计划，完成了 3 号染色体短臂的测序任务	科学精神 团队协作 文化自信
DNA 的复制	（1）半保留复制保证了遗传物质的连续性 （2）李晴研究组解析了 DNA 复制偶联的核小体组装机制（Liu et al.，2017）	文化自信 科学精神 生命伦理 国际视野
DNA 的修复	（1）环境污染对 DNA 的损伤，引导学生保护环境 （2）精确修复与易错修复的意义	生态文明 辩证思维
DNA 的转座	（1）何琳等综述通过转座子驯化实现哺乳动物基因组创新（Modzelewski et al.，2022） （2）江建平研究组在超大基因组转座子研究中取得进展（Wang et al.，2021）	科学精神 文化自信
SNP 的理论与应用	（1）SNP 用于高危群体的发现 （2）SNP 用于疾病相关基因的鉴定 （3）SNP 用于药物的设计和测试 （4）SNP 在法医学方面的应用（亲子鉴定、个体识别等）	生命伦理 辩证思维

遗传信息的传递部分为"分子生物学"非常重要的教学部分，包括教材第

三章和第四章，主要讲述了中心法则（从 DNA 到 RNA，从 mRNA 到蛋白质）、转录、翻译后的加工和修饰及基因表达调控。通过学习，学生明白科学家有国界但科学无国界，为探索科学真理要团结协作，合作共赢。要培养学生团结协作，实事求是，懂得变通，用辩证思维思考问题的能力。其思政素材梳理见表 6-4。

表 6-4 遗传信息的传递部分思政素材梳理表

知识点	思政素材	思政维度
RNA 的结构、分类与功能	（1）Cech 发现核酶 （2）王泽峰团队解析了环形 RNA 翻译的新机制（Fan et al., 2022） （3）Linda Partridge 团队发现能延长寿命的环状 RNA（Weigelt et al.，2020）	科学精神 创新精神 文化自信 辩证思维
转录的概念、基本过程	（1）Roger 发现真核细胞的转录机制 （2）罗杰·科恩伯格解析 RNA 聚合酶 II 的结构 （3）张余研究组揭示蓝细菌 RNA 聚合酶的结构	创新精神 辩证思维 分工协作 文化自信
转录后加工	（1）mRNA "戴帽加尾" （2）RNA 编辑与再编码 （3）施一公放弃美国的优厚待遇，回国带领团队解析高分辨率剪接体的研究，在世界基础生物科学领域做出重大原创性突破	科学精神 辩证思维 创新精神 文化自信 家国情怀
从 mRNA 到蛋白质	（1）Goldstein 和 Plout 利用同位素标记变形虫 RNA 前体实验，发现 RNA 是在细胞核内合成的 （2）Francis Crick 首次破译三联体密码子 （3）Wyss 研究所开发一种新的基于酶的、不依赖模板的 RNA 寡核苷酸合成技术（eRNA） （4）我国科学家在世界上首次人工合成具有生物活性的结晶牛胰岛素 （5）Richard Roberts 和 Philip Sharp 发现断裂基因 （6）tRNA 的三叶草模式 （7）解析血红蛋白的结构	科学精神 创新精神 辩证思维 国际视野 奉献精神 家国情怀
翻译后修饰	（1）磷酸化、乙酰化、糖基化和泛素化等翻译后修饰的多样性与功能 （2）翻译后修饰与肿瘤重编程	创新精神 辩证思维 科学精神

分子生物学研究方法为"分子生物学"非常重要的教学部分，包括教材第五章和第六章，主要讲述了 DNA、RNA 和蛋白质的表达和相互作用的检测方法和技术，以及基因功能研究技术。通过该章的学习，学生可掌握研究基因表达、蛋白质功能、生物大分子互作、细胞定位和基因编辑等技术，从而激发学

生学习分子生物学的兴趣，培养学生树立科技强国的责任担当意识。其思政素材梳理见表6-5。

表6-5　分子生物学研究方法部分思政素材梳理表

知识点	思政素材	思政维度
基因克隆与载体构建	（1）载体的分类与组成元件 （2）基因工程菌的风险评价与管理	法治观念 环境保护 分工协作 团队意识
核酸提取与分析	病毒核酸检测与分析技术	创新精神 环境保护
蛋白质分离、检测与分析	（1）凯式定氮法、双缩脲法等方法的原理与应用 （2）大规模的蛋白质组学测序将机体的葡萄糖代谢蛋白与阿尔茨海默病（AD）生物学特性进行有机联系	创新精神 文化自信 国际视野
转基因与基因编辑技术	（1）我国是为数不多转基因把控很严格的国家 （2）朱作言率领研究团队，首次成功进行了农艺性状转基因研究，并研制出世界首批转基因鱼 （3）2020年诺贝尔化学奖颁奖仪式，授予Emmanuelle Charpentier和Jennifer Doudna，表彰她们在基因组编辑方法研究领域做出的贡献 （4）基因编辑与生命伦理 （5）将人乳铁蛋白基因转入奶牛基因组中，其乳腺分泌的乳汁内可产生转铁蛋白，实现"牛奶人奶化"	科学精神 创新精神 理想信念 国际视野 法治观念 尊重生命 生命伦理

基因表达调控包括教材第七章和第八章的内容，该部分的学习重点为原核基因和真核基因表达的基本规律、特征，以及其在DNA水平、转录水平和翻译水平的调控机制。通过学习，掌握原核生物基因组和基因表达调控的特点，牢固树立结构与功能相适应的观念，培养学生的团队合作精神，积极探索，提升学生的科学视野，增强学生的科学使命感。基因表达调控部分思政素材梳理见表6-6。

表6-6　基因表达调控部分思政素材梳理表

知识点	思政素材	思政维度
乳糖操纵子与负控诱导系统	操纵子多基因、多层次协作调控基因表达，通过酶基因表达和乳糖进入细胞及底物水平调控基因表达	团队意识 协作意识 辩证思维
真核基因表达的染色质修饰和表观遗传调控	（1）《晏子使楚》中的典故——橘生淮南则为橘，生于淮北则为枳 （2）糖尿病与表观遗传 （3）基因组印记导致真核生物孤雌生殖、孤雄生殖难以实现	辩证思维 文化自信 品德修养

基因与生命活动包括教材第九章和第十章的内容,该部分学习重点为常见疾病的分子机制、发育的分子机制。通过学习,掌握常见疾病的特点和生物体发育的模式,牢固树立正确的世界观、人生观和价值观,实现"三全育人"的目标,培养政治立场坚定、品格高尚、专业素养过硬的复合人才。基因与生命活动部分思政素材梳理见表6-7。

表6-7　基因与生命活动部分思政素材梳理表

知识点	思政素材	思政维度
疾病与人类健康	(1)吴孟超等医学家不断探索的事例,一些先进的肿瘤治疗技术不断被突破 (2)引用典故《黄帝内经》中的"圣人不治已病治未病"及"扁鹊见蔡桓公",体现预防医学的重要性 (3)HIV病毒的形态、结构、致病性、传染源与传播途径、感染过程和致病机制	科学精神 创新精神 辩证思维 国际视野 法治观念 尊重生命
基因与发育	(1)孟安明院士团队发现了脊椎动物胚轴建立的新基因,命名为"葫芦娃"基因,是世界基础生命科学领域的重大原创性突破 (2)以我国植物发育生物学领域的杰出科学家顾红雅、朱健康、张启发、万建民等为范例,讲述植物发育的进展与突破	科学精神 创新精神 国际视野

基因组与比较基因组学包括教材第十一章的内容,该部分学习重点为基因组学的概念和分类、基因组测序的方法、模式生物基因组及比较基因组学研究。通过学习,掌握基因测序的方法及原理,利用基因测序进行实验设计,夯实大量基础性研究的基石,树立生命科学大数据是战略资源的观念。此外,我国科学家已经对众多爬行类、两栖类、鱼类、虾蟹类、贝类和植物等的基因组进行了解析,这增强了学生的辩证思维和文化自信。基因组与比较基因组学部分思政素材梳理见表6-8。

表6-8　基因组与比较基因组学部分思政素材梳理表

知识点	思政素材	思政维度
人类基因组计划	中国参与"人类基因组计划"的1%序列项目,表明我国具备了接近世界水平的基因组研究的强大实力	科学精神 创新精神 文化自信 国际视野
基因组测序、分析平台与代表物种基因组	(1)国家基因库已初步建成覆盖生命全周期的"三库两平台"业务结构 (2)华大基因完成水稻基因组测序,用基因科技推动农业发展 (3)深圳华大生命科学研究院完成超高质量的2个大熊猫亚种的参考基因组,解析了较小内脏器官和低繁殖率的遗传基础 (4)华大智造实现高通量测序仪器设备国产化,是世界最具影响力的测序公司之一	科学精神 创新精神 文化自信 国际视野

续表

知识点	思政素材	思政维度
比较基因组学	（1）获得高质量肺鱼基因组，重现水域到陆地的"重新适应"过程 （2）获得人类基因组的完整序列，其中包括除 Y 染色体的无间隙组装，解析了 Y 染色体变异	科学精神 创新精神 文化自信 国际视野 辩证思维

6.3 "分子生物学"课程思政教学典型案例

6.3.1 案例一

以厚植学生家国情怀为主的"分子生物学"课程思政
——以"绪论"为例

1. 教学目标

认知类目标：了解"分子生物学"课程的研究对象、内容、范围、方法及分子生物学的研究进展。

情感、态度、价值观目标：激发学生的民族自豪感及社会主义文化自信；培植学生的辩证思维；引导学生要有国际视野，未来要积极参与国际合作与交流；教授学生用科技知识武装自己，并造福人类；提高学生的爱国热情。

方法类目标：掌握分子生物学的学习特点、方法和专业发展的途径；能够通过图书馆或网络检索查询分子生物学相关期刊；能用分子生物学理论和方法设计实验，分析和解决一些具体的科学问题。

2. 教学流程设计

学习任务发布：提前一周，发布学习任务和学习要求，上传课件"绪论"及扩展阅读资料。绪论章节思政功能元素较多，能够进一步渗透文化强国、科技兴国的家国情怀和科学精神。

授课准备：课程团队集体备课，以历年的诺贝尔奖为主线，充分挖掘思政素材，制作授课PPT。

课堂授课：主讲教师采用讲授法、演示法和探究法等多种教学方法相结合的方式进行，循循善诱地渗透思政教育。

小组讨论：分析分子生物学发展趋势，从而更进一步强化学习分子生物学的重要性。

过程性考核和课后作业：关注学生在课程学习中所表现出来的情感、态度、价值观的变化，重视对学生在课堂讨论等教学环节中表现出来的分析能力等方面的考查，以进一步引导学生树立文化自信。课后作业让学生针对拓展阅读中的"现代分子生物学研究进展"来阐述对未来分子生物学发展趋势的理解和看法，深度渗透思政素材。

3. 课程思政设计路径

（1）挖掘课程中蕴含的辩证思维与科学精神，坚定不移地走科技兴国，文化强国的自主创新道路

"分子生物学"是从分子水平阐明生命现象和本质的科学，研究的进展离不开辩证思维与科学精神。分子生物学研究的不断深入可以看作是人类从分子水平上逐步揭开生物世界的奥秘，由被动地适应自然界转向主动地改造自然界。结合课程特点，紧扣"科技进步，民族复兴"等主题，充分挖掘课程中蕴含的科学发展元素。绪论中有诸多彰显我国科学家智慧与科技贡献的实例（如人工合成了结晶牛胰岛素，世界第一批转基因鱼和童鱼的产生等），在教学中引导学生树立文化自信，并让学生明白科技兴国、文化强国的战略布局。同时，也可挖掘我国老一辈科学家在分子生物学领域的突出贡献，增加学生的自豪感和爱国情怀（本节课思政教学设计方案见表6-2）。

（2）诠释课程中科技兴国，文化强国的内涵

科技兴国，文化强国是时代发展的必然要求，也是我国的一项基本战略。分子生物学研究领域覆盖了遗传学、生物化学和物理学等学科知识。从生命科学领域来看，前沿生物技术，如基因组测序、基因编辑技术、核酸检测和治疗等大多数是依赖分子生物学技术而发展起来的。目前，现代生物相关职业岗位也对分子生物学专业人才的胜任力提出更高要求，迫切需要拥有现代科技知识、精湛的技艺技能、较强创新能力和较高职业素养的综合型人才。结合分子生物学简史可帮助学生更好地理解"科技兴国，文化强国"的方略内涵，体会"科技兴则民族兴，科技强则国家强"的深刻意义，深化对党和国家关于实现中华民族伟大复兴战略部署的理解和认识。

（3）培养学生树立科技兴国，文化强国理念

在教学过程中，教师可以始终贯穿"科技兴国，文化强国"的理念，引导学生思考个人在"科教兴国，人才强国"战略中的定位，使他们明确当代青年正是推动国家和社会科技发展的中坚力量。一方面，通过情感共鸣培养学生的

科技创新精神，如在导入部分可以介绍我国科学家的突出贡献，以激发学生的民族自豪感及社会主义文化自信。另一方面，带领学生追溯分子生物学简史，学习分子生物学的技术发展与应用带来的便利，激发学生科学探究的热情。介绍科技发展所带来的伦理道德、社会法治等突出问题，让学生正确认识技术这把"双刃剑"，学会客观评价、遵纪守法、敬畏生命。

（4）引导学生践行科技兴国，文化强国

在课程教学中，帮助学生理解科学技术发展的重要性，厚植爱国情怀、灌输科学精神的同时，更应该培养学生践行科技建设的能力。例如，展示我国分子生物学领域的最新科研成果，激发学生民族自豪感和文化自信，带领学生走进实验室展示实验室研究方向及最新研究动态，进一步增强学生的"科技人文命运共同体"意识及科技文明价值观。鼓励学生从事分子生物学相关领域工作，引领学生从更高、更广的维度思考人与科学、社会及自身协调发展的辩证关系，践行科技兴国，文化强国。

4. 课程思政教学设计

其具体的教学设计方案见表6-9。

表6-9　绪论部分课程思政的教学设计方案

教学内容	思政教学目标	切入点	教学设计	教学活动	教学评价
导入	增强学生的文化自信、民族自豪感，建立"人类命运共同体"的家国情怀	传统文化	老子："有物混成，先天地生""道生一，一生二，二生三，三生万物，万物负阴而抱阳，中气以为和"（《道德经》）	教师提问：生命是怎样起源的 学生：思考，回答问题	学生讨论发言
分子生物学定义与起源	引导学生明白对生命起源的探索由来已久，培养学生树立文化自信，培植科学精神、国际视野，厚植家国情怀	生命的起源	我国古代先民在《道德经》《本草经集注》《晏子春秋·内篇杂下》等著作中早已论述了生命的起源与进化；到19世纪，西方国家对于生命起源问题的思考有"创世说"与"进化论"；1909年，丹麦生物学家根据希腊文"给予生命"之义创造了"基因"；通过大量关于生命起源的学说，让学生讨论生命的起源，利用诸多这样的实例彰显我国古人的智慧与文化积淀	教师提问：为什么有其父必有其子？动植物个体是怎样由受精卵发育而来的 学生：思考，回答问题	学生思考讨论发言

教学内容	思政教学目标	切入点	教学设计	教学活动	教学评价
分子生物学历史与发展	引导学生明白事物的发展总是向前的哲学思想，激发学生的民族自豪感和文化自信，让学生明白科学家有国家但科学无国界，为探索科学真理团结协作，合作共赢	诺贝尔奖	以时间顺序讲述分子生物学的起源、形成与发展。介绍各国科学家在生物学方面的突出成就与贡献。例如，1928 年，格里菲斯的肺炎双球菌体内转化实验；1944 年，Avery 肺炎双球菌体外转化实验；1952 年，噬菌体侵染大肠杆菌实验；1953 年，Waston 和 Crick 揭示 DNA 双螺旋结构等。1936 年，Summer 证实酶是蛋白质；1953 年，Sanger 首次阐明胰岛素的一级结构；1965 年，中国首次人工合成了结晶牛胰岛素。通过大量科学实例的学习，培养学生科学探究的精神	教师：讲解分子生物学的起源和发展历史学生：思考，讨论	学生思考
中国的分子生物学成就	激发学生的民族自豪感和文化自信，培养学生的科学探究精神和社会责任感	中国科学家的突出贡献	介绍我国科学家在生物学方面的突出成就与贡献，如我国科学家在世界上首次人工合成具有生物活性的结晶牛胰岛素；培育出世界第一批转基因鱼；进行肺鱼和家蚕基因组测序；新中国第一位获诺贝尔奖的女科学家屠呦呦提取青蒿素；西南大学种质创制团队通过基因编辑技术获得了高产优质的家蚕、杨树、青蒿和罗非鱼等并申请了专利，实现了新种质创制等。通过学习我国科学家的突出贡献，培养学生科技兴国、文化强国的意识和决心	教师提问：为什么我国在基因组学方面的研究取得了更大突破学生：思考，讨论	学生思考讨论
21 世纪的分子生物学前景	培养学生科学精神和使命担当，同时提高其法治意识	现代分子生物学技术的研究进展与应用及所面临的实际问题	分子生物学技术在给人类带来便利、造福人类的同时，不可避免地产生了许多争议："基因编辑婴儿"事件的警示、三聚氰胺事件，疾病诊治与人类健康、环境保护和分子设计育种等	教师：引导学生思考分子生物学现状。探讨如何有效防治病毒性疾病（疫苗设计）。学生：讨论，分析总结	学生分享交流

6.3.2 案例二

以培植学生辩证思维为主的"分子生物学"课程思政
——以"遗传信息的传递"为例

1. 教学目标

知识与技能目标：掌握生物体内转录与翻译的具体过程及核酸与蛋白质之间复杂的相互作用。

过程与方法目标：应用所学的遗传信息传递的知识，解决实际生物学问题，如解释基因型与表型之间的关系，设计基因编辑实验等。

情感、态度、价值观目标：通过讲解我国科学家的故事案例，学生能够树立民族自信；通过理解 DNA 复制的原理，树立正确的价值观念；通过 DNA 的错配与修复，形成批评与自我批评的辩证思维；通过对密码子探究过程的了解，引导学生学会用辩证的思维思考问题。

2. 教学流程设计

学习任务发布：提前一周，发布学习任务和学习要求，上传课件"遗传信息的传递"及扩展阅读资料，提供遗传信息传递的相关文献及视频链接。扩展阅读如"环形 RNA 翻译的新机理""高分辨率剪切体的研究"和"真核细胞的转录机制"等案例，能够使学生进一步形成严谨的科学精神和逻辑的辩证思维。

授课准备：课程团队集体备课，充分挖掘思政素材，制作授课 PPT。

课堂授课：主讲教师采用讲授法、演示法和探究法等多种教学方法相结合的方式，循循善诱地渗透思政教育。

小组讨论：学生小组讨论生物体内遗传信息传递的具体过程，从而更进一步地了解生物学现象和生命活动的规律。

过程性考核和课后作业：关注学生在课程学习中所表现出来的情感、态度、价值观的变化，如重视学生在课堂讨论等教学环节中表现出的科学探究精神、辩证思维及实践能力。课后，教师根据实际情况，建议学生针对性地阅读与非编码 RNA、组蛋白密码、翻译后修饰等相关的文献，以拓展他们的理论知识。根据学生阅读文献的情况，引导展开讨论并提出针对这些文献的研究课题，旨在培养他们独立思考和解决问题的能力。进一步强化课程内容，将理论与实践紧密结合，渗透课程思政，培养学生的科学精神。

3. 课程思政设计路径

通过课程思政的 SIUE（select-instruct-utilize-evaluate）及层层递进、环环相扣的教学模式建构学科课程思政体系，并立足学情，联系社会实际，充分利用各类育人资源，将专业知识同思政素材的联系更为紧密，以促进学科教学与思政教育有机结合。

（1）个性化甄选课程思政素材（S）

本章节的思政素材丰富，在国家向度、社会向度、个人向度和自然向度等四个向度，生态文明、家国情怀及国际视野、法治意识、科学精神、文化自信、品德修养和职业操守等六个维度均可挖掘思政素材。

（2）精细划分课程思政主体（I）

教学是师生之间的互动过程，在课堂上要注重师生、生生之间的协助互助，并以学生为主体。

师生互动：在教学中，教师举出某些社会热点问题（新冠感染对机体免疫力的影响）的案例，提出问题，引发学生思考；通过分析"试管婴儿"到"单性生殖"的表观遗传机制，启发学生思考和讨论如何看待真核生物基因表达调控。

生生互助：基因编辑和转基因等现代分子生物学技术如何改变基因表达模式，如何正确使用基因编辑获得农业生物新种质？引导学生解决实际问题。教师回顾原核生物、真核生物基因组结构，让学生讨论基因组结构对基因表达的影响。学生总结思考原核生物、真核生物基因表达调控的异同点。

（3）多样化选用信息技术，强化课程思政效果（U）

课前，推送有关基因突变、基因污染和安全防疫等方面的近期热点话题，引发学生的讨论与关注；发布相关文献供学生学习讨论；学生以小组为单位分享原核生物和真核生物基因表达调控的最新研究进展。

课后，通过在线课堂总结相关知识和研究进展，制作知识体系思维导图，通过整理和修改研究报告进一步提升思政效果。

（4）多元化设计课程思政评价体系（E）

教师通过课堂观察、讨论、专项任务、课程论文、课程作业等方式考核转录、翻译等过程及学生对调控机制的掌握与理解，考察对转录后加工、RNA编辑和翻译后修饰的理解，评价学生的伦理意识和社会责任感，包括对科学研究的诚信态度和对生命伦理等问题的思考。

4. 课程思政教学设计

根据教学目标和教学内容，充分挖掘分子生物学课程思政素材，筛选思政功能元素较多的教学资源，制作能体现分子生物学课程思政特点的新课件、新教案，找准教学内容中能融入思政素材的切入点，引用国内学者的研究成果，树立文化自信和增强民族自豪感。在讲解中强化学生"现象观察—发现问题—提出假说—设计实验—假说验证—总结规律"的科学思维，使思政教育与科学思想进行有机衔接和融合。本节课思政教学设计方案见表6-10。

表6-10 "遗传信息的传递"课程思政教学设计方案

教学内容	思政教学目标	切入点	教学设计	教学活动	教学评价
转录	提高科学素养，培养探究精神	科技发展的故事	多媒体播放《侏罗纪公园》电影片段；多媒体播放 DNA 转录过程的动画；Roger 发现真核细胞的转录机制获诺贝尔奖的故事；核酶的发现过程。利用视频和动画使学生更直观地体会科技的神奇，激发学生的科学探究精神	教师提问：酶的本质是蛋白质吗	学生思考回答
转录后加工	树立文化自信，培养刻苦学习的品质和爱国主义精神及科学精神	榜样的力量	施一公院士由一名普通人成长为全球顶级的科学家，毅然放弃国外优厚研究条件和生活待遇，回到祖国推动本土科研发展并带领清华大学研究团队破解 RNA 的加工难题。组建西湖大学，学科建设、人才培养成效显著	教师提供案例增强学生对刻苦学习、报效祖国和学科自信、民族自信、文化自信的意识	学生思考体悟
从 mRNA 到蛋白质	树立环保意识和法治观念，尊重自然，爱护自然	同一地球村，同一套密码子	介绍同位素标记变形虫 RNA 前体实验，RNA 体外合成实验等；通过实验探究过程的学习，激发学生的科学探究精神，形成辩证思维；展示密码子表，无论动植物、微生物都分享着同一套遗传密码，引导学生尊重生命、爱护生命；展示人工合成胰岛素的应用，分析讨论其背后的分子生物学理论	教师提问：血红蛋白由几个基因编码	学生思考讨论并发言

续表

教学内容	思政教学目标	切入点	教学设计	教学活动	教学评价
原核生物和真核生物基因表达调控比较	培养学生的科学探究精神和辩证思维	诺贝尔奖	以色列和美国的三位科学家因发现了泛素调节的蛋白质降解过程，被授予诺贝尔化学奖；赵明磊团队和清华大学刘磊团队明确了 Ubr1 催化泛素化反应的一系列关键结构元件，阐明由 E3 酶介导的蛋白质多聚泛素化的反应机制（Pan et al.，2021） Craig C. Mello 由于在 RNAi 机制研究中的贡献获得诺贝尔生理学或医学奖 Jacob 和 Monod 提出操纵子模型	教师提问：还有哪些这方面的突出贡献	学生思考讨论并发言

参 考 文 献

Fan XJ，Yang Y，Chen CY，et al. 2022. Pervasive translation of circular RNAs driven by short IRES-like elements. Nat Commun，13（1）：3751.

Hallast P，Ebert P，Loftus M，et al. 2023. Assembly of 43 human Y chromosomes reveals extensive complexity and variation. Nature，621（7978）：355-364.

Guang X，Lan T，Wan QH，et al. 2021. Chromosome-scale genomes provide new insights into subspecies divergence and evolutionary characteristics of the giant panda. Sci Bull（Beijing），66（19）：2002-2013.

Johnson ECB，Dammer EB，Duong DM，et al. 2020. Large-scale proteomic analysis of Alzheimer's disease brain and cerebrospinal fluid reveals early changes in energy metabolism associated with microglia and astrocyte activation. Nat Med，26（5）：769-780.

Liu SF，Xu ZY，Leng H，et al. 2017. RPA binds histone H3-H4 and functions in DNA replication-coupled nucleosome assembly. Science，355（6323）：415-420.

Modzelewski AJ，Gan CJ，Wang T，et al. 2022. Mammalian genome innovation through transposon domestication. Nat Cell Biol，24（9）：1332-1340.

Pan M，Zheng QY，Wang T，et al. 2021. Structural insights into Ubr1-mediated N-degron polyubiquitination. Nature，600（7888）：334-338.

Rhie A，Nurk S，Cechova M，et al. 2023. The complete sequence of a human Y chromosome. Nature，621（7978）：344-354.

Wang J，Itgen MW，Wang HJ，et al. 2021. Gigantic genomes provide empirical tests of transposable element dynamics models. Genomics Proteomics Bioinformatics，19（1）：123-139.

Weigelt CM，Sehgal R，Tain LS，et al. 2022. An insulin-sensitive circular RNA that regulates lifespan in drosophila. Mol Cell，79（2）：268-279.e5.

Yan L，Chen J，Zhu XC，et al. 2018. Maternal Huluwa dictates the embryonic body axis through β-catenin in vertebrates. Science，362（6417）：eaat1045.

第七章

"遗传学"课程思政教学设计与典型案例

7.1 "遗传学"课程简介

7.1.1 课程性质

遗传学是研究生物遗传和变异的科学。遗传学是生物科学中十分重要的理论科学，探索生命起源和生物进化的机制。同时，它又是一门紧密联系生产实际的基础科学，是指导植物、动物和微生物育种工作的理论基础，而且与医学和公共卫生等方面有着密切的关系。"遗传学"课程全面系统地介绍了遗传物质的结构与功能、遗传物质的传递、遗传物质的表达与调控、遗传物质的进化等，包括遗传的细胞学基础、遗传物质的分子基础、孟德尔的分离定律和自由组合定律、连锁遗传和性连锁、染色体结构和数目变异、细菌和病毒的遗传基因突变、细胞质遗传、遗传与发育、数量遗传、群体遗传与进化等遗传学知识内容。通过本课程学习，学生将掌握遗传的基本规律、遗传问题的基本分析方法和解析一般遗传现象背后原理的能力，并能将掌握的知识应用到具体生活实践中去。该课程是生物科学专业的核心课程，其先修课程为植物学、动物学、生物化学等。本书以刘祖洞等著，2021年出版的《遗传学》（第4版）为例。

7.1.2 专业教学目标

本课程的专业教学目标是，通过本课程的学习，学生可全面掌握遗传学的基本概念、基本原理、基本研究和分析方法，了解遗传学的最新发展，学会应用遗传学基本原理分析一般遗传问题，同时为进一步学习分子生物学、基因工程等有关课程奠定理论基础。具体目标如下。

掌握遗传学的基本概念、基本原理。理解遗传物质的传递与改变在生物生长、发育与进化中的作用；掌握基因的表达与调控过程；学会应用遗传学基本原理分析一般遗传问题。从遗传学的角度，理解生物繁衍生息和进化与自然界的关系；理解遗传学与其他学科之间的区别与联系。有能力把遗传学理论与生活生产实践和生物学教学结合起来。掌握遗传学学科发展过程中建立起来的假说——演绎法；掌握与遗传学相关的生产活动的基本原理与方法，并指导生产生活实践。

深刻理解遗传学与社会生活的紧密联系，掌握应用遗传学知识理论解决遗传学问题的方法，辩证地解读、分析社会热点问题。应用遗传学知识引领和促进学生学好生物学、认识自然界和运用身边的相关科学知识。

关注国际遗传学研究动态，了解国际遗传学研究的最新进展和"克隆人""转基因安全性"等前沿问题；具有全球意识和开放心态，有能力在遗传与进化知识内容方面同国内外学者和教师探讨及交流。塑造终身学习、积极向上的情感态度。

7.1.3　知识结构体系

该课程包括绪论、孟德尔定律、遗传的细胞学基础、连锁遗传和性连锁、遗传的分子基础、细菌和病毒的遗传、染色体结构和数目变异、基因突变、基因的表达与调控、基因组学、细胞质遗传、数量性状遗传、群体遗传与进化等内容，其知识结构体系见表 7-1。

表 7-1　"遗传学"课程知识结构体系

章节	课程内容
第一章　绪论	1. 遗传学学科的建立与发展历程 2. 遗传学发展过程中有关学说、假说的内容 3. 遗传与变异的关系 4. 遗传学研究的内容与对象 5. 遗传学研究与社会发展的紧密联系
第二章　孟德尔定律	1. 分离定律和自由组合定律的内容及意义 2. 显性基因、隐性基因、基因型、表现型、杂交、测交、回交等概念 3. 棋盘法、分枝法在遗传学有关问题分析中的应用，单项概率的计算 4. 点估计、段估计及卡方测验的计算方法和过程

章节	课程内容
第三章 遗传的染色体学说	1. 染色体的基本结构与特点，组成染色体结构的核小体模型 2. 染色体形态、数目及核型分析，染色体长短臂比，特殊形态染色体 3. 细胞有丝分裂及减数分裂的特征及遗传学意义，动植物配子形成与生活周期史 4. 基因与染色体行为的平行性，遗传的染色体学说
第四章 孟德尔遗传的拓展	1. 基因表达与环境条件之间的关系 2. 复等位基因、共显性、不完全显性、镶嵌显性、拟表型、致死基因、一因多效、多因一效等概念 3. ABO 血型、MN 血型及 Rh 血型的遗传基础 4. 两对非等位基因相互作用的类型（互补作用、显性上位、隐性上位、抑制作用、重叠效应等）及对孟德尔比例的修饰
第五章 遗传的分子基础	1. 证明遗传物质是核酸的三个经典试验内容及过程 2. DNA 双螺旋结构模型提出的背景及主要内容；DNA 的复制、变性和复性过程及其应用；DNA 半保留复制模型 3. 基因的本质特征，基因概念的发展，一个基因一个酶假说等内容 4. 利用遗传互补实验完成顺反测验 5. 基因家族、超基因、假基因等概念 6. 基因工程的基本过程
第六章 性别决定与伴性遗传	1. 性别决定方式，性指数、剂量补偿效应 2. 伴性遗传的规律，伴性遗传、限性遗传、从性遗传等概念 3. 遗传的染色体学说的直接证明 4. 其他类型的性别决定和人类的性别畸形
第七章 连锁交换与连锁分析	1. 连锁交换现象的发现，重组率与交换率 2. 掌握连锁遗传分析的基本方法与三点测交，连锁遗传图的构建与基因定位 3. 顺序四分子分析及真菌类的连锁分析 4. RFLP 等分子标记技术在连锁图谱构建上的应用；人类基因组计划
第八章 细菌和噬菌体的重组和连锁	1. 细菌和病毒在遗传学研究中的作用 2. F 因子、Hfr、F'，高频重组，性导 3. 中断杂交作图的过程 4. F 因子整合到细菌染色体的过程和细菌的交换过程，细菌交换的特点 5. 细菌和噬菌体的遗传分析与作图 6. 烈性噬菌体和温和噬菌体、溶原性细菌 7. 转导、特异性转导与普遍性转导
第九章 数量性状遗传	1. 群体的变异 2. 数量性状的特征及数量性状的多基因假说 3. 数量性状与质量性状的关系 4. 遗传研究的基本统计方法，遗传参数的估算及其应用 5. 遗传率 6. 近亲繁殖与杂种优势，近交的遗传学效应；杂种优势的实践利用

续表

章节	课程内容
第十章 遗传物质的改变（一）——染色体畸变	1. 染色体结构的变异：研究染色体畸变的几种好材料；染色体结构变异的形成、类型与特点 2. 染色体数目变异的类别及其遗传表现和在实践中的应用：单倍体及同源、异源多倍体，非整倍体等 3. 染色体结构变异的遗传学效应及应用
第十一章 遗传物质的改变（二）——基因突变	1. 基因突变的时期和特征：基因突变的性质及突变率 2. 基因突变与性状表现：自发突变的原因 3. 基因突变的鉴定 4. 基因突变的分子基础：碱基类似物的诱发突变及诱变剂，基因突变与细胞的癌变 5. 诱发突变：辐射、紫外线照射、化学诱变 6. 诱变在育种上的应用
第十二章 重组、转座与 DNA 损伤修复	1. 遗传重组的类型 2. 遗传重组的分子机制 3. 转座与转座因子 4. DNA 损伤的修复
第十三章 细胞质和遗传	1. 细胞质遗传的概念和特点 2. 母性影响 3. 叶绿体及线粒体遗传 4. 共生体和质粒决定的染色体外遗传 5. 植物雄性不育及其应用
第十四章 基因组	1. 基因组概论 2. 人类基因组计划
第十五章 基因表达与基因表达调控	1. 原核生物的基因表达调控 2. 大肠杆菌乳糖操纵子模型 3. 大肠杆菌色氨酸操纵子 4. 真核生物的基因表达调控 5. 表观遗传学现象
第十六章 遗传与进化	1. 群体的遗传平衡，基因频率与基因型频率 2. 改变基因平衡的因素 3. 达尔文的进化学说及其发展 4. 物种的形成

7.2 "遗传学"课程思政

7.2.1 课程思政特征分析

1. 遗传学发展中的重大发现充分体现了科学探索精神和科学家的人格素养

科学研究活动是人类认识事物本质及其运动变化规律的重要实践，科学的重大发现往往需要缜密而巧妙的思维、求真务实的态度、战胜困难的坚定意志和坚韧品格及义无反顾的科学献身精神，这些特质在遗传学的重大发现过程中得到了完美的体现。孟德尔自 1857～1865 年进行了长达 8 年的豌豆杂交实验，发现了遗传性状的分离和自由组合定律，并通过严谨的科学统计，最终发现了遗传学分离定律和自由组合定律。与他同时期的许多动物和植物育种专家也进行了杂交育种的探索，并且也注意到了子代性状的分离，但均未通过单个性状的系统统计来尝试遗传分析。在长期的豌豆杂交实验中，他先后进行了超过 10 000 株的杂交，单独保存了大量的杂交和自交子代实验苗。但在论文发表后，他的遗传发现没有得到科学界的重视。直到 35 年后其他三位科学家重新证明了孟德尔的发现，从而开启了现代遗传学的时代。

Barbara McClintock 对遗传转座子的发现则清楚说明了"在科学上没有平坦的大道，只有不畏劳苦沿着陡峭山路攀登的人，才有希望达到光辉的顶点"。McClintock 在进行转座子研究之前，已经首次在植物材料（玉米）中验证了摩尔根在果蝇中发现的连锁互换定律，开创了新兴学科——细胞遗传学，得到了学术界的广泛认可。此后她通过对玉米籽色变化的长期（达 6 年）研究，揭示了玉米籽色变化的机制，提出了转座子的遗传理论，但转座子（跳跃基因）的概念与当时主流学术界所认为的基因在染色体上的位置是固定不变的观念相矛盾，因而受到了主流学术界的抵制。但她并未放弃，仍然坚持严谨的科学精神与正确的科学道路，终于在转座子理论提出 30 多年后获得了诺贝尔奖。

Avery 在提出 DNA 是遗传信息载体时饱受争议，一直没有得到学术界的认可。但他坚持自己的发现，继续完善自己的实验，通过一系列严密和完善的实验证实了自己的观点，为世人揭示了遗传物质的奥秘。

2. 遗传现象和机制，利于输出正确的世界观与价值观

遗传是自然界尤其是生物圈多样性和复杂性的基础，其中的一些现象和机制对于学生树立正确的世界观、价值观有帮助，可以和思政教育内容紧密结合，辅导学生建立正确的"三观"。例如，进化论认为生物从低等到高等、从简单到复杂地不断演化，是受到物种不断适应环境和生存竞争的驱动，这一方面反映出个人要具有主动适应环境，与他人、社会协调发展的观念，同时也应具备积极进取、创优争先的竞争精神。另一方面，也要坚定地批判和反对社会达尔文主义的庸俗观念，严格界定达尔文学说的适用范围，帮助学生树立起正确的自然观念与社会观念。

在阐述作物重要经济性状（如产量、籽粒重、株高等）的微效多基因控制机制时，可强调正是大量微效基因的累加作用使得作物表现出高产等优良性状，进而联系在学习和工作中"众人拾柴火焰高，众人划桨开大船"所蕴含的团结精神。团结出凝聚力、出生产力、出战斗力。

在人类遗传与民族、人种特征及遗传疾病等方面的课程内容中，遗传的客观原理阐述了人类的共同起源和不断融合，反映出了种族歧视论的荒谬之处。同时，中华民族在遗传基础上的高度同质性和长期交流与融合发展，也有利于传承中华民族的团结精神。通过对遗传疾病背后原理的了解，可以帮助学生建立对遗传疾病的正确认识，倡导优生优育，同时避免对患者的歧视心理。

3. 利用传播正能量的中国故事和校友先进事迹，提升民族自信，倡导校训精神内核

中国对遗传学的发展有重大贡献，在介绍遗传学发展中的重要历史事件时，可选择我国重要的研究成果作为教学内容的补充，这为课程思政中讲好中国故事、传播正能量提供了素材，能够让学生切实感受到中国遗传学家所做的杰出贡献，培养学生的民族自豪感，激发学生努力学习遗传学的兴趣和动力。例如，我国实验胚胎学创始人童第周，在 1978 年就成功进行了黑斑蛙的克隆试验。他把黑斑蛙红细胞的核移入去除了核的黑斑蛙的卵中，结果卵发育成了蝌蚪，这比欧洲多莉羊的克隆早了近 20 年，开创了中国克隆技术的先河，受到了国际生物界的认可。被称为"中国遗传学之父"的美籍华裔科学家李景均为中国的遗传学、生物统计学的发展做出了重要贡献，他在 20 世纪 40 年代著述的《群体遗传学》先后在美国和苏联出版，影响了整整一代的遗传学家。他提出的随机双盲对照实验是现在仍然实施的评估药物疗效的黄金标准。又如，中国对人类基因组计划的实际贡献率为 1%，彰显了我国科学家主动参与国际重大科研计划的实力和担当。而我国主导了后续的水稻基因组计划，进入 21世纪后更是独立完成了多个重要物种的基因组测序，如由西南大学完成的家蚕基因组测序。这一系列的讲解，体现了中国的进步和不断强大，必将进一步激发学生的爱国热情、强国志向，树立学生对中国特色社会主义道路的理论自信，增强学生的民族自豪感，激励他们为中华民族伟大复兴的中国梦增砖添瓦，为参与我国社会主义现代化建设、构建人类命运共同体不懈努力。在讲授植物质核互作雄性不育的知识点时，可重点介绍"杂交水稻之父"——西南大学校友袁隆平院士的科研成长经历。他通过发现试验田里"鹤立鸡群"的稻株是"天然杂交稻"，明确了水稻存在明显的杂交优势现象，从而坚定了从事杂交水稻研究的决心。可激励学生学习他热爱祖国、一心为民、造福人类的崇高品德，与时俱进的创新精神，勇于追求的坚强意志和严于律己的高尚情操。同时，倡导校训的精神内核，激发学生的爱校热情。

4. 遗传学的快速发展与现代生命观念的思政教育有机结合

遗传学是生命科学中发展最快的学科之一，遗传学中的许多重大发现与人们的生活质量、生命健康乃至人类发展的未来走向息息相关。遗传学的发展对人类遗传病的攻克起着关键作用，但科学的发展是一把双刃剑，如果科学技术用于不被允许的领域，则可能产生未知的灾难后果。例如，基因编辑技术是近年来发展起来的技术，在人类遗传病的攻克、作物的定向培育等方面具有不可估量的应用价值，但将此技术用于人类胚胎基因编辑则违背了伦理道德，是不合法的。在讲授基因工程时，针对"基因编辑婴儿"这一话题，引导学生进行科学道德和伦理的思考，让学生明白尊重生命的重要性，领悟恪守职业道德底线和遵守科学道德的深刻含义。"基因编辑婴儿"虽然在技术上可以实现，但违背了生命科学的人类伦理，是国际社会明令禁止的，希望同学们以后在生命科学相关领域的学习和工作中，能严格遵守人类伦理规则和学术伦理规范，恪守职业道德底线，利用自己的知识及智慧造福人类，为人类进步和社会发展贡献自己的力量。随着遗传学的发展，许多遗传病发病机制也得到了阐明，因此我们要科学地看待遗传病，同时要能正确地对待疾病衰老等自然现象。

7.2.2　课程思政教学目标

遗传学课程蕴含了丰富的思政德育素材，通过合适的方式在恰当的时机向学生进行思政教育内容宣讲，能够完成知识传授与价值引领的有机结合，让学生在知识内化的过程中全面提升思想水平、道德品质、科学素养，实现"全员育人、全程育人、全方位育人"的思想政治教育目标。

7.2.3　课程思政素材

1. 创新精神

创新的重要性不言而喻，党的十八届五中全会《中共中央关于制定国民经济和社会发展第十三个五年规划的建议》指出，创新是引领发展的第一动力。科学的教育是培养学生创新精神和创新思维的根本途径，这就要求在教学中保护学生的个性发展，讲授创新的重要性和培养创新的思维。"现代遗传学之父"孟德尔的遗传实验不仅提供了科学的实验方法和严密的实验思路，还蕴含着丰富的创新元素，可作为培养学生创新精神、创新思维的优质素材。在孟德尔那个时代，人们普遍相信融合遗传的说法。可是孟德尔并没有人云亦云，他注意到这种说法的不合理之处，并且从批判性思维的视角出发，查阅大量的资料，同时结合自己豌豆杂交实验的结果，提出了创新性的遗传定律。此外，孟德尔又开创了应用数学方法研究生物遗传问题的先河，将数学模型引入生物学。孟德尔通过分析统计结果，提出了遗传因子假说，这也体现出其超凡的抽象思维和想象思维能力。孟德尔科学创新的遗传思想和遗传理论正是他出色的创新思维的结晶。

2. 敬畏、珍爱生命

遗传学可探索生命的起源和生物进化的机制，可以使学生理解生命起源和进化的漫长历程，从而更加珍爱生命和敬畏生命。在漫长的生物进化历程中，面对一次次生存环境的改变，生物不断进化以适应新环境，才得以延续至今。珍爱生命，要有不畏艰难的意志，在克服困难的拼搏中享受快乐。要有健康的心态，生命本脆弱，珍爱生命，任何的困难都影响不到生命的坚韧。珍爱生命也应尊重爱护他人的生命，我们不能做伤害他人之事，当他人生命出现危机时，要挺身而出给予帮助，为让生命更坚韧贡献自己的一份力量。生命的起源和进化如此来之不易，我们要倍加珍惜，生物进化的历程使大自然物种丰富多彩，也让我们感受到生命的伟大，对生命产生敬畏之心。在对待其他物种生命时，不虐待它们和不轻视它们的生命是基本要求，因为它们的生存也为我们人类的发展贡献了力量，我们应尊重敬畏每个生命的存在。

3. 树立科学精神和科学态度

科学精神和科学态度的树立并不是一蹴而就的，这是需要不断学习和培养的，学习并树立科学精神和态度是学生成长的重要内容。遗传学包含了无数先辈探索的知识结晶，也蕴含着先辈的科学精神和科学态度。孟德尔揭示遗传规律的过程不仅教授了严谨正确的研究方法，还传递锲而不舍的理性探索精神和敢于突破、勇于创新的精神。一丝不苟、实事求是、求真务实是科学态度的基本要求，在遗传实验的教学上，培养学生学以致用的同时，也可以帮助学生树立实事求是、求真务实的科学态度。引导学生自主设计实验，培养学生的创造和探索精神。引导学生自主完成实验过程，培养学生实践和团队合作精神。在对实验数据进行收集和分析时，培养学生求真求实的学术诚信精神和严格精确的分析精神。

4. 家国情怀

家国情怀就是要秉承中华文化，要具有强烈的民族自豪感，忠于祖国，忠于人民。它是一个人的立德之源，是支撑中华民族生生不息的重要精神力量。学生是祖国未来发展的主力军，将家国情怀融入学生的学习生活中，能进一步培育学生的担当意识和责任感，从而推动国家的发展，实现个人的价值。1973 年，袁隆平选育出了第一个应用于生产的不育系，宣告中国杂交水稻"三系"已经配套。随着杂交水稻在国内大面积推广，水稻产量得到了大大的提高，在他的带领下，中国杂交水稻技术在国际上遥遥领先，袁隆平也被誉为"杂交水稻之父"。他将全部心血倾注于杂交水稻事业，为人类战胜饥饿带来了绿色的希望和金色的收获。袁隆平院士对国家和人民所表现出来的深情大爱，将自己的理想紧密同祖国的前途联系在一起，充分体现了家国情怀这一元素，是帮助学生培养家国情怀的良好素材。施一公团队首次揭示了高分辨率酵母剪接体三维结构及其对前体 mRNA 进行剪接的分子机制，为生命科学领域做出了原创性突破，同时，也激励了学生要为社会、国家发光发热，要为祖国发展贡献自己一份力的决心。这些素材的充分运用可以提升学生对国家的归属感、责任感和使命感，有利于培养出一批有信仰、有情怀、有担当，对国家、对民族、对人民有贡献的大学生。

5. 开阔专业视野格局

视野决定格局，格局成就人生。格局大才能海纳百川，格局小就只能门缝里看世界，成为井底之蛙。帮助学生开阔视野提升格局，使学生明确学习目标和树立高远志向。在讲授书本知识的基础上，可以结合时事热点和生物产业发展情况的典型案例，给学生介绍相应知识的前沿领域及最新成果，以开阔学生视野，使学生在更好地理解知识的同时也了解了知识的应用和前景，增加对专业的热爱和兴趣，缩小对科学及科学研究的距离感，体会到科学离我们并不远，我们一直在享受着科学技术带来的成果。科学家距我们也并不远，努力学习致力科学研究，我们就是科学家。还可以结合生活中常见的生物现象，将知识联系实际，使学生发现身边的科学，从知识的角度看到事物的本质。

遗传学中的思政教育元素还有很多，只要教师关注科研热点和研究进展，潜心挖掘思政教育元素并将其与课程教学有机融合起来，就有助于"遗传学"课程思政取得更好的教育效果。教学内容与相关课程思政素材见表 7-2。

表 7-2 "遗传学"教学内容与相关课程思政素材

章节	思政素材	思政维度
第一章 绪论	我国古代对遗传与变异的看法 遗传学发展史 我国遗传学发展史	家国情怀 科学精神、法治意识 政治认同、文化自信
第二章 孟德尔定律	孟德尔 8 年豌豆杂交试验 孟德尔定律的再发现	科学精神
第三章 遗传的染色体学说	配子形成与生命的多样性 遗传因子与染色体在细胞分裂中的平行性 遗传染色体学说的证明	公民品格 科学精神
第四章 孟德尔遗传的拓展	多基因互作 谈家桢教授对异色瓢虫的研究与镶嵌显性现象	科学精神 家国情怀、文化自信
第五章 遗传的分子基础	证明 DNA 是遗传物质的三个经典实验内容及过程 我国的测序工作走在世界前列	科学精神 政治认同、文化自信
第六章 性别决定与伴性遗传	性别决定的复杂多样性 人类伴性遗传病与性别畸形 遗传染色体学说的证明	科学精神 品德修养
第七章 连锁交换与连锁分析	连锁互换规律的发现 有丝分裂同源染色体的交换 基因连锁图的绘制	科学精神
第八章 细菌和噬菌体的重组和连锁	Lederberg 接合转化实验分析 超级细菌 新冠病毒基因组研究及疫苗研发	科学精神、生态文明 政治认同、文化自信
第九章 数量性状遗传	身边的育种科学家 杂种优势的发现及特点 我国粮食作物的育种实践	品德修养 科学精神 政治认同、文化自信
第十章 遗传物质的改变（一）——染色体畸变	我国家蚕育种实践的研究 鲍文奎教授的八倍体小黑麦 无核果树品种（枇杷）的选育主要是通过多倍体育种途径 通过孕检手段降低染色体疾病患儿的出生率，实现优生优育 讲染色体结构畸变时，讲述天才指挥家舟舟的故事，引导学生关心弱势群体，作为健康人群要更加努力学习	政治认同、文化自信 品德修养 科学精神
第十一章 遗传物质的改变（二）——基因突变	环境因素的诱变作用 我国辐射诱变育种进展 太空辐射育种的研究进展	生态文明 品德修养、科学精神 政治认同、国际视野

章节	思政素材	思政维度
第十二章　重组、转座与 DNA 损伤修复	同源重组的分子机制 Barbara McClintock 在玉米中发现转座子 重组与突变修复的辩证关系	科学精神 品德修养
第十三章　细胞质和遗传	细胞核与细胞质在控制性状表现中的辩证关系 袁隆平超级水稻育种历程 国家对袁隆平杂交水稻研发的支持	科学精神 品德修养、全球意识 政治认同
第十四章　基因组	我国是人类基因组计划的参与国之一 2017 年，我国首次启动"中国十万人基因组计划"	文化自信、国际视野 科学精神
第十五章　基因表达与基因表达调控	大肠杆菌乳糖操纵子模型 真核生物的基因表达调控 表观遗传学现象 基因编辑技术的规范	科学精神 法治意识
第十六章　遗传与进化	生物进化学说的发展 达尔文环球考察 19 世纪 30 年代拉马克"获得性遗传"观点，曾备受学术界批评，如何从表观遗传学发展看待这个观点	国际视野 科学精神 品德修养

7.3　"遗传学"课程思政教学典型案例

7.3.1　案例一

遗传学发展史上的中华文明与文化自信
——以"绪论"（部分内容）为例

1. 教学目标

认知类目标：了解遗传学在中国的发展史。

情感、态度、价值观目标：通过了解早期遗传学思想在生产生活上的应用，以及中国遗传学家对遗传学发展的贡献，培养学生文化自信。

方法类目标：掌握早期遗传学思想；能够通过图书馆或网络检索查询遗传

学发展的相关文献资料，辩证分析遗传学的有关思想。

2. 教学流程设计

学习任务发布：提前三天，发布学习任务和学习要求，上传课件"绪论"及扩展阅读资料。扩展阅读《天工开物》《神农本草经》等我国古代著作，了解我国古代"物种发展变异"和"动物杂交培育良种"等遗传变异理论。

授课准备：课程团队集体备课，充分挖掘思政素材，制作授课 PPT。

课堂授课：主讲教师采用讲授法和小组交流讨论相结合的方式，以具体实例渗透思政教育。

小组讨论：古代动植物品种培育中的遗传学思想。

过程性考核和课后作业：关注学生在课程学习中所表现出来的情感、态度、价值观的变化，重视对学生在课堂讨论中表现出的分析能力等方面的考查，以进一步引导学生树立起正确的唯物辩证观和科学史观。课后让学生查阅资料，辩证地分析我国古代生产生活实践中发展的如"橘逾淮为枳""牡丹岁取其变者以为新"等遗传学思想或理论。

3. 课程思政设计思路

（1）设定课程思政目标

了解古人对遗传学的认识、发展过程及其利用遗传学认知指导人类生产生活的具体实践。了解中国古代遗传学知识对遗传学发展的启示和影响，增强民族自豪感和中华文明的文化自信。

（2）挖掘课程中蕴含的思政素材

1）增强民族自豪感和文化自信

通过了解古人对遗传学的认识和利用，以及对遗传学发展的启迪和影响，可以得知，中国古人很早就对遗传有了一定的认识，并且利用遗传变异来促进生产、提高人民生活水平。我们祖先留下了很多对传统生物学的发展产生深远影响的重要著作。增强学生对自己民族品格和地位的自豪感，加深他们对祖国和民族悠久历史与灿烂文化的理解，让他们对祖国和民族在历史发展中所取得的成就感到骄傲，同时树立对中华文明的文化自信，并认识到人类对文明发展做出的贡献。

2）爱国主义精神和社会责任感

宋应星编著的《天工开物》是世界上第一部关于农业和手工业生产的综合性著作，是中国古代一部综合性的科学技术著作，是一部百科全书式的著作。外国学者称它为"中国 17 世纪的工艺百科全书"。该著作极大地推动了我国经济、社会的全面发展，体现了我国古代科学家关心国家前途和民族命运的爱国思想。

（3）现代遗传学发展中的中国元素

我国人民在长期的生活和生产实践中，积累了大量关于遗传和变异的知识，但多局限于直观的描述和感性认识，停留在较为简单的思辨性猜测和推理中。对遗传和变异现象，还缺乏在理论观念的指导下，进行系统性的实验研究，并未形成较为完整的科学理论。

中国现代遗传学开创于 20 世纪初期。1923 年，陈桢开始对金鱼的变异和遗传、起源和演化等方面进行系统研究，这是我国遗传学家最早开展的遗传学实验工作。1927 年，李汝祺的论文《果蝇染色体结构畸变在发育上的效应》，发表在美国 *Genetics* 杂志上。这是世界上较早研究发生遗传学的一篇经典性文献。1944 年，谈家桢把在亚洲异色瓢虫杂交后代身上发现的新的显性现象正式定名为"镶嵌显性"现象。1946 年，谈家桢通过对亚洲异色瓢虫镶嵌显性现象的形成机制和规律的深入研究，提出了著名的"镶嵌显性理论"。他的论文《异色瓢虫 *H. axyridis* 色斑遗传中的镶嵌显性》在 *Genetics* 上发表，受到国际遗传学界的高度重视，被认为是遗传学研究中的一个经典性工作，是对孟德尔-摩尔根遗传理论的丰富和发展。这些工作，都是我国科学家为现代遗传学发展做出的贡献。中国元素在遗传学教学中的体现，将更能提升学生的学习兴趣与科研自信。

4. 课程思政教学设计

本部分内容具体的教学设计方案见表 7-3。

表 7-3 绪论（部分内容）课程思政的教学设计方案

教学内容	思政教学目标	切入点	教学设计	教学活动	教学评价
导入	稻作文化是长江流域文明的重要特征，也是中华民族古文化的重要组成部分	河姆渡遗址展出的实物有距今约 7000 年前的稻谷	浙江余姚河姆渡遗址距今约 7000 年前的稻谷堆积层，据折算，在第一期发掘的 400 多平方米的遗址内，有总重约达 120t 的稻谷堆积层，有的稻谷和谷壳、稻秆、稻叶交叉混杂叠压，一般厚度达 20～50cm。刚出土时的稻谷色泽金黄，这在同时代的考古历史上是极为罕见的。它比泰国的奴奴克塔遗址出土的稻谷还要早数百年，比印度卢塔尔稻谷还要早约 3000 年	教师提问：这么巨型的稻谷堆积说明了什么 学生：思考，回答问题	学生讨论发言

续表

教学内容	思政教学目标	切入点	教学设计	教学活动	教学评价
古人对遗传的认识和利用	培养学生民族自豪感和对中华文明的文化自信	中国人早期育种工作	中国人很早就开始作物育种工作，并积累了宝贵的经验 春秋时代"桂实生桂，桐实生桐" 战国末期"种麦得麦，种稷得稷" 东汉王充"万物生于土，各似本种" 战国时期《考工记》"橘逾淮而北为枳""牡丹岁取其变者以为新" 汉朝的《氾胜之书》和北魏贾思勰的《齐民要术》对选种留种就曾作过系统详细的记载	教师提问：这些记载体现什么思想 学生：思考，回答问题	学生思考讨论发言
生物变异、遗传和选择	树立文化自信，培植科学精神	宋应星生物遗传变异和选择的思想直接为达尔文进化理论提供了论据	宋应星在《天工开物》上篇的《乃服》中详细论述了蚕种杂交育种："凡茧色唯黄、白二种，川、陕、晋、豫有黄无白，嘉、湖有白无黄。若将白雄配黄雌，则其嗣变成褐茧。……凡蚕形亦有纯白、虎斑、纯黑、花纹数种，吐丝同。今寒家有将早雄配晚雌者，幻出嘉种，一异也"。宋应星在论述蚕种各类变异后，又论述蚕种杂交以培育更为优良的家蚕品种，与现代遗传学分析结果是一致的，蚕种杂交思想是对人工选择原理的自觉运用。宋应星论述的早蚕种卵选择过程更直接清晰地体现出对人工选择原理的认识。蚕卵在天寒时用天然露水、石灰水或盐卤水浸，经此过程，抵抗力低的劣种蚕卵被淘汰杀死，保留下来的良种则抵抗力强，吐丝多。同时蚕浴的过程也是消毒的过程。这种办法基本就是物竞人择，优胜劣汰了	教师：讲解宋应星论述的蚕种杂交育种过程，强调所体现的选择与进化思想 学生：思考，讨论	学生思考讨论发言
现代遗传学在中国的发展	介绍我国科学家为现代遗传学发展做出的贡献，提升学生学习兴趣与科研自信	中国现代遗传学的早期研究	1923年，陈桢开始对金鱼的变异和遗传、起源和演化等方面进行系统研究，这是我国遗传学家最早开展的遗传学实验工作。1927年，李汝祺的论文《果蝇染色体结构畸变在发育上的效应》，发表在美国 Genetics 杂志上。这是世界上较早研究发生遗传学的一篇经典性文献。1944年，谈家桢把在亚洲异色瓢虫杂交后代身上发	教师：讲解现代遗传学在中国的发展历史 学生：思考，讨论	学生思考交流

续表

教学内容	思政教学目标	切入点	教学设计	教学活动	教学评价
现代遗传学在中国的发展			现的新的显性现象正式定名为"镶嵌显性现象"。1946年，谈家桢通过对亚洲异色瓢虫镶嵌显性现象的形成机制和规律的深入研究，提出了著名的"镶嵌显性理论"。他的论文《异色瓢虫 *H. axyridis* 色斑遗传中的镶嵌显性》，在 *Genetics* 发表，受到国际遗传学界的高度重视，被称为遗传学研究中的一个经典性的工作，是对孟德尔–摩尔根遗传理论的丰富和发展		

7.3.2 案例二

遗传学理论的应用与家国情怀和社会责任感的培育
——以"植物雄性不育及其应用"为例

1. 教学目标

知识目标：理解植物雄性不育的概念及类型；掌握植物雄性不育的遗传机制及其应用；了解杂交水稻三系配套及其应用。

能力目标：培养学生运用所学的遗传学原理与方法，分析、解决实际问题的能力；训练学生独立思考、提出问题、发现问题的能力。

情感、态度、价值观目标：通过讲述袁隆平及其团队研究杂交水稻时所展现出的家国情怀与社会责任感、爱岗敬业及团队合作精神，对学生开展价值观和责任意识教育；通过介绍党和国家对杂交水稻研发过程的关心和支持，增强学生对中国共产党的领导和我国政治制度的政治认同。

2. 教学流程设计

学习任务发布：提前一周，发布学习任务和学习要求，在学习通上上传课件"植物雄性不育"及扩展阅读资料，提供慕课链接（复旦大学，乔守怡"遗传学"）。扩展阅读如"水稻育种学""杂种优势利用的分子机理"等文献，了解植物雄性不育的遗传基础及在生产上的应用。

授课准备：课程团队集体备课，充分挖掘思政素材，制作授课PPT。

课堂授课：主讲教师采用讲授法和小组讨论相结合的方式，以具体案例渗透思政教育。

小组讨论：植物雄性不育性产生的分子机制及其应用。

过程性考核和课后作业：关注学生在课程学习中所表现出来的情感、态度、价值观的变化，重视对学生在课堂讨论中表现出的对植物雄性不育有关问题的分析能力等方面的考查。课后作业中设计渗透思政素材的实践环节。

3. 课程思政设计路径

以袁隆平研究杂交水稻的过程为主线，通过查阅资料、教师讲解、小组讨论等方式，在讲授植物雄性不育的遗传机制等知识内容的同时，以视频、照片、新闻报道等方式展现杂交水稻的研发过程。介绍从野败型水稻雄性不育株的发现到三系二区法生产杂交水稻的艰难研发过程，让学生感受到袁隆平及其科研团队所展现出的家国情怀与社会责任感、爱岗敬业及团队合作精神，从而在思想上产生认同和共鸣。

（1）运用经典案例提高学习驱动力与学习兴趣

课堂实施过程中，通过袁隆平杂交水稻研发的经典案例，引导学生了解相应的知识点，从关注民生、粮食安全角度让学生理解掌握植物雄性不育的遗传基础与实际应用，使学生真正体会到所学知识是可以用来造福国家和人民的，从而激发学生学习的内在驱动力与学习兴趣，有效地提高学习效率。

（2）知能相长、思政先行

立德树人是教育的根本任务，知能相长、思政先行理念需渗透到教学工作的日常，将思政素材渗透到教学的每一个环节。本节课以袁隆平杂交水稻研发为主线，在讲授专业知识的同时，应注重将袁隆平及其团队在攻坚克难过程中表现出的家国情怀与社会责任感，爱岗敬业、团队合作的精神内核，以及成功背后党和国家的关怀与支持的政治认同等思政素材传达给学生，从而实现"价值塑造、知识传授、能力培养"的多元统一。

（3）任务驱动，提高学习主动性

课前布置任务，让学生搜集有关袁隆平杂交水稻研发的相关内容，学生根据任务线索，自主或以小组形式查阅资料、展开讨论、探索知识。在原有的知识基础上，自主归纳新知，自主构建知识体系，从而提高学生学习的主动性。

4. 课程思政教学设计

根据教学目标和教学内容，充分挖掘课程思政素材，收集支撑教学内容的多种形式的教学资源。本节课思政教学设计方案见表 7-4。

表 7-4　"植物雄性不育及其应用"课程思政教学设计方案

教学内容	思政教学目标	切入点	教学设计	教学活动	教学评价
导入	粮食生产与国家安全，中国人的饭碗要端在自己手上	家国情怀	课前，让学生在网上查阅有关袁隆平杂交水稻的相关新闻。因此一开始就可以向同学们提问：袁隆平培育的超级杂交水稻亩产最高多少公斤？前期学生们已查阅资料，所以通过学生们的回答，可顺势对袁隆平院士及其相关研究做简单介绍	教师提问：袁隆平培育的超级杂交水稻亩产最高多少公斤① 学生：根据课前查阅资料回答问题	学生发言
植物雄性不育的概念及类型	敢于质疑、勇于创新的科学精神	对经典遗传学理论的挑战	通过袁隆平这个案例，学生思考袁隆平为什么要进行杂交水稻研究？其意义和遗传背景是什么？然后以袁隆平第一篇论文《水稻的雄性不孕性》发表为例，引出雄性不育相关概念 雄性不育植物不能产生有功能的花粉粒，但雌性生殖系统发育正常，能接受正常花粉受精结实。正是因为其这个特点，所以在一些自交作物中，选择这种个体作母本，可以解决杂交制种过程中人工去雄的难题。 传统观点认为自花授粉作物没有杂种优势	教师提问：杂交水稻研究过程中，首先要解决的难题是什么 学生：思考，讨论，给出答案	学生讨论和发言
植物雄性不育的类型及其遗传机制	增强学生的民族自豪感和爱国热情	我国在植物雄性不育遗传机制及应用方面的研究处于世界领先地位	结合我国科学家在雄性不育遗传机制方面取得的研究成果展开讲述，如我国湖北发现的光敏核不育水稻、山西发现的太古核不育小麦；在介绍核质互作不育型时，重点介绍我国第一株野生不育株水稻"野败"的发现过程	教师提问：为什么说质核互作不育型的遗传基础决定了其在实践中的利用价值 学生：思考，讨论，给出答案	学生思考、讨论、发言
质-核互作雄性不育的应用	团队合作精神的培养	多个研究机构的科研人员为筛选适合	杂交水稻是基于植物雄性不育性进行杂种优势利用最成功的例子。我国是最早实现"三系"配套生产杂交水稻的	教师提问：水稻"三系"之间的关系如何 学生：思考，	学生思考、发言

---

① 1 公斤=1kg。

续表

教学内容	思政教学目标	切入点	教学设计	教学活动	教学评价
质－核互作雄性不育的应用		的保持系和恢复系及杂交组合做了大量的工作	国家。以袁隆平"三系二区法"（三系即不育系、保持系、恢复系；两区即繁殖区、制种区）生产杂交水稻为例，既讲其生产原理，又介绍生产杂交水稻的艰难研发历程，从不育系的发现、实用性不育系的选育（如珍汕97A），到保持系和恢复系（如明恢63）的筛选，历尽千辛万苦，终于获得成功（如汕优63）	讨论，给出答案	

参 考 文 献

陈甲法，周子键，李欢欢，等. 2022. "遗传学"课程思政的教学探索. 教育教学论坛，（26）：129-132.

李雅轩，张飞雄，赵昕，等. 2022. 思政元素在遗传学教学中的融合探索. 首都师范大学学报（自然科学版），43（4）：68-74.

张连忠. 2022.《遗传学》课程思政元素的挖掘与运用研究. 产业与科技论坛，21（10）：159-161.

张如华，张连梅. 2022. 高校遗传学课程思政教育的实践和探索. 教育教学论坛，（39）173-176.

Kannenberg LW.1999. Maize Genetics and Breeding in the 20th Century. World Scientific.

Liu YS. 2018. Darwin and mendel：the historical connection.Advances in Genetics，102：1-25.

Nicholas FW，Mäki-Tanila A. 2015. An important anniversary：150 years since Mendel's laws of inheritance made their first public appearance.Journal of Animal Breeding and Genetics，132（4）：277-280.

Parker-Gibson N. 2013. Profiles in science for science librarians：Barbara McClintock：seeing what is different. Science Technology Libraries，32（4）：315-329.

Reichert H. 2017. How the humble insect brain became a powerful experimental model system. Journal of Comparative Physiology，203：879-889.

Schwarzbach E，Smýkal P，Dostál O，et al. 2014. Gregor J. Mendel-genetics founding father. Czech Journal of Genetics and Plant Breeding，54（2）：43-51.

Smykal P. 2014. Pea（*Pisum sativum* L.）in biology prior and after Mendel's discovery. Czech Journal of Genetics and Plant Breeding，50（2）：52-64.

第八章

"细胞生物学"课程思政教学设计与典型案例

8.1　"细胞生物学"课程简介

8.1.1　课程性质

细胞生物学是应用现代物理学与化学的技术成就和分子生物学的概念与方法，研究细胞基本生命活动规律的科学，是生命科学的基础学科和前沿学科。细胞生物学课程是生物科学及相关专业的必修基础课程，为生命科学的主干课程之一，其先修课程为植物学、动物学、生物化学、遗传学、微生物学等。本书以丁明孝等编，2020 年出版的《细胞生物学》（第 5 版）为例。

8.1.2　专业教学目标

通过本课程的学习，学生应达成以下专业教学目标。

明确细胞基本结构与功能的相互关系，掌握细胞生命进程调控机制等基本知识，能用所学知识分析细胞生命活动机制和疾病发生分子机制。

了解细胞生物学学科发展过程和各种研究方法，集合物理、化学等其他学科，具备运用细胞生物学研究方法解决实际科学问题的能力。

能融合与应用细胞生物学与其他学科，明确细胞生物学在生命科学发展中的地位和价值。列举细胞生物学对维护人类健康、促进科学进步等方面的贡献。引导学生热爱科学、尊重生命，培养学生具有正确的科学研究态度和高超的科学素养。

8.1.3 知识结构体系

该课程主要分为三个教学板块，即细胞基本知识、细胞的结构与功能、细胞重大生命活动及其分子调控机制。其课程知识结构体系见表8-1。

表8-1 "细胞生物学"课程知识结构体系

知识板块	章节	课程内容
一、细胞基本知识	第一章 绪论	1. 细胞生物学研究内容与发展简史 2. 细胞的统一性与多样性
	第二章 细胞生物学研究方法	1. 细胞形态结构的观察方法 2. 细胞及其组分的分析方法 3. 细胞培养与细胞工程 4. 细胞及生物大分子的动态变化 5. 模式生物与功能基因组的研究
二、细胞的结构与功能	第三章 细胞质膜	1. 细胞质膜的结构模型与基本成分 2. 细胞质膜的基本特征与功能 3. 细胞的社会联系
	第四章 物质的跨膜运输	1. 膜转运蛋白与小分子及离子的跨膜运输 2. ATP泵与主动运输 3. 胞吞与胞吐作用
	第五章 细胞质基质与内膜系统	1. 细胞质基质及其功能 2. 细胞内膜系统及其功能
	第六章 蛋白质分选与膜泡运输	1. 细胞内蛋白质的分选 2. 细胞内膜泡运输
	第七章 线粒体和叶绿体	1. 线粒体与氧化磷酸化 2. 叶绿体与光合作用 3. 线粒体与叶绿体的半自主性及其起源
	第八章 细胞骨架	1. 微丝与细胞运动 2. 微管及其功能 3. 中间丝的类型、组成及功能
	第九章 细胞核与染色质	1. 核被膜的结构与功能 2. 染色质的组装与类型 3. 染色体的形态结构与功能元件 4. 核仁的结构与功能 5. 核体与核基质
	第十章 核糖体	1. 核糖体的结构与类型 2. 核糖体与蛋白质的合成

续表

知识板块	章节	课程内容
三、细胞重大生命活动及其分子调控机制	第十一章 细胞信号转导	1. 细胞通信与信号转导概述 2. G 蛋白偶联受体（GPCR）及其介导的信号转导 3. 介导并调控细胞基因表达的受体及其信号通路 4. 细胞信号转导的整合与控制
	第十二章 细胞周期与细胞分裂	1. 细胞周期概述 2. 有丝分裂过程及特点 3. 减数分裂过程及特点
	第十三章 细胞增殖调控与癌细胞	1. 细胞增殖调控机制 2. 癌细胞的基本特征 3. 癌基因与抑癌基因
	第十四章 细胞分化与干细胞	1. 细胞分化的概念与影响细胞分化的因素 2. 干细胞的概念及分类
	第十五章 细胞衰老与细胞程序性死亡	1. 细胞衰老的特征与机制 2. 细胞凋亡的过程与分子机制 3. 细胞程序性死亡的分子机制

8.2 "细胞生物学"课程思政

8.2.1 课程思政特征分析

"细胞生物学"课程从知识内容、专业特征和教学方法等方面出发，其蕴含的思政素材主要可从国家、社会、专业、自然和哲学五大向度梳理出九个维度：即生命伦理、生态文明、辩证唯物主义、科学精神、法治意识、文化自信、政治认同、家国情怀及国际视野、品德修养和职业操守。

生命伦理和辩证唯物主义：细胞生物学主要研究细胞基本生命活动规律，其中蕴含着深刻而朴素的生命观。生命观是课程的社会主义核心价值观，贯穿了整个课程，是人们对生命现象及相互关系进行解释后的抽象归纳。细胞生物学中的生命观涵盖了结构与功能观、进化与适应观、稳态与平衡观、物质与能量守恒观等。学生在发现生命本质的同时，会感受到生命的美妙之处、生与死的辩证关系、生命体繁衍生息的不易，从而对生命的尊重之情油然而生。因此，该课程着重培养学生科学正确的生命观，树立并践行生命科学与技术伦理观念，树立总体国家安全观，增强生物安全意识和社会责任。生命观也是马克思主义科学世界观和唯物辩证观的源头，整个"细胞生物学"的课程教学是马克思主义唯物辩证法在细胞生物学领域中的重要体现。教师应该在课程中帮助学生深刻理解生命观的内涵，提高学生的科学素养，使其形成正确积极的人生观和科学的世界观。

科学精神和法治意识："细胞生物学"课程的知识体系中包含了大量的科学发现过程，蕴含了丰富的科学精神的思政素材。通过对科学发展史的学习，学生要敢于质疑，学会批判思维，并在以后的工作与学习中不迷信已有的科研成果，用发展的理念看待事物，养成崇尚真理、实事求是的科学态度，理性批判、开拓创新的科学思维，开放合作、独立自主的科学品格，以及探索未知追求卓越的科学志趣。生物科学专业的学生只有具备这些科学精神，才能在社会发展中把握机遇、应对挑战。要立足基本国情，运用辩证思维能力，做出正确的价值判断和行为选择，并在实践创新中增长才干，实现个人价值。科学家的故事大部分是激励人向上的，但也有让我们引以为戒的，如基因编辑婴儿事件和干细胞研究造假事例。教师必须加强学生的法治意识，引导他们遵守科学研究相关法规，培养学生恪守科研学术道德规范的意识。

政治认同：我国细胞生物学在某些领域的研究已经居于国际领先水平。教师通过对古中国、旧中国和新中国三个不同时期细胞生物学研究成果和重要成就进行比较，展现出在党的坚强领导下该学科得以迅猛发展的历史和现状，从而引导学生形成对我国政治制度的认同感，始终坚持中国共产党的领导，树立中国特色社会主义理想信念，积极投身于中国特色社会主义建设。

家国情怀及国际视野：我国科学家在细胞生物学领域取得了不少世界瞩目的成就，如干细胞治疗、抗体药物研发、蛋白质结构解析和肿瘤免疫细胞治疗等。在细胞生物学课程的知识体系中，系统地梳理我国科学家在细胞生物学领域中获得的成就，可激发学生的民族自豪感，引导他们形成"这是一个值得热爱的伟大国家"的内在情怀。以此加强爱国教育，厚植家国情怀。在细胞生物学领域中，很多重大发现都是"世界级"的研究成果，很多重大项目的研究团队都是由多个国家的科学家组成的，从中可体现出科学家"国际视野"的精神与情怀。在科学迅速发展的今天，我们可以发现，作为新时代的大学生，应基于国际变化与国际差异的思维视角，以国际视野看待并参与社会主义中国的建设。

品德修养和职业操守：细胞生物学领域科学发现和研究成果在维护人民健康和促进生产发展中的重大贡献，可反映出科学家服务社会、造福人类的优秀品格。在课程中，应当引导学生塑造高尚的公民道德品格、具备社会责任感和提高公共参与度等，特别是要唤醒他们尊重生命、关怀生命、维护公共健康的意识。社会主义公民人格道德的培养要求，也契合了社会主义核心价值观，教师应在课程中有效地传授给学生。

8.2.2 课程思政教学目标

在"细胞生物学"课程的教学过程中，应体现和强化以上多个维度的思政素材，实现以下课程思政教学目标。

1）在了解生命组成单位——细胞基本结构的基础上，认识生命形成之美，树立对生命的敬畏、尊重和关怀之情，形成健康积极的人生观念。

2）在深刻理解细胞结构与活动规律的基础上，领悟生命的本质，运用马克思主义唯物辩证法分析和解决问题。

3）在学习中能感悟到科学家崇尚科学、严密推理、追求真理等科学精神，督促自己形成正确的科学思维和健全的人格品质。

4）了解我国科学家在细胞生物学研究领域取得的贡献，并由此了解我国基本国情，培养爱国情怀，认同中国发展道路，认清我国在细胞生物学相关领域科学发展的国际地位，培养报效祖国、振兴国家的使命感和责任感。

5）在进行动物实验的过程中，学习并理解我国的《实验动物管理条例》和实验动物福利伦理相关法规，树立善待实验动物、合法合理利用实验动物的法治意识。

8.2.3 课程思政素材

教师将朴素的社会主义核心价值观、生命观及科学伦理道德等核心素养通过思政素材与专业知识的结合传递给学生，达到课程育人的目的。本板块的思政素材梳理见表8-2。

表8-2 "细胞生物学"思政素材梳理表

知识点	思政素材	思政维度
细胞的发现	（1）英国学者罗伯特·胡克（R·Hooke）和荷兰学者安东尼·范·列文虎克（A·van Leeuwenhoek）对细胞的探究源于对自然界的好奇心，体现了科学家务实求真、创新进取、追求卓越的科学志趣 （2）介绍清代著名学者李善兰创译了汉语"细胞"一词，参与翻译数学、力学、天文学、植物学等学科著作，促进了近代科学在中国的传播	科学精神 家国情怀

续表

知识点	思政素材	思政维度
细胞学说的建立及其意义	（1）细胞学说是人们对大量显微观察结果进行哲学思辨的分析和总结归纳而产生的 （2）细胞学说理论与恩格斯《自然辩证法》著作中对于生命来源的阐述相呼应 （3）细胞学说的建立为现代生物学发展奠定了基础，被恩格斯誉为"19世纪自然科学的三大发现之一"，也是马克思主义哲学产生的自然科学基础之一	科学精神 辩证唯物主义
细胞生物学发展史	（1）从经典细胞学到实验细胞学，其间的每一步进展都体现出科学家崇尚真理、实事求是的科学态度 （2）细胞生物学学科发展至今，我国科学家的贡献越来越处于领先地位，如利用冷冻电镜技术解析细胞中蛋白质结构	科学精神 家国情怀
细胞的起源	（1）人类根据实验推测细胞的起源，发现生命规律的过程，体现出了理性的科学思维 （2）细胞起源与达尔文阐述进化论的著作《物种起源》密切相关，细胞学说的建立为辩证唯物论提供了重要的自然科学依据	科学精神
细胞是生命的基本单位	与人类社会相似，细胞作为生物个体构成"小社会"。在这个"小社会"中，细胞之间存在着多样性和统一性。不同细胞的结构和功能不同，但它们之间又有着相互协同、相互依存的密切联系，就如同"人类命运共同体"一样，人类共同生活在同一个地球、同一个时空里，形成"你中有我、我中有你"的命运共同体生活模式	家国情怀及全球意识
细胞的多样性	不同的细胞构成不同的有机体，它们相互影响、相互制约，维持自然发展的平衡，体现着生态平衡与可持续发展观念	生态文明
病毒与细胞的关系	（1）引入全球暴发的病毒性疫情案例，思考人类与野生动物及整个自然界的和谐相处关系，增强学生对大自然的敬畏之心，培养学生对自然和社会的责任感，帮助学生形成关注人类未来的可持续发展观，坚定人与自然和谐共生的理念 （2）西湖大学周强团队2020年3月27日发表Science杂志封面文章"Structural basis for the recognition of SARS-CoV-2 by full-length human ACE2"，揭示了病毒是怎么进入细胞的，说明了我国科研力量的强大，增强了学生的文化自信与制度自信 （3）清华大学饶子和院士、娄智勇教授课题组，在国际上首次明确了新冠病毒mRNA加帽过程中的关键酶分子，解析了转录复制复合体在"加帽"中间过程关键状态的三维结构，回答了冠状病毒研究中近30年来悬而未决的问题，并且该分子在各突变株中高度保守，在人体中没有同源物，为发展新型、安全的广谱抗病毒药物提供了全新靶点	生态文明 品德修养 文化自信 科学精神
研究方法	（1）技术的进步在细胞生物学乃至整个生物学的建立与发展中起着巨大的作用，研究方法的发展充分体现了科学家务实求真、勇于创新的科学精神	科学精神 生命伦理 文化自信

知识点	思政素材	思政维度
研究方法	（2）人类在追求健康持续发展的科学探索中离不开实验动物的牺牲，应该具有尊重动物生命的伦理道德意识，遵守相关法规政策 （3）北京大学膜生物学国家重点实验室程和平及陈良怡研究组同北京大学信息科学技术学院量子电子学研究所王爱民等，成功研制出 2.2g 微型化佩戴式双光子荧光显微镜。在国际上首次记录了悬尾、跳台、社交等自然行为条件下，小鼠大脑神经元和神经突触活动的高速高分辨图像。此项突破性技术将开拓新的研究范式，为可视化研究孤独症、阿尔茨海默病、癫痫等脑疾病的神经机制发挥重要作用。该成像系统被 2014 年诺贝尔生理学或医学奖得主 Edvard I. Moser 称为研究大脑空间定位神经系统的革命性新工具	
细胞膜的结构模型与基本成分	（1）细胞膜化学成分分析、膜结构分子模型构建的推导与证实，反映了科学家大胆猜测、小心求证、务实求真的科学态度 （2）列举脂质体在生产和医药健康领域的应用案例，引导学生思考如何利用所学的理论知识服务社会	科学精神 品德修养及职业操守
细胞膜的基本特征与功能	细胞膜的结构特征赋予了细胞膜多种生理功能，体现了生命现象与物质结构功能相统一的唯物主义思想	辩证唯物主义
物质的跨膜运输	（1）物质跨膜运输的紊乱和错误将会导致严重的后果，分析糖尿病等与葡萄糖转运蛋白相关的疾病的发病机制，帮助学生树立健康生活、热爱生命的价值观 （2）分享 2003 年诺贝尔化学奖得主彼得·阿格雷发现水通道蛋白的故事，让学生感悟科学家追求真理、创新进取的科学精神	生命伦理 科学精神 文化自信 思政维度
细胞质基质与内膜系统	（1）内膜系统成员内质网、高尔基体、膜泡等相互联系，为细胞蛋白质的合成与分选做出贡献。细胞器之间相互协作，犹如社会群体，当今社会是一个讲究合作、团队意识的社会，一个人很难独自完成一项工作。只有充分发挥团队的力量，每个人发挥各自的特长，取长补短，才能把个人优势发挥到最大，最终取得成功，而每个人也在团队中实现自己的个人价值。每个个体在不同的工作岗位上各司其职，做好本职工作，才能使国家强大 （2）溶酶体相当于细胞中的"消化器官"，其内部存在多种酸性水解酶。在细胞分化过程中，某些衰老的细胞器和生物大分子等进入溶酶体内被消化掉，这是机体自身更新组织的需要。就如同世间万物都存在新陈代谢现象，推陈才能出新。要敢于质疑权威，提出新观点、新思路，这也是社会文明不断进步的原因 （3）了解溶酶体相关疾病的诱发机制，认识维护细胞内外环境的平衡对保持机体健康的重要性，形成健康生活观念	品德修养及职业操守 科学精神 生命伦理

知识点	思政素材	思政维度
蛋白质分选与膜泡运输	（1）介绍膜泡运输的研究内容（2013 年诺贝尔生理学或医学奖），通过对三位科学家获得诺贝尔奖故事的解读，培养学生探索未知世界、勇攀科学高峰的责任感和使命感 （2）长期以来，"由于缺少信号肽的导向，非经典途径分泌蛋白是如何进入载体膜泡中的"是一直困扰细胞生物学家的科学问题。清华大学生命科学学院葛亮课题组发现跨膜转运体蛋白 TMED10 参与诸多非经典分泌蛋白的跨膜转运，揭示了一条全新的跨膜转运通路	科学精神
线粒体与叶绿体	（1）能量的来源与在细胞内的转化机制诠释了辩证唯物主义的能量守恒和转化定律，理解叶绿体和线粒体的工作机制，从生物学角度深刻理解马克思辩证唯物主义思想 （2）分享线粒体疾病治疗、光合作用产能提高等案例，树立科学研究与社会服务相结合的理念 （3）意识到叶绿体光合作用在获取食物、可再生能源及其他可再生资源中的作用，强化生态平衡和可持续发展的世界观 （4）淀粉是粮食最主要的成分，也是重要的工业原料。中国科学院天津工业生物技术研究所联合中国科学院大连化学物理研究所等单位，解析自然光合作用的化学本质，在国际上首次实现了二氧化碳到淀粉的人工全合成，被认为是一项里程碑式突破，将在下一代生物制造和农业生产中带来变革性影响	辩证唯物主义品德修养及职业操守科学精神生命伦理
细胞骨架	三种骨架结构参与了细胞内几乎全部的生命活动，如细胞分裂。它们分工合作，并与细胞内其他结构相互协作，维护细胞内环境的稳定和基本活动进程。这体现了个体与整体的辩证关系，结构与功能相统一的生命观念	品德修养及职业操守科学精神
细胞核与染色质	（1）核孔复合物结构的解析与功能机制的分析 （2）端粒与端粒酶介绍，挖掘科学精神，严谨求实，不断创新 （3）克隆技术、基因编辑技术脱离了原先自然发展规律对人类现有发展秩序的束缚。科学与伦理相互博弈，需要大家对生命怀有敬畏心，善待生命，遵守相关法规，遵循科学伦理道德	品德修养及职业操守科学精神生命伦理
细胞信号转导	（1）G 蛋白偶联受体中的 cAMP 信号转导通路多个关键组分获得多项诺贝尔奖项，让学生领悟科学传承、奋斗创新的科学精神 （2）讲解与人类疾病发生相关的案例，如与心肌细胞舒张相关的一氧化氮信号通路、控制糖代谢途径的 G 蛋白偶联信号通路、与肿瘤发生相关的信号通路，引导学生树立科学研究与社会服务相结合的理念 （3）GPCR 在细胞多种信号转导途径与生理反应中发挥关键作用，中国学者在 GPCR 家族蛋白的结构解析与工作原理揭示方面获得重大成果，学生课后查阅相关论文，增强民族自	品德修养及职业操守科学精神生命伦理

知识点	思政素材	思政维度
细胞信号转导	豪感和国家认同感 （4）cAMP-PKA 信号传递的级联放大效应如同生活中的各种犯罪行为，不是生来就有的，而是从小错误逐渐日积月累，最终形成大错误。提醒学生注重自己的道德修养，很多小毛病日积月累会形成坏习惯，如果不多加注意，就会酿成大错 （5）中国科学家 GPCR 研究团队与国际顶级科学团队之间的合作加快了科学发现的步伐，引导学生拓宽国际视野	
细胞周期与细胞分裂	细胞学提及，一切新细胞都是由细胞分裂生成。恩格斯在《自然辩证法》中描述：一切多细胞的有机体（植物、包括人类的动物）都是按细胞分裂规律成为一个成熟的完整个体。细胞学说是马克思辩证唯物主义经典著作和思想起源的自然科学基础	辩证唯物主义
细胞增殖调控与癌细胞	（1）利兰·哈特韦尔（Leland H.Hartwell）和保罗·纳斯（Paul M. Nurse）、蒂莫西·亨特（Tim Hunt）从不同角度入手，严密推理，开展团队合作，揭示了细胞周期蛋白/细胞周期依赖性激酶调节细胞分裂周期的调控机制。整个科学发现过程显现出科学家追求真理、不断探索和团队合作的科学精神 （2）细胞周期中存在很多检测点，当细胞内物质储存不足或未达到下一时期开始条件时，细胞周期运转停止，变为 G_0 期细胞，反之则进行下一时期。量变是质变的前提和基础准备，没有量的积累，就没办法实现质变，同时质变也是量变的必然结果。要注重平时的不断累积，持之以恒，才能成功 （3）分析肿瘤形成的内因与外因，让学生建立稳态体系生命观念，传递健康理念	科学精神 生命伦理
细胞分化与干细胞	（1）细胞分化是多细胞生命体适应环境生存的自然现象，这和老子《道德经》中的"道生一，一生二，二生三，三生万物"的思想有异曲同工之处。引发学生思考细胞分化的本质是什么。蕴含了怎样的哲学思想。让学生感受中国传统文化的灿烂，树立文化自信 （2）细胞在发生可识别的形态变化之前，已经确定了未来向着特定方向分化的命运。引导学生制订合理的人生目标，科学地进行人生规划，增强学生的社会责任感，激发学生为报效祖国而奋发学习的热情 （3）通过基因编辑婴儿事件、韩国科学家黄禹锡及日本理化学研究所的小保方晴子等干细胞研究造假事例的讲解，培养学生恪守科研学术道德规范的意识，树立法治意识和正确的科学伦理观念 （4）我国科学家在干细胞、细胞重编程、细胞多能性建立及其调控等研究领域取得众多有国际影响力的重大成果，在特色动物资源平台、疾病动物模型等方面处于国际领先地位	文化自信 家国情怀 法治意识

知识点	思政素材	思政维度
细胞衰老与细胞程序性死亡	（1）唯物辩证法认为，世界上的任何具体事物都要经过产生、发展和消亡的过程，并不存在只生不死的事物，也不存在只死无生的生命世界。细胞的整个生命活动过程很好地诠释了生与死存在辩证关系 （2）列举人体内不同细胞的寿命，这些细胞在其短暂的生命里承担了重要的生理活动，它们努力工作、不虚度光阴。引导学生思考人生和死亡的意义与价值，尊重自己的生命，积极面对人生的挫折 （3）细胞正常的生命活动平衡被打破是造成多种疾病发生的原因，如肿瘤、神经退行性疾病等，引导学生遵从生命的自然规律，维护健康人生	辩证唯物主义 生命伦理

8.3 "细胞生物学"课程思政教学典型案例

8.3.1 案例一

"细胞生物学"绪论部分课程思政教学

1. 教学目标

认知类目标：了解细胞生物学的发展简史，阐明细胞生物学的研究内容、研究现状与发展，明确细胞生物学在生命科学中的地位和作用。

情感、态度、价值观目标：培养学生追求真理、实事求是的科学精神，树立马克思辩证唯物主义观，激发学生民族自豪感和爱国主义情怀，增强社会责任感和使命感。

方法类目标：掌握细胞生物学的学习方法和专业发展的途径，能够通过图书馆或网络检索查询细胞生物学相关期刊，训练学生形成正确的科学思维方式。

2. 教学流程设计

学习任务发布：提前一周，发布学习任务、学习要求、课件及扩展阅读资料。扩展阅读资料包括罗伯特·胡克和安东尼·范·列文虎克背景文献、2012～2021年诺贝尔生理学或医学奖、2012～2021年诺贝尔化学奖相关文献等。

授课准备：课程团队集体备课，充分挖掘思政素材。

课堂授课：主讲教师采用讲授法和小组讨论相结合的方式进行。

小组讨论：科学家是如何发现细胞这一生命体的？训练学生重视细胞学说的创建过程，发展学生科学思维，学习科学家严谨推理、反复验证、实事求是、不断创新的科学精神。

过程性考查和课后作业：关注学生在课程学习中所表现出来的情感、态度、价值观的变化，重视对学生在课堂讨论中表现出的分析能力等方面的考查。布置课后作业，让学生在马克思和恩格斯经典著作中寻找体现细胞生物学科学史重要事件的原文，促使学生重温自然辩证法，理解细胞生物学学科发展对人类历史发展的重要性。

3. 课程思政设计路径

（1）课程中蕴含的思政素材

本章是细胞生物学的开篇，其内容覆盖面广，蕴含的思政素材维度广、素材多，是细胞生物学开展课程思政的重点章节。可从国家、社会、专业、自然和哲学五大向度梳理出政治认同、家国情怀及国际视野、文化自信、科学精神、品德修养和职业操守及辩证唯物主义六个维度的思政素材。

（2）重温马克思辩证唯物主义著作

细胞的发现过程体现了人们认识自然界的辩证发展过程，细胞学说是马克思主义哲学产生的自然科学基础之一。借助细胞发现史的教学，可将课程思政内容悄然融入专业知识，促使学生阅读马克思和恩格斯经典著作，重温自然辩证法，帮助他们理解细胞生物学学科的发展对人类历史发展的重要性。

（3）培养学生务实求真、创新进取的科学精神

在科学发展史中很多学者和科学家对科学的研究都源于兴趣，但其开创新学科往往会受到诸多质疑。科学家克服清贫、隐忍坚守、矢志不渝、追求真理，坚持他们热爱的研究工作，开创了细胞生物学学科。让学生阅读这些科学家的生平事迹，在重温经典科学研究过程的同时，启发学生领悟其中蕴含的具体科学精神。

（4）培养民族自豪感和爱国情怀

在细胞生物学发展的当代，我国科学家取得的成就与贡献越来越处于领先的地位。将我国科学发展与我国现有国情和政策扶持相关联，培养学生的民族自豪感和爱国主义情怀，加强对学生树立人生理想的价值引领，增强学生的责任感和使命感。

4. 课程思政教学设计

其具体的教学设计方案见表 8-3。

表 8-3　绪论部分课程思政的教学设计方案

教学内容	思政教学目标	切入点	教学设计	教学活动	教学评价
细胞的发现	培养学生务实求真、创新进取、追求卓越的科学精神	科学史	讲解英国学者罗伯特·胡克（R.Hooke）和荷兰学者安东尼·范·列文虎克（A·van Leeuwenhoek）在细胞发现过程中的贡献。引导学生分析胡克和列文虎克在细胞发现中获得成果的原因。总结科学家在细胞的发现、认知和解析过程体现了务实求真、创新进取、追求卓越的科学志趣和科学精神	教师提问：为什么胡克和列文虎克能够推开微观世界的大门学生：思考，回答问题	学生讨论发言
"细胞"一词的来源	增强民族复兴责任感、使命感，树立国际视野	科学史	介绍清代著名学者李善兰创译汉语"细胞"一词。李善兰是清代数学史上的杰出代表，他一生翻译西方科技书籍甚多，将近代科学从天文学到植物细胞学等主要学科的最新成果介绍传入中国，对促进近代科学的发展做出卓越贡献。执教多年，为造就中国近代第一代科学人才贡献了力量	教师：讲解李善兰事迹学生：思考	学生体悟
细胞学说的建立及其意义	训练学生形成正确的科学思维方式，促使学生阅读马克思和恩格斯经典著作，重温自然辩证法	科学史	讲解德国植物学家施莱登（Matthias Schleiden）、德国动物学家施万（Theodor Schwann）、德国病理学家菲尔绍（Rudolf Virchow）的研究成果，引导学生进行归纳总结，推导出细胞学说的中心思想和重要意义。明确提出细胞学说是马克思主义形成的三大自然科学基础之一。布置课后任务：在马克思和恩格斯经典著作中寻找体现细胞生物学科学史重要事件的原文，促使学生重温自然辩证法。理解细胞生物学学科发展对人类历史发展的重要性	教师：讲解学生：思考发言，完成课后作业	学生思考，讨论发言
细胞生物学的起源与发展	树立正确的科学研究态度	科学史	列举细胞生物学学科形成与发展过程中的重要进展事件，强调其中蕴含的科学理论源于实验和实践的科学精神，引导学生树立正确的科学研究态度	教师：讲解学生：思考	学生体悟

教学内容	思政教学目标	切入点	教学设计	教学活动	教学评价
细胞生物学研究内容	感悟科学家创新进取的探索精神，激发民族自豪感和国家荣誉感	研究进展	评述2012～2021年诺贝尔生理学或医学奖、2012～2021年诺贝尔化学奖奖项中细胞生物学相关内容，帮助学生理解细胞生物学是生命科学的枢纽学科和前沿学科，感悟科学家的探索精神；介绍中国空间生命科学研究领域内的细胞生物学相关研究项目，如"神舟"三号的细胞培养实验；介绍当前我国科学家在细胞生物学学科发展中取得的研究成果，如细胞治疗、基因编辑、超分辨率显微成像技术等，激发学生的民族自豪感和国家荣誉感	教师：讲解 学生：思考	学生思考体悟
为什么学习细胞生物学	增强学生的社会责任感和使命感	研究进展	介绍与细胞生物学专业知识相关的职业；列举我国在细胞治疗、肿瘤治疗等行业的成功案例，让学生了解人们是如何利用细胞生物学的专业知识来提高人类健康和促进国民生产的，增强学生的责任感和使命感	教师：讲解 学生：思考	学生思考
如何学习细胞生物学	建立理性的科学批判精神	文化故事	分析盲人摸象故事与科学探究过程的异同，引导学生建立理性的科学批判精神	教师：总结 学生：讨论发言	学生思考体悟

8.3.2 案例二

翻转课堂教学模式下的细胞生物学课程思政教学设计
——以"细胞的同一性与多样性"为例

1. 教学目标

知识与技能目标：理解"细胞是生命活动的基本单位"这一概念；阐明细胞的同一性与多样性；理解病毒是非细胞形态的生命体。

过程与方法目标：能够通过图书馆或网络检索查询相关期刊文献。

情感、态度、价值观目标：培养学生对自然和社会的责任感，树立生态意识与可持续发展观，培养学生生命观念和法治意识。培养学生的批判性思维和客观评价能力。加强爱国主义教育，厚植家国情怀。

2. 教学流程设计

授课准备：课程团队集体备课，设置学习任务和讨论题目，挖掘思政素材。

学习任务发布：提前两周发布在线学习任务和学习要求。分配学习小组成员及任务，以任务引导学生完成思政自学。

课堂讨论：教师在课堂发起主题讨论，总结评价学生发言中的思政教育内容。

线上讨论：针对病毒与细胞关系的内容，设置在线讨论，拓宽思政教学空间。

课后作业展示：围绕我国在病毒基础研究及疫苗研制领域的成果和新进展，梳理展现科学家爱国敬业、锐意进取的感人事迹。

3. 课程思政设计路径

（1）自学与小组合作学习积累思政素材

借助中国大学 MOOC、超星、雨课堂等网上资源，学生完全有能力实现对本章节知识的自学。利用小组竞赛的模式，调动学生主动积累思政素材的积极性。在组内，组长和组员协调，进行人员调整、整体规划、任务分工和组内问题讨论；在组间，学生可以根据各自任务的侧重点不同，进行知识内容的组间汇报和交流。这将有助于培养学生的团队协作精神和集体主义价值观及自主学习、自主分析的能力。

（2）课堂讨论总结思政内容

针对课程内容，结合学生关注的社会热点，教师在课堂上发起话题讨论，学生通过积极发言、辩论探讨等方式，进行观点碰撞，最后由教师主导话题结论方向，修正学生不正确的价值观。

（3）在线讨论提升思政效果

针对病毒类型、特点和传播途径等内容设置主题研讨，如病毒和细胞之间的关系是怎样的、病毒是不是生命体、病毒侵染人体的过程是什么样的、健康的生活方式和积极的精神状态对病毒防御有什么样的作用等。引导学生用专业的生物学知识去辨识新闻的可信度，如判断"盐水漱口防病毒""抽烟喝酒能预防病毒感染"的真与假，学会辩证看待各种新闻和事物。

4. 课程思政教学设计

其具体的课程思政教学设计方案见表 8-4。

表8-4 "细胞的同一性与多样性"课程思政教学设计方案

教学内容	思政教学目标	切入点	教学设计	教学活动	教学评价
如何理解"细胞是生命活动的基本单位"	认知生命系统的不同结构层面，建立生命的系统观念	生活常识	探讨：地球上有怎样的生命形态？有哪些生命活动？这些生命活动如何实现	教师：布置学习任务 学生：自学，收集分析文献和讨论	学生讨论发言
细胞的基本类型	生态意识与可持续发展	环境现状	多种单细胞与多细胞生物形成了自然界和谐的网络关系。可让学生列举不同类型细胞对地球整体发展的影响作用，帮助学生形成尊重自然规律，实现人与自然和谐共处的可持续发展观念	教师：布置学习任务 学生：自学，收集分析文献和讨论	学生讨论和发言
病毒与细胞的关系	培养学生对自然和社会的责任感及生命观念和法治意识。培养学生的批判性思维和客观评价能力。加强爱国主义教育，厚植家国情怀	研究进展、热点新闻	请学生举例分析病毒对宿主细胞的特异性改变对人类的影响。可选择讨论话题：为什么用修改"CCR5基因"的方法来对抗艾滋病？如何评价2018年基因编辑婴儿事件？列举我国在病毒基础研究及疫苗研制领域的成果和新进展。小组代表呈现科学家爱国敬业、锐意进取的感人事迹	教师：布置学习任务 学生：自学，收集分析文献和讨论	在线讨论，课后作业

参 考 文 献

黎昌抱. 2023. 试析李善兰的科学术语译名观. 中国科技术语，25（2）：72-77.

Cai T，Sun HB，Qiao J，et al. 2021. Cell-free chemoenzymatic starch synthesis from carbon dioxide. Science，373（6562）：1523-1527.

Gao Y，Yan LM，Huang YC，et al. 2020. Structure of the RNA-dependent RNA polymerase from COVID-19 virus. Science，368（6492）：779-782.

Guan JY，Wang G，Wang JL，et al. 2022. Chemical reprogramming of human somatic cells to pluripotent stem cells. Nature，605（7909）：325-331.

Yan LM，Zhang Y，Ge J，et al. 2020. Architecture of a SARS-CoV-2 mini replication and transcription complex. Nat Commun，11（1）：5874.

Yan RH，Zhang YY，Li YN，et al. 2020. Structural basis for the recognition of SARS-CoV-2 by full-length human ACE2. Science，367（6485）：1444-1448.

Zhang M，Liu L，Lin XB，et al. 2020. A translocation pathway for vesicle-mediated unconventional protein secretion. Cell，1（3）：637-652.

Zong WJ，Wu RL，Chen SY，et al. 2021. Miniature two-photon microscopy for enlarged field-of-view，multi-plane and long-term brain imaging. Nat Methods，18（1）：46-49.

Zong WJ，Wu RL，Li ML，et al. 2017. Fast high-resolution miniature two-photon microscopy for brain imaging in freely behaving mice. Nat Methods，14（7）：713-719.

第九章

"生物统计学"课程思政教学设计与典型案例

9.1 "生物统计学"课程简介

9.1.1 课程性质

"生物统计学"作为研究生命科学最基础的工具性课程之一，越来越被从事生物学基础教学、生命科学研究的教师和科技工作者重视。该课程是生物科学及相关专业的必修基础课程，为生命科学的主干课程之一。常用的教材为李春喜、姜丽娜、邵云、张黛静、马建辉编著，科学出版社 2023 年出版的"十二五"普通高等教育本科国家级规划教材《生物统计学》（第六版）。

9.1.2 专业教学目标

通过本课程的学习，学生可达到以下目标。

1）扎实掌握生物统计学理论体系、基本实验技能和思维方式，理解生物统计学与各核心课程间的区别与联系。

2）深刻理解生物统计学的原理和分析方法，用科学的统计方法分析实验数据；用生物统计学的基本原理，指导并进行科学的实验设计。

3）具有全球意识和开放心态，了解国内外生物统计学发展的趋势和前沿动态并积极实践，主动参与国内外相关的交流；熟知最前沿的生命科学研究进展，重视生物统计学在科学实践中的重要性，了解和熟悉国际上最新的常用统计软件，学会运用它们从事创新性的科学研究。

9.1.3 知识结构体系

该课程共安排 9 章的教学内容，每章具体知识结构体系见表 9-1。

表 9-1 "生物统计学"课程知识结构体系

章节	课程内容
第一章 绪论	1. 生物统计学的概念
	2. 生物统计学的主要内容
	3. 生物统计学发展概况
	4. 生物统计学常用术语
第二章 统计数据的收集	1. 实验设计的基本原理
	2. 常用实验设计方法
	3. 生物统计学发展概况
	4. 生物统计学常用术语
第三章 统计数据的整理与描述性分析	1. 统计资料的收集与整理
	2. 样本特征数
	3. 利用 Excel 和 SPSS 软件完成统计资料的频数整理分析及样本特征数的计算与呈现
第四章 概率与概率分布	1. 概率的基本概念
	2. 概率分布
	3. 总体特征数
第五章 常见的概率分布律	1. 几种常见的概率分布律
	2. 利用 Excel 和 SPSS 软件计算常见概率分布在特定区间的概率
第六章 抽样分布	1. 从一个正态总体中抽取的样本统计量的分布
	2. 从两个正态总体中抽取的样本统计量的分布
第七章 统计推断	1. 假设检验的基本原理
	2. 单个样本的统计假设检验
	3. 两个样本的差异显著性检验
	4. 利用 Excel 和 SPSS 软件完成独立样本平均数的差异显著性检验、配对样本平均数的差异显著性检验
第八章 方差分析	1. 方差分析的基本原理
	2. 单因素方差分析及多重比较
	3. 两因素方差分析

续表

章节	课程内容
第八章 方差分析	4. 方差分析的条件及数据转换
	5. 利用 Excel 和 SPSS 软件完成单因素方差分析、双因素方差分析及多重比较
第九章 回归与相关分析	1. 回归与相关分析的基本概念
	2. 一元线性回归方程的拟合与检验
	3. 一元非线性回归
	4. 多元回归与复相关分析
	5. 利用 Excel 和 SPSS 软件完成一元线性回归方程的拟合与检验、一元线性相关分析、一元非线性回归方程的拟合与检验

9.2 "生物统计学"课程思政

9.2.1 课程思政特征分析

1. 唯物辩证思维贯穿整个教学内容

"生物统计学"是应用概率论和数理统计原理,对生命科学研究过程中所产生的数据资料进行统计分析的科学,应用于生命科学研究和生产实践的各个领域。分析数据的唯物辩证思维贯穿于各种统计方法的运用过程中。例如,集中趋势与离散程度的描述中融入了一分为二看待问题的辩证思维,既要关注数据水平的高低,还要关心数据的波动程度,对应的唯物辩证思维为既要看到事情现有的优势条件,也要关注事情面临的困难和问题。又如,加权平均计算中呈现出了抓主要矛盾和矛盾的主要方面思维,时间序列分析中融入了坚持用发展的眼光看问题的思政思维等。

2. 通过严谨的统计分析过程,培养崇尚科学精神

科学精神是科学与科学活动的内在灵魂,是科学主体(科学家)的内在精神、品质和科学活动的内在性质、特质在求真创新基础上的统一。崇尚科学精神是教育中的核心要求,只有在科学精神的引导下,教育才会实现实效的特性。从严谨数理分析原理的讲解、重量级科技论文中生物统计学知识的应用等方面,引导学生参与科学活动,逐步建立良好的科学观念,具备崇尚科学的精神。

9.2.2 课程思政教学目标

使学生理解并掌握生物统计的基本概念和基本原理；掌握试验设计的基本原则及常用试验设计的方法，能根据试验的目的和要求，正确设计试验方案，进行试验数据分析，完成统计推断，做出科学的结论。通过"生物统计学"课程的专业学习与课程思政内容深度融合，学生可加强辩证思维分析问题的能力，培养科学精神，激发求知欲望，增强文化自信，培养爱国情怀和奉献精神，做社会主义核心价值观的模范践行者。

9.2.3 课程思政素材

本书将以李春喜、姜丽娜、邵云、张黛静、马建辉编著的《生物统计学》（第六版）为选用教材，对与绪论、统计数据的收集、统计数据的整理与描述性分析、概率与概率分布、抽样分布、统计推断、方差分析、回归与相关分析等生物统计学教学内容相关知识点匹配的思政素材进行梳理。具体每一部分的思政素材梳理见表9-2。

表9-2 "生物统计学"思政素材梳理表

知识点	思政素材	思政维度
统计学的作用（红楼梦前80回为曹雪芹所写，后40回为高鹗所整理）	继承和批判，自由开放	文化自信
统计学的概念（案例：*Literary Digest*，1936年美国总统大选的预测失误）	用联系发展全面的观点而不是孤立静止片面的观点分析问题	职业素养
我国生物统计学的发展（李景均、汪厥明的研究史）	热爱祖国、献身教育、艰苦奋斗、永不言败精神	家国情怀国际视野
统计学的概念	理性分析、批判性思维能力、独立思考的能力	科学精神
资料的收集	严谨、实事求是、求真务实	科学精神
孟德尔通过豌豆实验得出两大遗传定律，是否因为他更幸运？孟德尔是如何想到用数学方法统计分析表型（phenotype）从而分析出基因型（genotype）的	科学创新、多学科交叉融合、摒弃墨守成规	科学精神
了解试验设计的基本概念、任务、特点与要求，掌握试验设计基本原则	培养学生的综合分析能力	科学精神
总体与样本的关系	全面与片面的关系	职业素养
随机误差与系统误差	实事求是，严谨客观	科学精神

知识点	思政素材	思政维度
准确性与精确性	目标明确、工作细致	科学精神
样本的特征数	主要矛盾与次要矛盾的关系	职业素养
频数分布图绘制	耐心、细致、精益求精、审美素养	科学精神
集中趋势、离散程度	一分为二看问题的辩证思维	职业素养
掌握完全随机化试验设计和随机化完全区组设计的概念、方法、特点及结果的统计分析	考虑事情要周全，明确主要矛盾与次要矛盾，明确工作目标，找到关键的影响因素	科学精神
了解正交设计的原理与方法	鼓励学生采用科学方法，敢于创新	科学精神
分小组演示不同软件的操作过程	学以致用、团队合作、协作精神	科学精神
t 分布（介绍英国统计学家 Gosset）	勇于创新，敢于挑战	科学精神
假设检验"管中窥豹"或"见微知著"	透过现象看本质	职业素养
例题："某地区 10 年前普查时，13 岁男孩平均身高为 1.51m，现抽查 200 个 12.5 岁到 13.5 岁男孩，身高平均值为 1.53m，标准差 0.073m，10 年来该地区男孩身高是否有明显增长	我国经济持续增长，老百姓生活质量明显提高	家园情怀
显著性水平	科研道德（学术底线）	品德修养
P 值的选择	观测能力、分析能力	科学精神
P 值国际大讨论	学术自由（用于参与国际学术大讨论）	科学精神
统计推断中的两类错误	辩证地看待问题，不能片面地接受和认同	职业素养
t 检验（不同检验统计量的选择）	严谨的思维方式	科学精神
介绍方差分析的创始人 R.A.Fisher	学以致用	科学精神
单因素方差分析。例题：为比较密度对水稻产量的影响，现调查黑龙江省八五五农场密度为 125 株/m²、140 株/m² 和 155 株/m² 的田块各 5 块，125 株/m² 田块亩产分别为 543kg、602kg、578kg、562kg、589kg，140 株/m² 的田块亩产分别为 585kg、605kg、633kg、689kg、612kg，155 株/m² 的田块亩产分别为 562kg、584kg、605kg、589kg、554kg，	王震将军于 1955 年 3 月在黑龙江垦区八五〇农场点燃了北大荒第一把垦荒之火，拉开了开发北大荒的序幕。此后的数十年中，十万转业官兵和数十万知识青年在这片亘古荒原上"献了青春献终身，献了终身献子孙"，创造了"艰苦奋斗、勇于开拓、顾全大局、无私奉	科学精神家园情怀国际视野

续表

知识点	思政素材	思政维度
试测验三种移栽密度下水稻产量差异是否显著	献"的北大荒精神。现在黑龙江垦区已经成为中国耕地规模最大、现代化程度最高、综合生产能力最强的国家重要商品粮基地和粮食战略后备基地,能够满足1.2亿城镇人口的口粮	
双因素方差分析(分析讨论超市所在位置和竞争者的数量对于连锁商店营业额是否有影响)	激发学生的积极性和求知欲望,增强专业自信心	科学精神
例题:对我国居民的月食品支出与人均月收入的关系进行一元线性回归分析	习近平总书记倡导我们应该追求热爱自然情怀,倡导简约适度、绿色低碳的生活方式。教育学生追求的健康生活观是:大道至简,简约而不简单,勤俭节约	家国情怀国际视野
多元线性回归:双线混融教学模式下,采用实证分析法研究思政课教师教学胜任力对教学效果的影响。在问卷调研基础上,构建思政课教师教学胜任力与教学效果之间的关系模型,并运用多元线性回归进行了数据分析。结果表明:双线混融教学模式下,思政课教学效果良好;思政课教师教学胜任力是教学质量的正向预测源;教师教学能力对教学质量贡献最大、能效最强;教学效果还受到学生因素影响	学以致用、理论联系实际	科学精神国际视野

9.3 "生物统计学"课程思政教学典型案例

9.3.1 案例一

以培养学生科学分析思维为主的"生物统计学"课程思政
——以"假设检验的基本原理"为例

1. 教学目标

知识与技能目标:了解并掌握假设检验的基本原理及意义。

过程与方法目标：学会使用假设检验的统计推断方法解决实际问题，掌握假设检验的步骤并判断结果在统计学上的可信度和可靠性。

情感、态度、价值观目标：通过理解假设检验的概念、基本步骤，培养学生运用假设检验进行统计推断得到较为科学真实的研究结论的能力，提升学生解决问题的成就感，激发学生的学习兴趣；通过对比不同案例的解决方式，引导学生思考，提高学生的分析思维能力；通过案例教学小组活动，明确目标，合理分工，培养学生高度责任心与使命感，做到显性教育与隐性教育融会贯通，灌输社会主义核心价值观，真正实现"立德树人"的根本任务；通过让学生认识到检验结果可能出现错误，引导他们用联系和发展的视角来分析和看待问题，思想上需避免偏执一端的倾向，同时培养恪守学术道德的高尚情操。

2. 教学流程设计

学习任务发布：提前一周，发布学习任务和学习要求，上传包含"假设检验的基本原理"的课件及扩展阅读资料，提供"学习强国"上关于"生物统计学"的慕课链接。扩展阅读如"新世纪20年国内假设检验及其关联问题的方法学研究""提升学生'假设—检验'能力的方法与策略"等文献，思政素材较多，能够进一步培养科学分析问题、恰当运用统计学手段解决问题的逻辑思维和理论联系实际的意识。

授课准备：课程团队集体备课，充分挖掘思政素材，制作授课PPT。

课题授课：主讲教师采用讲授法、案例教学法和学习小组讨论相结合的方式进行"润物细无声"的渗透思政教育。

小组讨论：假设检验的意义及不同案例关于检验方法和显著性水平确定时存在的差异。

过程性考核与课后作业：关注学生在课程学习中所表现出来的情感、态度、价值观的变化，如重视对学生在课堂讨论中表现出的对显著性水平确定问题的分析能力等方面的考查，以进一步培养学生的科学思维，引导学生树立正确的道德修养和职业操守。课后作业中也特意设计了渗透思政素材的习题。

3. 课程思政设计路径

（1）个性化甄选课程思政素材

本章节的思政素材丰富，在国家向度、社会向度、专业向度和自然向度等四个向度，生态文明、家国情怀及国际视野、法治意识、品德修养和职业操守、科学精神、文化自信等六个维度均可挖掘思政素材。结合课堂教学实际情况，甄选了课程思政素材，详见表9-2。

（2）精细划分课程思政主体

教学是师生之间的互动过程，在课堂上注重师生、生生之间的协助互助，并以学生为主体。

师生互动：在教学中，教师引出"管中窥豹"的故事，类比假设检验的意义，启发学生理解，增加学习知识的趣味性；通过讲述小概率事件原理的内容，同时观看文博探索节目《国家宝藏》中乾隆年间"瓷母"的烧制过程，感悟中国人在原本完成概率极低的情况下成功烧制瓷器的骄傲和自豪。让学生思考小概率事件在统计学上的准确性是否可靠。

生生互助：教师提供相应的案例，让学生发现不同案例之间的差异，引导学生思考如何根据案例的不同确定零假设和备择假设及显著性水平，进一步理解假设检验使用时的条件；在理解如何通过检验统计量做出统计决策的基础上分学习小组计算不同案例的统计结果，做出相应的统计推断结论，进而引导学生解决实际问题，激发学生对科研和统计学的兴趣，同时培养学生的团队合作意识；教师提供错误使用统计分析方法的研究案例，让学生讨论其中存在的问题，培养学生敢于质疑、实事求是的科学精神；在学生理解了假设检验的方法有两种后，给出"动物体重是否符合条件"和"改善栽培条件是否显著提高了豌豆籽粒重量"两个案例，引导学生思考如何根据资料的性质选择恰当的检验方法，从而提高学生分析问题的能力。

4. 课程思政教学设计

根据教学目标和教学内容，充分挖掘课程思政素材，筛选思政功能素材较多的教学资源，制作能体现课程思政特点的课件和教案，找准教学内容中能融入思政素材的切入点，使思政教育与专业教育有机衔接和融合。本节课思政教学设计方案见表9-3。

表9-3 "生物统计学"中假设检验的基本原理部分课程思政的教学设计方案

教学内容	思政教学目标	切入点	教学设计	教学活动	教学评价
导入	透过现象看本质的辩证唯物主义	寓言故事（文化知识）	类比"管中窥豹"故事，理解假设检验的意义	教师：简单介绍统计推断的知识，引导学生理解假设检验的意义，挖掘培养学生的唯物辩证思维	学生思考感悟

教学内容	思政教学目标	切入点	教学设计	教学活动	教学评价
小概率事件原理	体会坚持不懈的奋斗精神，树立文化自信，激发学生强烈的爱国主义情感	文化自信，爱国精神	通过观看文博探索节目《国家宝藏》中乾隆年间"瓷母"的烧制过程，在理解小概率事件发生的情况下感悟中国人成功烧制瓷器的骄傲和自豪	教师：强调统计学上的小概率事件原理，引导学生思考小概率事件是否一定不会发生 学生：思考，交流	学生思考，发言
确定零假设和备择假设	培养理性的洞察力和分析能力，树立严谨的科学精神	科学精神	案例分析：动物的体重是否符合作为实验材料需要达到的要求，引导学生思考该案例的零假设和备择假设分别是什么	教师：讲解零假设和备择假设的相关概念知识，采用案例教学法让学生理论联系实际，思考案例的零假设和备择假设的确定 学生：思考，回答问题	学生思考，发言
确定显著性水平	培养观测能力和分析能力，注重科研道德的品德修养和职业操守	科学精神，品德修养和职业操守	提供 2019 年三位科学家在国际顶级学术期刊 *Nature* 杂志官网发表的"Scientists rise up against statistical significance"（《科学家起来反对统计学意义》）的文章，作为反对 P 值滥用的实例。让学生体会显著性水平的确定要依据试验情况而定，不能一味追求结果的准确性而不顾学术底线	教师提供案例引导学生思考显著性水平确定的注意事项，不仅要有严谨的科学精神，还要恪守学术道德 学生：思考，交流	学生思考，讨论发言
计算概率，做出统计决策	培养学生获得较为科学的、真实的统计结论的能力，激发学生对科研和统计学的兴趣；培养学生的团队合作意识	科学精神，团队合作	引入多个实例，将学生分成不同的学习小组，学习过程以学生为中心，让小组选择自己感兴趣的问题，检验统计量并得出结论，通过案例教学和小组活动，使学生明确目标，合理分工，培养高度责任心与使命感，提升执行力与学习能力	教师提供多个案例供不同的学习小组选择，让学习小组合作思考并作出统计决策 学生：组队讨论，思考，回答问题	学生思考，交流，讨论发言

续表

教学内容	思政教学目标	切入点	教学设计	教学活动	教学评价
假设检验的两类错误	培养学生辩证思维和逆向思考的能力	辩证唯物主义	通过分析已发表文献中错误使用统计分析方法的研究案例，引导学生认识到检验可能犯的错误，指导学生学会利用辩证的眼光看待问题或结论，而并非片面接受结论或者妄下定义，提高学生运用唯物辩证思维分析问题的能力	教师讲述检验可能发生的两类错误之后提供错误案例，引导学生发现其中的问题，让学生思考属于哪类错误学生：思考，回答问题	学生思考，讨论发言
双侧检验和单侧检验	培养学生科学的分析判断能力	科学精神	通过比较分析"动物体重是否符合条件"和"改善栽培条件是否显著提高了豌豆籽粒重量"两个案例，引导学生思考检验方法需要根据资料的性质而选择，从而提高学生分析和判断问题的能力	教师介绍检验有双侧检验和单侧检验两种方法，然后通过案例的学习让学生思考确定选择哪一种检验方法学生：思考，回答问题	学生思考，发言

9.3.2 案例二

以培养学生崇尚科学精神为主的"生物统计学"课程思政
——以"方差分析"为例

1. 教学目标

知识与技能目标：通过实验设计和对实验结果的方差分析，学生提高理论与实践相结合的能力，掌握将方差分析方法用于统计实验设计与分析，解决实际问题；并掌握方差分析的基本原理和步骤，学习单因素方差分析和双因素方差分析的方差分析方法、方差分析的基本假定和数据转换。

过程与方法目标：掌握单因素方差分析和双因素方差分析的方法；能够利用方差分析的方法对实验结果做出解释。

情感、态度、价值观目标：通过实例分析，养成认真负责、实事求是、心思缜密、一丝不苟的科学精神及敏锐的洞察力与精准的判断力；通过分析讨论超市所在位置和竞争者的数量对于连锁商店营业额是否有影响，激发学生的积极性和求知欲望，增强专业自信心；统计实验设计与分析中的实验通常是由一个团队共同协作完成的，善于独立思考的同时也要善于与人沟通合作，并能勇于承担责任，坚持用科学的结论指导实践。

2. 教学流程设计

学习任务发布：提前一周，发布学习任务和学习要求，上传课件"方差分析"及扩展阅读资料，提供慕课链接（"学习强国"，南京农业大学"普通生物统计学"）。扩展阅读如"方差分析的创始人 R. A. Fisher 的故事""先进精神案例——第一把荒火"等文献，思政功能素材较多，能够进一步渗透科学精神、家国情怀及国际视野的理念。

授课准备：课程团队集体备课，充分挖掘思政素材，制作授课 PPT。

课堂授课：主讲教师采用讲授法和小组讨论相结合的方式进行"润物细无声"地渗透思政教育。

小组讨论：比较 t 检验和方差分析的区别，从而进一步了解学习方差分析的重要性。

过程性考核和课后作业：关注学生在课程学习中所表现出来的情感、态度、价值观的变化，如重视对学生在课堂讨论中表现出的分析能力等方面的考查，以进一步引导学生树立崇尚科学的精神。课后作业让学生分析讨论超市所在位置和竞争者的数量对于连锁商店营业额是否有影响，通过数据分析，得出结论，从而养成认真负责、实事求是、心思缜密、一丝不苟的科学精神及敏锐的洞察力与精准的判断力，同时深度渗透了思政素材。

3. 课程思政设计路径

（1）挖掘课程中蕴含的思政素材

通过严谨的统计分析过程，培养崇尚科学精神。科学精神是科学与科学活动的内在灵魂，是科学主体（科学家）的内在精神、品质和科学活动的内在性质、特质在求真创新基础上的统一。崇尚科学精神是教育中的核心要求，只有在科学精神下，教育才会实现实效的特性。从严谨数理分析原理的讲解、重量级科技论文中生物统计学知识的应用等方面，引导学生参与科学活动，逐步建立良好的科学观念，具备崇尚科学的精神。例如，方差分析相关概念介绍部分，阐述方差分析的创始人 R. A. Fisher 首先将方差分析应用到农业实验上，体现了崇尚科学精神；利用数学期望与方差的有关知识分析解读脱贫攻坚政策，使学生更好地理解国家的大政方针政策，感受我国社会主义制度的优越性，增强四个自信，加强政治认同感。

（2）精细划分课程思政主体

教学是师生之间的互动过程，在课堂上要注重师生、生生之间的协助互助，并以学生为主体。

师生互动：在教学中，教师提出如果研究 5 种激素类药物对肾组织切片氧消耗的影响用什么统计方法进行分析，是否可以用之前所学的 t 检验，让学生思考和讨论后给出答案。接着教师讲解方差分析中数学期望与方差概念的具体释义。通过历史故事：王震将军于 1955 年 3 月在黑龙江垦区八五〇农场点燃了北大荒第一把垦荒之火，拉开了开发北大荒的序幕。此后的数十年中，十万转业官兵和数十万知识青年在这片亘古荒原上"献了青春献终身，献了终身献子孙"，创造了"艰苦奋斗、勇于开拓、顾全大局、无私奉献"的北大荒精神。现在黑龙江垦区已经成为中国耕地规模最大、现代化程度最高、综合生产能力最强的国家重要商品粮基地和粮食战略后备基地，能够满足 1.2 亿城镇人口的口粮。引出例题：为比较密度对水稻产量的影响，现调查黑龙江省八五五农场密度为 125 株/m^2、140 株/m^2 和 155 株/m^2 的田块各 5 块，125 株/m^2 田块亩产分别为 543kg、602kg、578kg、562kg、589kg，140 株/m^2 的田块亩产分别为 585kg、605kg、633kg、689kg、612kg，155 株/m^2 田块亩产分别为 562kg、584kg、605kg、589kg、554kg，试测验三种移栽密度下水稻产量差异是否显著？通过讲解，学生自主归纳出方差分析的方法和一般步骤，掌握方差分析的方法，并让学生了解北大荒农垦的历史事件，从中受到鼓舞和感动。

生生互助：学生在掌握双因素方差分析的方法后，进行分组合作，通过调查、统计，分析讨论超市所在位置和竞争者的数量对于连锁商店营业额是否有影响。激发学生的积极性和求知欲望，增强专业自信心。

（3）多样化选用信息技术，强化课程思政效果

信息技术应用能够使得课程思政起到更好的教学效果，在"互联网+教育"模式下，信息、知识、文化的传播途径呈现碎片化、多样化、交互性特征。可结合学校特点构建相关平台，学生有问题可以直接在网上和老师实时互动，学生之间也可以发起讨论。学生可以通过电脑端、手机端随时学习，实时互享信息，老师也可以随时关注每一位学生的动态。这样，大大加快了协同育人的速度。

课前，通过学习通、公众号、班级 QQ 群推送关于北大荒精神等方面的热

点话题引发学生的讨论与关注，发布相关文献供学生学习讨论。

课后，进一步通过互联网方差分析在医疗、农业等方面的应用进行讨论交流，体会方差分析的重要作用，通过小组合作，对生活中的实例进行调研和整理，最后得出相关的研究报告，以进一步提升思政效果。

（4）多元化设计课程思政评价体系

对专业课思政教育效果考核，应加强对学生理论素养、情感态度、价值观念、行为表现、综合能力等方面的综合评估和考核，才有利于充分发挥课程思政在大学生思政教育中的主导作用。课程形成性考核的丰富多样性与课程思政的灵活应变性相结合，能够较好地反馈教师教学的真实效果与学生知识内化、行为外化的情况，对于提高教学成效具有重要意义。因此，课程采用讨论发言、调查报告、案例分析等相结合的多元评价形式，在评价过程中综合采用教师评价、学生自评、生生互评相结合的多元评价主体。教师评价通过课堂观察、课堂实录、平台学习行为跟踪及在线测试等手段完成。

4. 课程思政教学设计

其具体的教学设计方案见表9-4。

表 9-4 "生物统计学"方差分析部分课程思政的教学设计方案

教学内容	思政教学目标	切入点	教学设计	教学活动	教学评价
导入	引导学生明白方差分析应用广泛，培养学生树立文化自信，厚植科学精神	科学历程	通过阐述方差分析的创始人 R. A. Fisher 首先将方差分析应用到农业实验上的故事及比较多组平均数的统计分析方法，体现方差分析的重要性	教师提问：研究 5 种激素类药物对肾组织切片氧消耗的影响用什么统计方法进行分析？是否可以用之前所学的 t 检验 学生：思考，回答问题	学生讨论发言
单因素方差分析	培养学生的科学精神、家国情怀及国际视野	历史故事	王震将军于 1955 年 3 月在黑龙江垦区八五〇农场点燃了北大荒第一把垦荒之火，拉开了开发北大荒的序幕。此后的数十年中，十万转业官兵和数十万知识青年在这片亘古荒原上"献了青春献终身，献了终身献子孙"，创造了"艰苦奋斗、勇于开拓、顾全大局、无私奉献"的北大荒精神。	教师提问：试测验三种移栽密度下水稻产量差异是否显著 学生：思考，讨论	学生思考

续表

教学内容	思政教学目标	切入点	教学设计	教学活动	教学评价
单因素方差分析			现在黑龙江垦区已经成为中国耕地规模最大、现代化程度最高、综合生产能力最强的国家重要商品粮基地和粮食战略后备基地，能够满足1.2亿城镇人口的口粮 引出例题：为比较密度对水稻产量的影响，现调查黑龙江省八五五农场密度为125株/m²、140株/m²和155株/m²的田块各5块，125株/m²田块亩产分别为543kg、602kg、578kg、562kg、589kg，140株/m²的田块亩产分别为585kg、605kg、633kg、689kg、612kg，155株/m²田块亩产分别为562kg、584kg、605kg、589kg、554kg，试测验三种移栽密度下水稻产量差异是否显著		
双因素方差分析	激发学生的积极性和求知欲望，增强专业自信心	实地调研，学以致用	通过例题如判断不同施肥量、不同种植密度对产量是否有显著影响，讲解双因素方差分析的步骤和方法，在掌握双因素方差分析的方法后，实地调研分析讨论超市所在位置和竞争者的数量对于连锁商店营业额是否有影响	教师：布置调研任务 学生：小组合作，思考讨论	学生分享交流

参 考 文 献

陈洪，程瑜，谌素华，等. 2022. 融入课程思政的高校实验教学多元化考核与评价反馈的实践——以药物化学实验为例. 云南化工，49（7）：155-157.

董必成，王兰会. 2019. "生物统计学"课程教学改革的探索——以北京林业大学自然保护区学院为例. 中国林业教育，37（2）：43-46.

李春喜，姜丽娜，邵云，等. 2023. 生物统计学. 6版. 北京：科学出版社.

李红宇，林志伟，殷大伟，等. 2020. 农学类本科"生物统计学"课程与思政教育融合教学的初探. 教育教学论坛，（34）：35-36.

李晓霞. 2017. 汪厥明：不该被遗忘的中国生物统计学创始人. 科技导报, 35 (16)：93-94.

秦元海. 2006. 论科学精神——兼析我国科学精神的缺失与培养. 上海：复旦大学博士学位论文.

王洪, 程学伟. 2022. 大数据和互联网背景下生物统计课程教学改革的探索. 知识窗（教师版）, (10)：72-74.

王瑾瑾, 闫国立, 赵倩倩, 等. 2021. 融入课程思政理念的医学统计学教学模式探索. 中国中医药现代远程教育, 19 (15)：177-179.

王明华, 石瑞, 赵二劳. 2020. 融合"课程思政"理念的生物统计学案例教学探讨. 山东化工, 49 (2)：191-192.

王文侠, 李修岭, 郝继伟, 等. 2022. 课程思政融入生物统计学教学的探索. 现代职业教育, (19)：48-50.

魏丽君, 董蓓. 2024. 融媒体背景下高校思政课程创新路径探析. 新闻研究导刊, 15 (1)：163-165.

温忠麟, 谢晋艳, 方杰, 等. 2022. 新世纪20年国内假设检验及其关联问题的方法学研究. 心理科学进展, 30 (8)：1667-1681.

夏建文. 2019. 土木类专业课程中的"思政素材"及其运用. 中国多媒体与网络教学学报（上旬刊）, (7)：116-117.

颜艳, 田刚, 唐媛, 等. 2022. 课程思政融入研究生医学统计学教学的探索与实践. 中国卫生统计, 39 (5)：795-797.

张汉. 2022. 提升学生"假设—检验"能力的方法与策略. 华夏教师, (29)：28-30.

赵艳琴, 于秀英, 刘贵峰, 等. 2021. 农业院校"生物统计学"课程思政的教学探索——以内蒙古民族大学为例. 内蒙古民族大学学报（自然科学版）, 36 (4)：355-357.

Amrhein V，Greenland S，McShane B，et al. 2019. Scientists rise up against statistical significance. Nature，567 (7748)：305-307.

"植物生理学"课程思政教学设计与典型案例

10.1 "植物生理学"课程简介

一般认为最早的植物生理学研究是 16 世纪比利时人范·海耳蒙特（van Helmont）的柳树实验。植物生理学相关研究发展到 1800 年，瑞士的塞纳比耶（Sénebier）出版了世界上第一部《植物生理学》著作。19 世纪后期德国人冯·萨克斯（von Sachs）首次开设了植物生理学专门课程。在他和学生 Pfeffer 等的努力下，植物生理学从植物学中独立出来，成为一个专门的学科。

10.1.1 课程性质

植物生理学是研究植物生命活动规律、揭示植物与环境相互作用关系的一门科学。它以数学、物理、化学、植物学、生物化学等课程为基础，是生物科学专业发展的必修课程。其基本任务是研究植物生命活动的规律和机制及其在植物生产中的应用。本课程旨在使学生掌握该课程的基本理论和研究方法，为未来从事相关教学和研究工作打下坚实的基础。

10.1.2 专业教学目标

本课程的专业教学目标是使学生掌握植物生命活动的基本概念和原理，认识植物基于水分代谢、矿质营养、光合作用等生理活动而表现出的种子萌发、生长、运动、开花、结果、衰老、死亡等生长发育过程，掌握植物与环境进行物质和能量交换及信息传递的基本原理，熟悉植物形态建成的生理基础，了解环境对植物生长发育的影响和植物对逆境的响应；使学生理解植物生理相关理论在生产实践中的应用，熟悉常用实验材料及其生长环境，掌握植物主要生理指标测定的一般原理、基本方法和技术；以科学研究和实践应用帮助学生建立历史、发展的观点，同时培养科学的思维方式。以大生物学科的知识结构为背景，完成从单纯技能培养到系统综合能力培养、从基础知识到创新思维的培养。使学生能够运用所学基本理论、基本知识和基本技能分析、解决生产实践中有关植物生理学的一般问题，毕业后能胜任中学植物生理学相关知识教学或为从事植物生理学相关科研和实践工作打好基础。

概括来说，本课程目标包括以下三个方面：①让学生掌握本门课程的专业知识（知识目标）；②以学习专业知识为媒介，提高学生分析和解决实际问题的能力（能力目标）；③在获取知识和能力的基础上，培养学生的民族自豪感，激发学生对所学专业的热爱，拓宽学生的视野，帮助学生树立正确的世界观、人生观和价值观，提高学生的思想水平、政治觉悟、道德品质、文化素养，实现立德与树人相结合（思政目标）。

10.1.3　知识结构体系

根据植物生理学的研究尺度，该课程主要分为 5 个教学板块，即绪论、植物的代谢生理、信号转导与调控生理、植物的生长和发育生理及逆境生理，其知识结构体系见表 10-1。

表 10-1　"植物生理学"课程知识结构体系

知识板块	章节	课程内容
一、绪论	绪论	1. 植物生理学的定义、内容和任务 2. 植物生理学的产生和发展 3. 植物生理学的展望
二、植物的代谢生理	第一章　植物的水分生理	1. 植物和水的关系 2. 植物的水分交换 3. 根系的水分吸收和远距离运输 4. 蒸腾作用 5. 合理灌溉的生理基础
	第二章　植物的矿质营养	1. 植物必需的矿质元素 2. 植物细胞对矿质元素的吸收 3. 植物体对矿质元素的吸收 4. 矿质元素的运输和利用 5. 植物对氮、硫、磷的同化 6. 合理施肥的生理基础

知识板块	章节	课程内容
二、植物的代谢生理	第三章　植物的光合作用	1. 光合作用的重要性 2. 叶绿体及其色素 3. 光合作用过程 4. C_3、C_4 与 CAM 植物的光合特性比较 5. 光呼吸 6. 影响光合作用的因素 7. 植物对光能的利用
	第四章　植物的呼吸作用	1. 呼吸作用的概念和生理意义 2. 呼吸代谢途径 3. 电子传递与氧化磷酸化 4. 呼吸过程中能量的贮存和利用 5. 呼吸作用的调控 6. 呼吸作用的影响因素 7. 呼吸作用与农业生产
	第五章　植物同化物的运输	1. 同化物运输的途径和方向 2. 韧皮部装载 3. 韧皮部卸出 4. 韧皮部运输的机制 5. 同化物的分布
	第六章　植物的次生代谢物	1. 初生代谢物和次生代谢物 2. 萜类化合物 3. 酚类化合物 4. 次生含氮化合物 5. 次生代谢物的开发利用技术
三、信号转导与调控生理	第七章　细胞信号转导	1. 信号与受体结合 2. 跨膜信号转换 3. 细胞内信号转导形成网络
	第八章　植物生长物质	1. 生长素类 2. 赤霉素类 3. 细胞分裂素类 4. 乙烯 5. 脱落酸 6. 油菜素甾醇类 7. 其他天然的植物生长物质 8. 植物生长调节剂
	第九章　植物的光形态建成	1. 光受体 2. 光形态建成 3. 光形态建成的反应机制
四、植物的生长和发育生理	第十章　植物的生长生理	1. 细胞生长生理 2. 种子萌发 3. 植物营养器官生长 4. 植物生长的相关性 5. 植物的运动

知识板块	章节	课程内容
四、植物的生长和发育生理	第十一章 植物的生殖生理	1. 幼年期 2. 成花诱导 3. 花原基和花器官原基的形成 4. 受精生理
	第十二章 植物的成熟和衰老生理	1. 种子成熟生理 2. 果实成熟生理 3. 植物休眠的生理 4. 植物衰老的生理 5. 程序性细胞死亡 6. 植物器官的脱落
五、植物的逆境生理	第十三章 植物对胁迫的应答与适应	1. 胁迫应答与适应生理通论 2. 植物对温度胁迫的应答与适应 3. 植物对水分胁迫的应答与适应 4. 植物对盐胁迫的响应 5. 植物的抗病性

10.2　"植物生理学"课程思政

10.2.1　课程思政特征分析

1. 植物生理学教学中实施课程思政必要且可行

植物生理学是与生产实践密切联系的自然科学，蕴含着丰富的思政素材，劳动人民总结了大量与植物生理相关的生产实践知识。我国科学家在相关领域也取得了令人瞩目的成绩。教学中加入与生活和农业生产密切相关的案例，能够激发学生的学习兴趣，并使其利用所学专业知识去发现、分析和解决生活生产上的问题，可以提高学生专业自信心。结合课程特点充分挖掘思政素材，坚持在植物生理学课程教学中"润物细无声"地引入思政教育，改变原有的知识传授和能力培养模式，引导学生在学习植物生命活动规律的同时，关注人类命运共同体的健康发展，实现理论知识学习与人文精神培养高度契合，进一步培养学生热爱生活、注重健康、珍惜生命、关注环境的意识，有利于学生形成健康向上、团结协作、爱国爱党、终身学习的人生态度，塑造生命至上、永不言弃的人生追求。

2. 大国"三农"情怀是课程最突出的思政维度

植物生理学也是农学类专业的基础课程，涉及环境保护、资源有效利用、可持续发展等理念，为开展后续专业课程的学习打下基础。教育部关于印发《高等学校课程思政建设指导纲要》的通知指出，农学类专业课程要在课程教学中加强生态文明教育，引导学生树立和践行"绿水青山就是金山银山"的理念。要注重培养学生的大国"三农"情怀，引导学生以强农兴农为己任，"懂农业、爱农村、爱农民"，树立把论文写在祖国大地上的意识和信念，增强学生服务农业农村现代化、服务乡村全面振兴的使命感和责任感，培养知农爱农新型人才。开展《植物生理学》课程思政教学，是在当前我国新农科建设背景下，全力推进高素质农林人才培养进程的必然要求和重要体现。

10.2.2　课程思政教学目标

培养学生掌握植物生理学的基本理论、基本知识和基本技能，使学生具备分析和解决植物生理学问题的能力；具备良好的科学素养和实验技能，能够运用植物生理学的原理和方法进行科学研究和技术应用；具备创新意识和创新能力，能够在植物生理学领域进行创新性研究和技术开发；具备国际视野和跨学科交叉能力，能够在国内外植物生理学研究领域进行交流和合作；具备良好的职业道德和社会责任感，关注植物生理学在农业生产、生态环境保护等方面的应用，为社会主义现代化建设做出贡献；结合植物生理学课程的特点，引导学生树立正确的世界观、人生观和价值观，培养学生具备社会主义核心价值观，为培养德智体美全面发展的社会主义建设者和接班人打下坚实基础。

10.2.3　课程思政素材

本书以王小菁主编的《植物生理学》（第 8 版）为例，结合参考书目，梳理经典植物生理学教学内容相关知识点的思政素材。教材开篇为绪论部分，要求学生要掌握植物生理学的概念，了解植物生命活动形式，了解学科历史重大发展事件和发展趋势，以及当前我国植物生理学在国民经济和科学发展中的重要意义。其思政素材梳理见表 10-2。

表 10-2 绪论部分思政素材梳理表

知识点	思政素材	思政维度
植物生理学的概念和内容	（1）植物生理学在农业生产中的有效运用可提升作物产量及品质，对确保我国甚至全世界粮食安全具有重要作用；也涉及环境污染、资源匮乏等问题。引导学生关注植物生理学课程，充分激发学生的使命担当；融入制度自信，引导学生节约粮食，珍惜来之不易的美好今天，培养学生的爱国主义精神 （2）融入"非遗"，弘扬传统文化。中国"二十四节气"是中国人民勤劳和智慧的结晶；2016 年 11 月 30 日，被正式列入联合国教科文组织人类非物质文化遗产代表作名录。教学中每个节气都融入专题知识，如秋分节气恰好是"中国农民丰收节"，展示全国农村改革发展的巨大成就，坚定学生专业信心。学习描写秋分节气的诗歌及传统文化，提升素养，陶冶情操；加入节气与农事、养生知识，拓展学生知识面 （3）中国历史上与植物生理学相关的代表性著作 	政治认同 家国情怀及国际视野 文化自信

作者	著作	历史地位
氾胜之	《氾胜之书》	我国历史上最早的农业科学著作
贾思勰	《齐民要术》	我国现存最完整的综合性农书，我国古代农学体系形成的标志
宋应星	《天工开物》	世界上第一部关于农业和手工业生产的综合性著作
徐光启	《农政全书》	基本囊括中国明代农业生产和人民生活的各个方面
王祯	《王祯农书》	兼论中国北方农业技术和中国南方农业技术，提出中国农学的传统体系

知识点	思政素材	思政维度
植物生理学的学科起源与发展史	（1）介绍此领域诺贝尔奖获得者和我国老一辈科学家所取得的成就及对学科发展做出的贡献，让学生了解本学科知识在中国古代的积淀远超于西方发达国家，提高学生的民族自豪感；自 1914 年起，钱崇澍、汤佩松等一大批科学家，放弃国外优越生活，先后回国任教，在艰苦环境下长期坚持科研并取得大量科研成果，为我国现代植物生理学的发展奠定了坚实的基础，激发学生的爱国情操 （2）中国科学院院士赵进东、孟安明，中国工程院院士袁隆平、吴明珠、向仲怀是西南大学杰出校友的代表。赵进东院士研究发现蓝藻通过光合作用释放氧气，蓝藻是地球氧气的重要贡献者。袁隆平院士的"海水稻"与"植物水分生理""植物抗性生理"息息相关；其超级杂交稻产量与光合作用相关；另外，袁隆平院士在获得"共和国勋章"后给西南大学学子的回信——"知识、汗水、灵感和机遇"也是宝贵的精神财富。吴明珠院士的甜瓜育种工作与"植物矿质营养""植物采后生理""植物抗性生理"相关。将杰出校友的科学成就、科学精神融入教学中，学生可对"学以致用"形成最直接的感性认识，培养学生热爱科学、热爱专业的意识	科学精神 家国情怀及国际视野 品德修养及职业操守

教材第一章为植物的水分生理部分。通过该章的学习，学生要理解植物水分吸收、运输和蒸腾的基本原理，认识维持植物水分平衡的重要性；掌握合理灌溉的生理基础和相关基本研究方法；培养高效和节约用水意识。思政素材梳理见表 10-3。

表 10-3　植物的水分生理部分思政素材梳理表

知识点	思政素材	思政维度
植物组织水势	甲骨文卜辞拓片"帝令雨足年，帝令雨弗足其年"（殷墟甲骨文）《群芳谱》中"无花果'结实后不宜缺水，常置瓶其侧，出以细霤，日夜不绝，果大如瓯'"	文化自信
植物水分代谢的特点和规律	（1）诺贝尔化学奖获得者、水通道蛋白的发现者——彼得·阿格雷 （2）遵循自然发展规律	科学精神 辩证唯物主义
合理灌溉的生理基础	（1）凝结劳动人民智慧的农谚是在长期生产实践中总结的、用于指导农业生产的经验概括，如"旱长根，水长苗"等 （2）"太行山上的新愚公"——河北农业大学李保国教授、中国植物学家"新时代的播种者"和"筑梦人"——复旦大学钟扬教授、"六老汉"三代人治沙精神，以及"人民楷模"——王有德的感人事迹，展示了沙漠变绿洲的成果。提升了全体公民水资源保护意识	文化自信 家国情怀 政治认同 科学精神

教材第二章为植物的矿质营养部分。通过该章的学习，学生要了解植物对矿质的吸收、利用特点和吸收机制，掌握合理施肥的生理基础和提高肥料利用率的生理方法；理解矿质营养对植物生长发育和作物生产的意义及合理施肥是可持续发展的有力保障，培养土壤和水资源保护的意识。思政素材梳理见表 10-4。

表 10-4　植物的矿质营养部分思政素材梳理表

知识点	思政素材	思政维度
必需矿质元素的生理功能及其缺乏症	我国古代的相关总结，如《荀子·富国篇》中的"多粪肥田"。《韩非子》"积力于田畴，必且粪灌"。《氾胜之书》还提到耕完之后，要让耕地长草，然后再耕一次，将草埋在地下。这种做法正是应用绿肥的开端	文化自信
合理施肥的生理基础	（1）引导学生采取辩证唯物的观点来分析作物需肥因时因物而异的特点，引导学生用实事求是的科学态度、科学的思维方法正确判断合理施肥的指标，培养学生奉献、敬业精神，成为知农爱农懂农的新时代人才 （2）我国劳动人民在长期农业实践中已摸索出判断合理施肥的方法，学生在专业知识学习中可树立文化自信	文化自信 科学精神 家国情怀 政治认同

知识点	思政素材	思政维度
合理施肥的生理基础	（3）引导学生理解农谚"收多收少在于肥"，肥料的发明和应用解决了多国人民的温饱问题；科学施肥是解决"三农"问题的重要措施，是乡村振兴战略的重要内容，还可增加植物碳汇能力，有助于实现碳达峰碳中和的目标 （4）实际生产中化肥的滥用会引起土壤地力退化、湖泊面源污染等一系列的问题，引导学生辩证看待化学肥料的施用，探寻更科学的肥料和施肥方式，顺应时代发展趋势，增强新时代生态文明建设意识，积极践行"绿水青山就是金山银山"的意识理念	国际视野 生态文明 法治意识

教材第三章为植物的光合作用部分。通过该章的学习，学生要了解光合作用的研究历史、温室效应及其成因；掌握光合作用机制，熟悉不同光合途径的化学过程及调节因素，掌握光呼吸的生化途径和生理意义，熟悉光合作用的影响因素；掌握通过提高光合效率促进作物优质高产的途径；理解光合作用对地球化学循环和人类的意义，通过光合作用发现的科学史教育培养学生严谨求实的科学态度，激发学习探索和创新的精神。思政素材梳理见表10-5。

表 10-5 植物的光合作用部分思政素材梳理表

知识点	思政素材	思政维度
叶绿体色素	以生活中经常吃到的韭黄和带字苹果举例讲解色素的合成，启发学生如何利用掌握的理论知识，提高农产品价值，让学生懂得学习理论知识的最终目的是利用所学知识来解决生活和生产中的问题	生命伦理
光合作用的发现	美国科学家卡尔文和本森花了 10 年的时间，在无数次失败之后，终于搞清楚了 CO_2 同化的循环途径，并获得了诺贝尔化学奖	科学精神 国际视野
植物光合作用的机制	讲解植物光合与生态系统碳汇之间的关系。建立应对气候变暖国际合作，实现"双碳"目标共赢的全球观和"绿水青山就是金山银山"的绿色发展观	生态文明 家国情怀及 国际视野

教材第四章为植物的呼吸作用部分。通过该章的学习，学生应掌握植物呼吸代谢的类型和生物学意义，掌握呼吸作用的调节和控制机制；理解呼吸作用与农林业生产的关系。思政素材梳理见表10-6。

表 10-6   植物的呼吸作用部分思政素材梳理表

知识点	思政素材	思政维度
植物呼吸作用的机制	（1）糖的有氧降解产生 CO_2、水和能量，是植物生理活动的重要一环，但 CO_2 会引起温室效应，在现实生活中，需要维持生态系统中 CO_2 的平衡。推行绿色低碳文明的生活方式，全面维护生态平衡 （2）讲解臭菘的抗氰呼吸运用，让学生提出在人生中可能会遇到的困难，围绕在困难面前怎么办来进行讨论。培养学生坚韧、遇事不怕难、积极向上的优良品格	生态文明 品德修养及 职业操守

教材第五章为植物同化物的运输部分。通过该章的学习，学生要掌握同化物运输的形式和运输机制，理解同化物的配置及分配与生产实践的关系。思政素材梳理见表 10-7。

表 10-7   植物同化物的运输部分思政素材梳理表

知识点	思政素材	思政维度
同化物的运输、分配	（1）利用"万物生长靠太阳，中国人民离不开共产党"等，帮助学生理解光的重要性和营养物质的运输通道。弘扬中华优秀传统文化的同时讴歌劳动人民的智慧 （2）植物体内各种物质运输系统和运输途径相互协调、相互配合又各司其职。共建生命共同体，生命体是有机统一体	政治认同 生态文明

教材第六章为植物的次生代谢物部分。通过该章的学习，学生要了解植物初生代谢和次级代谢的概念与关系，萜类、酚类物质和含氮次级化合物的特点和作用及生物合成途径；理解次级代谢产物的作用和意义。思政素材梳理见表 10-8。

表 10-8   植物的次生代谢物部分思政素材梳理表

知识点	思政素材	思政维度
植物初生代谢和次级代谢的概念与关系	植物体内各种物质代谢相互协调、相互配合又各司其职。每个人社会分工不同，但都要努力为社会作出自己的贡献	生态文明

教材第七章为细胞信号转导部分。通过该章的学习，学生要了解高等植物信号转导系统及其特点，理解细胞信号转导的概念和植物细胞信号转导的基本机制；理解高等植物信号转导的重要意义。思政素材梳理见表 10-9。

表 10-9　细胞信号转导部分思政素材梳理表

知识点	思政素材	思政维度
高等植物信号转导	植物通过强大的信号转导系统积极调节自身以适应环境。共建生命共同体，人与自然和谐共生	生态文明

教材第八章为植物生长物质部分。通过该章的学习，学生要理解植物激素的种类与结构、分布与运输、合成与降解、信号转导与生理作用等，引导学生运用理论知识、科学实验等手段获取信息，用辩证的观点看问题，敢于坚持真理。其思政素材梳理见表 10-10。

表 10-10　植物生长物质部分思政素材梳理表

知识点	思政素材	思政维度
植物激素的种类与结构	联系发展全面的观点理解生物学问题，如对植物激素的认识，除五大类经典激素外，还有油菜素甾醇类、茉莉素、多胺与独脚金内酯等，人们对植物激素的作用及机制的认识不断发展且更加全面；又如，生长素、赤霉素、细胞分裂素的探索历程	辩证唯物主义科学精神
植物激素的生理作用	（1）西南大学生命科学学院谈峰老师研发生根粉用于红豆杉扦插生根，相关专利进行技术转化后获得资金用于设立奖学金、助学金，帮助学院的品学兼优和有经济困难的学生 （2）科学家如何巧妙运用拟南芥黄化苗为材料，针对乙烯特有的"三重反应"以探索乙烯的受体蛋白；"三重反应"现象最早是由俄国 Dimitry Neljubov 在读研究生时发现的。鼓励学生在年轻的时候要有自信，在最具有创新思维的时候要勇于探索新领域 （3）合理使用保鲜剂有利于蔬菜水果的贮藏运输，但滥用保鲜剂则可能会伤害身体健康，违法行为会受到法律的严惩 （4）让学生讨论如何在农作物、果蔬生长过程中正确使用植物生长调节剂，正确看待"激素菜""激素水果"。传播科学的知识，不信谣不传谣	科学精神品德修养及职业操守生态文明生命伦理法治意识社会责任家国情怀
植物激素的合成与信号转导	（1）列举学生身边的研究成果，如西南大学裴炎教授团队有关棉纤维的研究堪称将模式植物拟南芥的理论知识应用于农作物的典范，为培育高产棉花提供了重要参考 （2）华人科学家杨祥发 1979 年在乙烯合成途径中做出了重大发现，教科书中将乙烯合成的开始步骤命名为"杨氏循环"，以示纪念。华人科学家赵云德解析了生长素的合成关键步骤 （3）关于赤霉素的去阻遏模型信号途径，最早是由浙江大学彭金荣教授在做博士后时提出的，这个模型也适用于生长素、茉莉酸、独脚金内酯等激素的信号转导途径。中国科学院李家洋研究员和中国农业科学院万建民教授在独脚金内酯信号转导途径中做出了重要的发现。他们的研究成果都被写入国际主流教科书中	科学精神文化自信

教材第九章为植物的光形态建成部分。通过该章的学习，学生需掌握光作为信号对植物生长发育的调节机制，以及植物对不断变化的光的适应过程。学生可感受到农业科技创新发展的光明前景，从而激发学生从事科学研究的兴趣。其思政素材梳理见表 10-11。

表 10-11　植物的光形态建成部分思政素材梳理表

知识点	思政素材	思政维度
光形态建成机制	（1）光控制细胞分化、结构和功能的改变，使细胞最终形成组织和器官，实现由量变到质变 （2）介绍我国科研团队在光形态建成机制上的最新研究成果，如中国科学院刘宏涛研组在紫外光调控的光形态建成研究中取得的突破性进展；林辰涛、杨洪全等在蓝光受体相关研究做出的开创性工作 （3）利用合适的光照系统，2016 年中国人首次在太空种菜，2022 年成功种植并收获水稻	辩证唯物主义 科学精神 家国情怀

教材第十章为植物的生长生理部分。该章包括细胞的生长生理、种子的萌发、植物生长的相关性及植物的运动相关内容。教师通过该章的教学，引导学生要多观察、善于思考、善于利用所学专业知识来分析和解释日常生活及农业生产上的现象，培养学生分析和解决实际问题的能力。素材梳理和我国水稻育种科学家的主要贡献及其思政维度见表 10-12 和表 10-13。

表 10-12　植物的生长生理部分思政素材梳理表

知识点	思政素材	思政维度
细胞的生长生理	（1）引入热点问题：纤维素等物质转变为生物燃料以替代石油产品 （2）在水稻"三系"的制种过程中，包穗的不育系可在主穗"破口"至见穗时喷施赤霉素（GA_3），以提高制种产量 （3）以"植物组织培养过程中，细胞在离体条件下，才会表现全能性"类比个人的发展，鼓励学生坚持独立自主，并认同中国共产党始终坚持独立自主的原则 （4）宋代陈旉《农书》提出"盖法可以为常，而幸不可以为常也"的观点，表现植物生长发育的基本现象	辩证唯物主义 科学精神 品德修养及职业操守 政治认同
种子的萌发	（1）观看植物种子萌发的视频，让学生体验生命的神奇，强调生命的顽强，了解相关现象背后的机制是植物对于环境的适应 （2）融入"不是在稻田里，就是在去稻田的路上"的袁隆平院士和杂交水稻，以及稻田里的"守望者"谢华安院士和被东南亚国家誉为"东方神稻"的'汕优 63'水稻品种的故事	科学精神 家国情怀 政治认同

续表

知识点	思政素材	思政维度
种子的萌发	（3）引入"藏粮于地、藏粮于技""中国人的饭碗任何时候都要牢牢端在自己手上""以强农兴农为己任"等思想政策，将课程知识与习近平新时代中国特色社会主义思想相结合，培育学生的责任感和使命感	
植物生长的相关性	（1）引入成语"根深叶茂"，体现根和地上部分的生长相互促进；引入农谚"旱长根，水长苗"体现根和地上部分生长的相互抑制 （2）辩证分析营养器官与生殖器官生长的相关性；"兰叶春葳蕤，桂华秋皎洁""老柘叶黄如嫩树，寒樱枝白是狂花"体现植物的营养生长和生殖生长随季节的周期性变化	文化自信 辩证唯物主义
植物的运动	观看植物幼苗的向光弯曲视频，让学生体验生命的神奇，强调生命的顽强，理解植物对环境的适应机制	科学精神

表 10-13 我国水稻育种科学家的主要贡献及其思政维度

科学家	主要贡献	思政维度
袁隆平	育成'二九南 1 号'不育系和同型保持系	
石明松	提出两系法杂交水稻技术	
谢华安	培育出'汕优 63'	
潘国君	创建了寒地早粳稻'龙粳'系列	
李家洋	培育出 20 个水稻新品种，如'中科发 5 号'	政治认同 家国情怀 文化自信 科学精神 辩证唯物主义 历史唯物主义
颜龙安	培育出'二九矮 1 号'不育系及同型保持系	
张启发	创造性地构建了水稻"永久 F2"群体，首次发现了控制水稻穗粒大小的基因	
杨守仁	育成第一个直立大穗型超级稻'沈农 265'	
陈温福	育成"北粳南引"的代表品种'中粳 564'	
朱英国	育成"红莲"型和"马协"型杂交稻	

教材第十一章为植物的生殖生理部分。该章包括春化作用、光周期、花原基和花器官原基的形成、受精生理等相关内容。课堂中加入与生活生产密切相关的小事件，引导学生去发现、分析身边所遇到的植物生理学问题，培养学生对专业学习和发展前景的自信心。其思政素材梳理见表 10-14。

表 10-14　植物的生殖生理部分思政素材梳理表

知识点	思政素材	思政维度
春化作用	（1）课堂讨论李森科事件 （2）提出"如果甘蓝抽薹了，它还能不能到我们的饭桌上？""甘蓝的抽薹需要春化吗？""可以用甘蓝的种子进行春化吗？"等3个层次的问题，引发学生思考并解答。讨论西南大学李加纳团队为什么夏天在青海进行油菜育种	科学精神
光周期	（1）根据学生查阅资料的情况引导讨论，"导致'青森5号'严重减产的原因是什么？""北种南引应该遵循怎样的自然规律？" （2）元稹的"不是花中偏爱菊，此花开尽更无花"表达了诗人对菊花的特殊感情，也说明了菊花开放的季节。讨论如何利用光周期原理调整菊花花期 （3）列举学生身边的教师研究成果，如西南大学何光华教授团队发表于 PNAS 的成果与"植物生殖生理"相关内容	科学精神 文化自信
花原基和花器官原基的形成	引入谚语"十月的芥菜——起了心"	文化自信
受精生理	北京大学瞿礼嘉教授、中国科学院杨维才研究员、武汉大学孙蒙祥教授在花粉管导向调控、雌雄配子识别与双受精研究中做出重大发现；山东农业大学段巧红教授发现芸薹属植物自交不亲和性的新机制。他们的成果为实现自交亲和、远缘杂交进而培育高产作物品种奠定了理论基础	科学精神

教材第十二章为植物的成熟与衰老部分。该章包括种子成熟生理、果实成熟的生理、植物休眠的生理、植物衰老的生理、植物器官的脱落等内容。培养学生对复杂多变植物生命活动的认识能力，理解植物与各种环境条件的复杂关系，并能把这些知识应用于生产实践之中。其思政素材梳理见表 10-15。

表 10-15　植物的成熟与衰老部分思政素材梳理表

知识点	思政素材	思政维度
种子成熟生理	我国河西走廊的小麦常因遭受风旱而减产	科学精神
果实成熟的生理	（1）引入谚语"不熟的葡萄——酸得很"；介绍我国传统的人工催熟技术，如用温水浸泡使柿子脱涩，用喷洒法使青的蜜橘变为橙红，熏烟使香蕉提早成熟 （2）中国科学院植物研究所等单位采用气体控制法，可推迟呼吸跃变的到来，从而延长番茄的储存期 （3）通过果实成熟过程中的颜色、味道和气味的变化，学生思考问题"果实成熟后为什么会发生这些变化"，进一步引出协同进化的内容，植物果实的这些变化目的在于吸引动物采食以传播种子，强调自然与生命过程的奇妙，植物内在的生理过程与宏观的生态过程紧密联系	文化自信 科学精神 生命伦理

续表

知识点	思政素材	思政维度
植物休眠的生理	未完成生理后熟的种子即使遇到了合适的外界条件也不萌发,而是需经过一定时期的休眠,等到生理成熟,具备突破种皮和土壤的条件才能萌发。鼓励学生脚踏实地、厚积薄发	品德修养及职业操守
植物衰老的生理	引入晋朝郭璞的《山海经注》:"竹六十年一易根,易根必花,结实而枯死。实落复生,六年而成町。子作穗,似小麦。"	文化自信
植物器官的脱落	(1)引入"落红不是无情物,化作春泥更护花",揭示器官脱落是植物适应环境、保存自身或保证繁殖的生物学现象,激发学生的爱国热情和报国欲望,提升他们的科学文化素养,培养他们奉献社会的责任意识 (2)在越南战争中,美军使用"橙剂"作为落叶剂(含有毒杂质二噁英)应对越南丛林战,导致战后越南大量儿童畸形。先进的科技是用来促进社会发展,而不是作恶	文化自信品德修养及职业操守政治认同

教材第十三章为植物对胁迫的应答和适应部分。该章包括植物对温度胁迫的响应、植物对盐胁迫的响应和植物对病害的响应。该章的教学可培养学生的大国"三农"情怀,引导学生以强农兴农为己任,增强学生服务于农业农村现代化和乡村全面振兴的使命感和责任感。其思政素材梳理见表10-16。

表 10-16　植物对胁迫的应答和适应部分思政素材梳理表

知识点	思政素材	思政维度
植物对温度胁迫的响应	(1)"墙角数枝梅,凌寒独自开"体现植物的抗性 (2)中国科学院植物研究所种康院士在水稻寒害信号感知机制方面的创新性贡献,如低温下 COLD1 膜蛋白感受低温信号后,协调植物防御与发育的平衡,以此为基础成功培育了水稻抗寒新品种'嘉禾优 7 号' (3)引入达尔文的名言:"*It is not the strongest of the species that survives, nor the most intelligent that survives. It is the one that is the most adaptable to change.*"引导学生要有困境意识,人的一生并不总是一帆风顺的,随时会遭遇各种困境,当面对挫折和苦难时,不要怨天尤人、自暴自弃,而要直面挫折和苦难并在其中成长 (4)观看视频《水稻的一生》,让学生体验植物生长的过程充满了挑战,认识到农业生产的艰辛和食物的来之不易	文化自信科学精神家国情怀及国际视野品德修养及职业操守
植物对盐胁迫的响应	(1)结合热点新闻——海水稻的种植,拓展盐胁迫对粮食生产的影响等知识点;讨论如何设计耐盐碱作物解决我国粮食安全问题 (2)中国科学家朱健康因在植物耐盐方面的杰出贡献被评为美国国家科学院院士,是植物科学领域最有影响力的科学家之一	生态文明国际视野科学精神社会责任

续表

知识点	思政素材	思政维度
植物对病害的响应	列举学校教师研究成果，如西南大学钱伟教授团队获得的重庆市自然科学奖二等奖成果与"植物抗病生理"相关	科学精神

10.3 "植物生理学"课程思政教学典型案例

10.3.1 案例一

思政教学模式在"植物生理学"中的探索与实践
——以"绪论"为例

1. 教学目标

认知类目标：了解植物生理学的定义、内容、任务、产生和发展及对植物生理学的展望。

情感、态度、价值观目标：增强学生学习专业的兴趣及自信，培养学生探索未知、追求真理、勇攀科学高峰的责任感和使命感，帮助学生树立正确的世界观、人生观和社会主义核心价值观。

方法类目标：掌握植物生理学的学习方法和专业发展的途径，能够通过图书馆或网络检索查询相关文献，能用学科理论与方法分析和解决具体问题。

2. 教学流程设计

学习任务发布：提前一周，发布学习任务和学习要求，上传课件"绪论"及扩展阅读资料，提供慕课链接（"学习强国"APP，湖南农业大学《植物生理学》）。扩展阅读如"植物生理学发展前景研讨""植物生理学面临的挑战及发展趋势""植物生理学的发展历程分析""植物生理学作用与发展"等文献，提升学生的学习兴趣，为从事专业研究奠定坚实的基础。

授课准备：课程团队集体备课，充分挖掘思政素材，制作授课PPT。

课堂授课：主讲教师在知识讲授中"润物细无声"地渗透思政教育。

小组讨论：分析植物生理学发展趋势，从而更进一步明确植物生理学学习的重要性。

过程性考核和课后作业：关注学生在课程学习中表现出来的情感、态度、价值观的变化，重视对学生在课堂讨论中表现出的分析能力等方面的考查，进一步引导学生善于思考，利用所学专业知识来分析、解释日常生活及农业生产中的现象，培养学生解决实际问题的能力。课后让学生针对拓展阅读内容，阐述对未来植物生理学发展趋势的理解和看法，深度渗透思政素材。

3. 课程思政设计路径

（1）挖掘课程中蕴含的思政素材

教学中突出重点、以点带面地精选精讲经典案例，高效、充分地挖掘植物生理学课程中蕴含的思政素材，通过具体、有效的表现形式向学生传递社会主义核心价值观，更好地衔接智育与德育。

（2）教学中注重融入教育情怀内容

在学科教学中注重融入教育情怀内容，增强学生对中小学教师的职业情感认同，强化自然科学知识在基础教育中的重要性。

（3）实现课程学习目标与思政教育目标真正融合为一个有机的整体

以问题为导向，启发学生以科学发展观为依据，主动运用课程知识解决农林生产问题，从实践中获得知识，巩固技能，实现课程学习目标与思政教育目标真正有机融合，具体建设思路如图 10-1 所示。

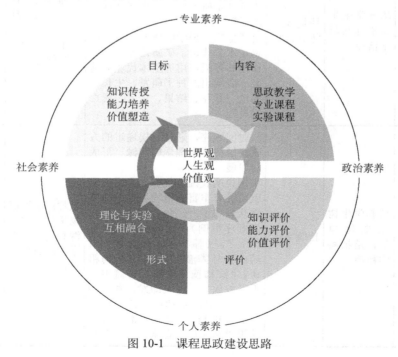

图 10-1 课程思政建设思路

4. 课程思政教学设计

具体的教学设计方案见表 10-17。

表 10-17 "植物生理学"绪论部分课程思政的教学设计方案

教学内容	思政教学目标	切入点	教学设计	教学活动	教学评价
导入	激发学生的学习兴趣	榜样力量	通过大量实例，如诺贝尔生理学或医学奖得主屠呦呦创建低温提取青蒿抗疟有效部位的方法，取得发现青蒿素的关键性突破。还有在生命科学领域国家最高科学技术奖获得者袁隆平、李振声、吴征镒等院士的科研事迹，他们的研究成果也是与植物生理学学科发展紧密相关的。西南大学生命科学学院赵进东院士，是我国著名的植物生理学及藻类学专家	教师提问：植物生理学的研究范畴有哪些学生：思考，回答问题	学生讨论发言
植物生理学定义与研究内容	培养学生生命伦理与科学精神	环境现状热点新闻	21 世纪五大突出问题——人口、粮食、能源、资源、环境的解决都与植物生理学紧密相关。让学生了解植物生理学的概念及植物生理学是研究植物生命活动规律的科学 讲述植物生理学的研究内容是植物在水分代谢、矿质营养、光合作用和呼吸作用等基本代谢的基础上表现出的种子萌发、生长、运动、开花、结果、衰老、死亡等过程	教师提问：什么是植物生理学学生：思考，回答问题	学生思考讨论发言
植物生理学的产生和发展	培养学生树立文化自信，培植科学精神	传统文化	按时间顺序，通过层层递进的方式讲解植物生理学的起源、形成与发展 举例说明我国古代劳动人民很早就已经有丰富的植物生理学的感性认识和生产经验。例如（按时间顺序举例），甲骨文"雨弗足年？"，《韩非子》"积力于田畴，必且粪灌"，苏轼《格物粗谈》"红柿摘下未熟，每篮用木瓜三枚放入，得气即发，并无涩味"，这显然是利用了乙烯，催熟的关键是气；《群芳谱》讲无花果"结实后不宜缺水，常置瓶	教师：讲解植物生理学的起源和发展历史学生：思考，讨论	学生思考

教学内容	思政教学目标	切入点	教学设计	教学活动	教学评价
植物生理学的产生和发展			其侧,出以细雷,日夜不绝,果大如瓯" 将植物生理学的发展分为4个时期,逐个讲解		
植物生理学与日常生活息息相关	培养学生职业理想、科学精神,增强学生从事专业研究的决心	联系日常实践	列举有关植物生理学现象的诗句,解析其现象,如《山行》中"停车坐爱枫林晚,霜叶红于二月花",分析树木的叶子为何秋日变红。引导学生理解叶片中不同类型色素的特点及分布	教师:讲解植物生理学与日常生活的相关性 学生:思考,讨论	学生思考体悟
植物生理学的展望	培育学生的使命担当	研究进展	通过讲解植物生理学近三四十年的发展特点及当前我国植物生理学在国民经济建设中的主要任务,引导学生思考21世纪的植物生理学发展趋势	教师:引导学生思考21世纪的植物生理学发展趋势 学生:讨论,分析总结	学生分享交流

10.3.2 案例二

思政教学模式在"植物生理学"中的探索与实践
——以"植物的抗病性"为例

1. 教学目标

知识目标:掌握抗逆生理、逆境蛋白的概念,以及植物在逆境下的形态变化与代谢特点,掌握渗透调节与抗逆性的关系、膜保护物质与自由基的平衡、植物激素在抗逆性中的作用等植物抗逆性的基本原理,掌握提高植物抗病性的途径。

能力目标:掌握提高植物抗病性的基本方法,针对农业生产中发生的各种病害,能够理论联系实践进行调查、分析、判断,采用适宜的途径提高植物的抗病性,为解决生产中的实际问题提供理论依据和技术支撑。

素质目标:养成良好的学习习惯,培养自主学习、自主获得知识的能力,提高理论联系实践、发现问题、解决问题的能力,为服务农业生产奠定坚实的基础;塑造正确的世界观、人生观和价值观,培养自强不息、百折不挠的意志品质。

2. 教学流程设计

学习任务发布：提前一周，发布学习任务和学习要求，上传课件"植物的抗病性"及扩展阅读资料，提供慕课链接（"学习强国"，湖南农业大学"植物生理学"）。扩展阅读如"番茄白粉病室内苗期抗病性鉴定方法研究及种质资源抗病性评价""黄淮南片冬小麦品种（系）综合抗病性评价"等文献，思政素材较多，可使学生心系"三农"问题，增强学生服务农业现代化和振兴乡村的使命感、责任感。

授课准备：课程团队集体备课，充分挖掘思政素材，制作授课 PPT。

课堂授课：主讲教师在知识讲授中"润物细无声"地渗透思政教育。

小组讨论：教师通过讲解植物的抗病性机制，提高学生的探知志趣，为服务农业生产奠定坚实的基础。

过程性考核和课后作业：关注学生在课程学习中所表现出来的情感、态度、价值观的变化，重视对学生在课堂讨论中表现出的对植物抗病性机制的分析能力等方面的考查。课后作业中也特意设计了渗透思政素材的习题。

3. 课程思政设计路径

（1）挖掘教学内容中蕴含的思政素材

植物面对病害胁迫，从抗氧化酶系统、各种响应胁迫信号的基因及激素等方面进行调控和适应，这让学生明白面对挫折与逆境时，应以积极的态度努力寻求各种解决方案，相信办法总比困难多。

（2）引入前沿成果，革新教学内容

植物抗病性机制的研究为农业生产中提高作物的抗病性提供了理论基础，充分说明植物生理学在解决"三农"问题中的重要性。适当引入近年来我国植物生理学前沿研究成果，让学生更深入了解植物的生命活动规律，培养学生服务社会、回报祖国的责任感和使命感，激发学生创新意识，正确认识个人价值与社会价值，努力学习，诚实钻研，为社会做贡献。

（3）优化教学方法，发挥课程思政效果

教师结合案例、启发、讨论式教学等多种教学方法，让学生主动参与，将课程的重心进行转移，让学生在课程的巩固过程中受到潜移默化的影响。在课程教学中，采用对分课堂，即在第 1 次课堂中梳理某模块的知识框架、难点与重点，从网络平台上对学生进行督促和指导，在第 2 次课堂中回顾总结并将难点重点进行讲解，同时布置相应的发散性思考题，让学生牢固掌握内容及运用相关理论指导实践生产。教学过程中教师要及时引导、督促,让学生养成按时按质完成作业和自主学习的习惯。教师通过案例创设教学情境,引导学生查阅相关文献,学习和思考具体情境下提高植物抗病性的方法。结合慕课或者微课,打破时空限制,丰富学习资源,让学生更容易理解和掌握抽象概念,提升教学成效。同时,将实验实践课与理论课结合,在课程刚开始时布置相关自主实验主题,让学生查阅资料、设计实验方案并开展实验,引导学生将理论运用到实践中,敢于尝试,大胆疑问,感受探索的乐趣与成就感,提升自信心和兴趣。在整个学习过程中,还可引入"全国大学生生命科学竞赛""挑战杯"等相关的活动,针对植物对病害的响应等内容,结合课程实验实践,调动学生的积极性,尽可能帮助他们选题、设计、分析实验结果和撰写论文等。整个过程可激发学生对课程及专业学习的热情,调动学习的积极性,培育科学精神,启发创新思维,学会交流沟通与团队合作。在课程考核中,建立形成性评价和终结性评价相结合的考试体系。

4. 课程思政教学设计

具体的教学设计方案见表 10-18。

表 10-18 "植物的抗病性"课程思政教学设计方案

教学内容	思政教学目标	切入点	教学设计	教学活动	教学评价
引入	可持续发展理念、责任意识	社会现状及热点	病害对我国农业生产的危害问题	教师提问:生产生活中与病害相关的问题有哪些 学生:思考,回答问题	学生讨论发言
"如何提高植物抗病性"相关文献的整理与总结汇报	宏观的生态思维、责任意识	农业现状及热点、全面推进乡村振兴	整理文献:提高植物抗病性的有效途径	教师提问:完成课前布置的思考题——在生产实践中提高植物抗病性的有效途径有哪些,哪些可作为农业生产的理论依据和技术支撑? 学生:思考并整理所查阅的相关文献资料,给出答案	学生讨论和发言
提高植物抗病性的有效途径	树立宏观的科学思维,培养学生探求未知、追求卓越的科学志趣	农业现状及热点、全面推进乡村振兴	讨论:结合自己的科研工作,如以大黄黑粉病为例讲解如何提高植物抗病性的问题 渗透思政教育:通过课前问题导入、课中	学生:分组讲解对以上问题的理解 教师:根据学生对问题的理解,与学生一起深入探讨、总结植物抗病性的途径	学生思考讨论发言

续表

教学内容	思政教学目标	切入点	教学设计	教学活动	教学评价
提高植物抗病性的有效途径			启发式、讨论式的教学方法，学生可更好地理解理论知识。同时，能将理论和实践相结合，为服务农业生产奠定坚实的基础		
列举为我国农业事业做出巨大贡献的科学家、科研工作者的先进事迹	树立文化自信，培养学生职业理想	榜样的力量	观看《袁隆平的梦》高光片段；阅读李保国教授带领太行山人民种植果树、脱贫致富的先进事迹 渗透思政教育：通过感怀前辈的先进事迹，激励学生努力奋斗、不负韶华，增强为祖国的农业事业而奋斗的决心和力量	学生：观看视频并阅读李保国教授相关事迹，深入了解学习是为农业生产服务的，增强学习动力	学生思考体悟
课后布置学习任务	培养自主学习的能力，提高理论联系实践、发现问题、解决问题的能力	农业现状及热点、全面推进乡村振兴	布置任务，将理论知识应用于生产实践中	教师布置课后学习任务：通过查阅文献资料、田间调研、科学试验等方法对这部分内容进行更深入的理解和探索	学生讨论发言

参 考 文 献

楚国清，王勇. 2022. "课程思政"到"专业思政"的四重逻辑. 北京联合大学学报（人文社会科学版），（1）：18-23，40.

郭丽红，李竹梅，宁眺. 2021. 生态文明思想渗入应用型本科高校课程思政探索——以生物技术专业"植物生理生化"教学为例. 曲靖师范学院学报，（6）：115-122.

贾兵，郭国凌，王友煜，等. 2021. 园艺植物营养诊断与矫治课程教学模式改革与实践. 安徽农业科学，（20）：273-276，282.

教育部. 2020. 关于印发《高等学校课程思政建设指导纲要》的通知. (2020-06-01) (2022-06-08). http://www.moe.gov.cn/srcsite/A08/s7056/202006/t20200603_462437.html.

李忠光，樊冬梅，龚明，等. 2024. "三融入，一反哺"：植物生理学课程思政探索与实践. 高教学刊，（2）：37-40.

陆道坤. 2022. 新时代课程思政的研究进展、难点焦点及未来走向. 新疆师范大学学报（哲学社会科学版），43（3）：16.

宁小娥，韦文添. 2023. 高职农学类专业植物与植物生理课程思政的探索. 广西农学报，（4）：92-96.

万华方，梁颖，张贺翠，等. 2020. 植物生理学课程思政教学研究与实践. 教育教学论坛，（37）：46-47.

王宝山. 2023. 植物生理学. 4 版. 北京：科学出版社.

王小菁. 2019. 植物生理学. 8 版. 北京：高等教育出版社.

习近平. 2022. 论"三农"工作. 北京：中央文献出版社：46-47.

习近平. 习近平在全国高校思想政治工作会议上强调：把思想政治工作贯穿教育教学全过程，开创我国高等教育事业发展新局面. 人民日报，2016-12-09（1）.

熊飞，王忠. 2021. 植物生理学. 3 版. 北京：中国农业出版社.

张永强，刘忠娟. 2021. 植物生理学课程思政的设计与思考——以植物的生殖生理章节为例. 高教学刊，（35）：179-182.

赵燕，于荣. 2021. "课程思政"融入植物与植物生理课程教学的实践探索. 现代职业教育，（45）：56-57.

朱利君，谢红英，慕军鹏，等. 2024. 基于 OBE 理念的课程思政教学实践与评价——以绵阳师范学院"植物生理学"课程为例. 绵阳师范学院学报，（2）：84-89.

第十一章

"动物生理学"课程思政教学设计与典型案例

11.1　"动物生理学"课程简介

11.1.1　课程性质

"动物生理学"是研究动物生理功能及其内在活动规律的学科,属于生命科学领域的机能学范畴,主要内容包括生命活动现象与功能、生命活动机制和生命活动规律等。通过学习,学生可全面系统地理解或掌握动物生理功能及其内在规律,掌握生理学的基本知识、基本理论及基本技能。培养学生的辩证唯物主义观点和分析问题、解决问题的能力,培养学生崇尚真理、实事求是的科学态度和思维方法。本课程是生物科学专业核心课程之一。其先修课程有动物学、人体组织与解剖学、细胞生物学等。本书以左明雪主编,2015年出版的《人体及动物生理学》(第4版)为例。

11.1.2　专业教学目标

本课程的专业教学目标具体如下。

使学生掌握动物各器官、系统正常的生理功能,了解常见疾病与正常生理功能间的区别,认识到健康的重要性。引导学生应用动物生理学的基本原理来解释动物表现出的各种生理现象。

使学生理解动物的结构与功能在长期进化历程中发生的适应性关系,以及动物与环境之间的相互作用关系。通过对动物生理学发展历史的学习,认识到学科发展是通过站在前人的肩上实现的。同时理解动物生理学与其他学科之间的区别与联系。

在动物生理学教育教学实践中以学习者为中心，设计、营造合适的学习环境，并运用多种教学方式引导和指导学习的关键过程。

理解动物生理学的核心内容和发展趋势，通过对动物结构、功能、内在机制的深入探究，可以紧密联系各相关学科，对于深入理解生物学的统一性具有重要意义。引导学生在学习过程中制订学习计划，养成自主学习习惯，培养终身学习与专业发展的意识。

了解动物生理学领域的最新动态和发展趋势，理解国内外动物生理学知识、理论体系和发展趋势的一致性，有能力与国内外学者和教师进行探讨及交流。

11.1.3 知识结构体系

根据动物生理学的研究水平和层次，本课程主要分成 3 个教学板块，即绪论、细胞生理学、器官系统生理学，其课程知识结构体系见表 11-1。

表 11-1 "动物生理学"课程知识结构体系

知识板块	章节	课程内容
一、绪论	第一章 绪论	1. 动物生理学的概念 2. 诺贝尔生理学或医学奖与动物生理学的关系 3. 动物结构与功能相适应的特点 4. 内环境和内环境稳态的意义 5. 动物生理功能的调节控制 6. 动物生理功能调节的实现方式
二、细胞生理学	第二章 细胞生理学	1. 物质跨膜转运及细胞间的通信和信号转导 2. 静息膜电位、动作电位的特点及形成原理 3. 阈值与阈刺激，电压门控性离子通道的特点 4. 局部电位与动作电位的区别与联系 5. 有髓神经纤维与无髓神经纤维动作电位传导的方式及原理 6. 突触的基本构造和分类，神经递质释放的基本过程 7. 神经-肌肉接头处的兴奋传递过程，终板电位产生机制，微终板电位与终板电位的关系 8. 肌肉收缩的过程及原理 9. 兴奋性突触后电位和抑制性突触后电位产生的机制 10. 突触后电位以局部电流的作用方式在轴丘处的整合过程与原理
三、器官系统生理学	第三章 神经系统	1. 神经系统的结构与功能 2. 脑膜、脑室构造与脑脊液的循环 3. 大脑皮层的功能定位、语言与大脑皮层的关系 4. 胼胝体、基底神经节、内囊的结构与功能 5. 情绪与边缘系统，海马结构、杏仁核等的结构与功能

知识板块	章节	课程内容
三、器官系统生理学	第三章　神经系统	6. 躯体感觉系统的神经通路 7. 躯体运动系统的神经通路与运动的分级调节方式 8. 自主神经系统兴奋后的生理功能和作用特征
	第四章　感觉器官	1. 感受器的类型和生理特性 2. 眼的结构与功能 3. 耳的结构与功能 4. 前庭器官的结构与功能 5. 嗅觉和味觉器官的结构与功能 6. 躯体感觉和内脏感觉
	第五章　血液	1. 渗透压的概念及其生理意义 2. 红细胞与血小板生理特性 3. 生理止血的概念、过程及其影响因素 4. 血液凝固过程 5. ABO 血型系统与交叉配血试验
	第六章　循环系统	1. 循环系统的组成与功能，心脏的结构与功能 2. 心肌细胞动作电位的离子机制 3. 心脏泵血功能的过程 4. 动脉血压的形成及影响因素 5. 血压调节的心血管反射和心血管活动的神经与体液调节
	第七章　呼吸系统	1. 呼吸的三个相互联系的环节 2. 呼吸系统的基本功能 3. 呼吸膜的构成，肺泡表面张力产生的原因及肺泡表面活性物质在呼吸中的重要意义 4. 呼吸肌收缩舒张导致肺泡内气压与大气压产生压差从而使空气进出的原理 5. 肺通气、肺换气和气体在血液中运输的基本原理 6. 氧和二氧化碳的运输形式，氧分压与氧含量的区别 7. 缺氧、CO_2 增多、H^+ 增多对呼吸的影响，氧离曲线的特点和生理意义 8. 呼吸节律的维持和呼吸运动的调节
	第八章　消化系统	1. 消化系统的基本功能 2. 唾液腺的分泌调节与作用 3. 下食道括约肌在防止胃食管反流中的作用 4. 胃液成分和胃酸分泌的神经体液调节方式 5. 胰腺的外分泌功能，胰液成分和分泌调节 6. 营养物质如何在胃肠道内被消化吸收 7. 肝脏的生理功能，胆汁分泌的调节与生理作用
	第九章　能量代谢与体温调节	1. 机体能量的来源和能量的消耗形式 2. 能量代谢的测定原理及方法 3. 基础代谢与基础代谢率

知识板块	章节	课程内容
三、器官系统生理学	第九章 能量代谢与体温调节	4. 影响能量代谢的因素 5. 哺乳动物代谢率与体重之间的关系 6. 动物正常体温及其生理波动 7. 产热机制和散热机制 8. 温度感受器和体温调节中枢的生理作用
	第十章 泌尿系统	1. 泌尿系统的生理特点 2. 肾单位和肾血流特点 3. 肾小球滤过膜的结构、滤过作用原理及原尿的形成机制 4. 肾小管和集合管中各种转运蛋白的物质转运功能 5. 肾脏髓质高渗透性形成的原理及尿生成的调节 6. 排尿反射
	第十一章 内分泌系统	1. 激素的分类、作用机制及调节方式 2. 下丘脑与垂体激素的种类与生理效应 3. 甲状腺激素的生理作用及其分泌调节 4. 生长素、糖皮质激素、胰岛素等激素的生理作用及其分泌调节 5. 调节血糖浓度的激素、生理作用及其分泌调节方式
	第十二章 生殖系统	1. 睾丸与卵巢的生理功能 2. 精子生成的基本原理 3. 卵子的生成与月经周期的基本原理 4. 月经周期的激素变化与子宫内膜、血管、腺体变化的关系 5. 受精、胚胎发育的基本过程

11.2 "动物生理学"课程思政

11.2.1 课程思政特征分析

1. 课程思政素材丰富，思政教育功能齐全

本课程注重"知识传授"和"教书育人"相统一，落实立德树人根本任务，全面达成课程教学的三维目标。探索在课程教学中融入思政素材，润物细无声地将思政素材隐性、巧妙地融入课堂教学当中。培养学生具有科技强国的责任担当和科学严谨的专业精神，探索真知的优秀品质和勇于创新的意识。形成与人分享、团队协作等行为习惯。"动物生理学"课程的特点，决定了其在

生物科学专业诸多课程的思政建设中极为重要。该课程的内容和体系体现了自然科学发展的历史传承，以及现代生物科学多个分支学科的相互渗透和交叉融合，蕴藏着极为丰富的思政素材，如家国情怀及国际视野、科学精神、品德修养和职业操守、文化自信、生命伦理和辩证唯物主义等。教师可以结合国家战略、民族复兴，讲好中国故事，引导学生坚定中国特色社会主义道路自信、理论自信、制度自信、文化自信；培养学生的家国情怀，使学生形成宏观的科学思维，不断提高对当前科学发展、理论创新及生物与环境协同进化适应的理解和认识；从生命伦理的主体角度、功能角度和方向角度，把生命伦理的理念和内涵融入知识传授中，引导学生树立正确的生命伦理意识；通过讲解中外科学家的故事和精神培养学生探索未知、追求真理、不畏艰难、勇攀科学高峰的责任感和使命感；引导学生注重人与自然、社会的协调发展，具备丰富的人文社会科学素养、良好的心理素质、积极乐观的精神面貌和健康的体魄。

2. 科学精神和辩证唯物主义是课程最突出的两个思政维度

在本课程的教学中，要大力宣扬科学精神，培养学生崇尚真理、实事求是的科学态度，理性批判、开拓创新的科学思维，开放合作、独立自主的科学品格，探求未知、追求卓越的科学志趣。科学精神就是实事求是、求真务实、开拓创新的理性精神。科学精神的本质特征是倡导追求真理、鼓励创新、崇尚理性质疑、恪守严谨缜密的原则，坚持平等、自由探索的原则，强调科学技术要服务于国家、民族和全人类的福祉。动物生理学的实质在于揭示隐藏于动物生命现象背后的本质和规律，是由概念、判断、推理等思维形式构成的知识体系。动物生理学一方面作为学科知识的结果，是系统化、理论化的知识体系；另一方面，作为认识运动，又是不断发展、不断深化的动态知识系统，是一个不断综合化和整体化的认识过程。

动物生理学的蓬勃发展，为辩证唯物主义哲学提供了更加丰富的内容和有力的证据。动物生命活动在从宏观到微观的各个水平上充满了辩证法的事例。动物生理学研究的对象是一个充满矛盾的活的客体，要求人们善于运用辩证唯物主义的观点和方法来进行研究，使主观认识更好地符合客观规律。动物生命活动总是处于严格有序的内环境动态平衡状态，任何内外环境的改变必将先打破旧的内环境稳态，然后再建立新的内环境稳态。动物生理学的任务是认识生命和改造生命，可以通过以下几对矛盾关系或辩证统一关系来加以阐明。

一是动物生命活动与它所处环境的辩证统一。动物生命活动要求环境提供物质和能量，同时也给环境带来变化。动物生理功能进化的全过程其实也是动物与环境之间不断矛盾统一的结果。

二是结构与功能的辩证统一。动物在各个层次上都体现了结构与功能的辩证统一。

三是宏观与微观的辩证统一。动物体每一个宏观的生理现象背后必然有它微观的机制原理，掌握好宏观与微观的辩证关系，可直接或间接为人类谋利。

四是动物整体与局部的辩证统一。动物体是一个开放的功能系统，并且处于动态平衡状态，在局部与局部间，整体与局部间由大量生理调节控制系统维系着各个层次的辩证统一关系。

综上所述，随着科学技术的飞速发展和边缘学科的相互渗透，动物生理学已经成为一门既有较强的理论性又有广阔应用前景的学科，它担负着培养学生科学精神和形成辩证唯物主义世界观的重要责任。因此，科学精神和辩证唯物主义是"动物生理学"课程最突出的两个思政维度。

11.2.2 课程思政教学目标

学生要掌握动物生理学的基本理论、基本知识和方法，全面理解动物生理活动发生的复杂过程和调节机制，形成从宏观到微观的科学思维。培养学生正确的学习态度、高尚的道德情操、健康的生理心理素质。引领学生体会科学知识的价值，培养学生严谨的科学作风和求真务实的科学态度。构建生命化课堂，以辩证的思维看待动物的生理活动，让学生逐步认同"生命在于运动、生命在于发展"的理念。增强学生关爱生命、关爱人类健康的意识，使其具备科学精神和辩证唯物主义理念。激发学生热爱科学的责任意识和使命担当。在本课程的教学中要始终坚持立德树人，引导学生树立正确的世界观、人生观和价值观，"润物细无声"地为社会主义事业培养合格的具有家国情怀的建设者和接班人。

11.2.3 课程思政素材

本书以左明雪主编的《人体及动物生理学》（第4版）为例，将与"动物生理学"课程教学内容相关知识点匹配的思政素材进行梳理。

课程第一章为绪论部分。其思政素材梳理见表11-2。

表 11-2　绪论部分思政素材梳理表

知识点	思政素材	思政维度
动物生理学的基本概念	（1）动物生理学的基本概念是科学抽象的一种形式，是对自然规律的辩证认识 （2）归纳和演绎是科学思维常用的逻辑方法 （3）动物生理功能的进化发展有赖于环境刺激，动物的生命活动又改变了环境	科学精神 国际视野 辩证唯物主义
动物生理学的起源与发展简史	（1）我国医学经典著作《黄帝内经》中有不少关于人体生理功能的描述，如"心主动脉""肺主气""肾主水""肝藏血"等 （2）明代李时珍《本草纲目》中有关于用石灰和猪脑治疗出血的记载 （3）哈维的名著《心血运动论》，首先用实验方法观察了动物的血液循环并得出了正确的结论 （4）我国老一辈生理学家为中国近代生理学的发展做出了重要贡献，如林可胜、蔡翘、张香桐、冯德培等	文化自信 家国情怀 科学精神 辩证唯物主义 国际视野
动物生理学的主要研究内容	（1）诺贝尔生理学或医学奖与动物生理学的关系。历史上有多名诺贝尔奖获得者的研究工作与动物生理学有关，如巴甫洛夫、班廷、谢灵顿、朱利叶斯等 （2）中国空间站的建立为我国航空航天生理学的发展提供了重要的实验研究平台	家国情怀 科学精神 辩证唯物主义 国际视野
动物生理功能的调节及其实现方式	（1）人类的极地考察、太空探索及脑科学计划与动物生理学的联系，这些开创性的工作都有中国科学家的参与或中国独自承担 （2）2021 年诺贝尔生理学或医学奖得主 Ardem Patapoutian 的一篇 Nature 论文揭示了机械刺激如何引起瘙痒，有助于人类对神经系统如何感知机械刺激的理解 （3）中国科学家首次揭示昆虫的食欲激活系统，多巴胺激发蜜蜂的食物欲望，蜜蜂或将成为新的低成本实验动物	家国情怀 科学精神 国际视野

课程第二章细胞生理学为动物生理学分子细胞生理学部分的教学内容。其思政素材梳理见表 11-3。

表 11-3　细胞生理学部分思政素材梳理表

知识点	思政素材	思政维度
物质跨膜转运及细胞间的通信和信号转导	（1）浙江大学科学家运用溶酶体膜片钳技术首次发现了溶酶体氢离子通道，为帕金森病的基础研究和药物开发提供了明确的切入点 （2）颜宁团队解析了葡萄糖转运蛋白 GLUT4 结构和 GLUT3 抑制剂，揭示了葡萄糖进入人体细胞的精密输送，将人类对生命过程的认识推进了一大步	家国情怀 科学精神

续表

知识点	思政素材	思政维度
静息膜电位、动作电位的特点及形成原理	（1）奇妙的生物电。生物电是生物的器官、组织和细胞在生命活动过程中发生的电位变化，是正常生理活动的表现 （2）微电极的发明及细胞兴奋的离子学说的提出 （3）枪乌贼巨轴突对细胞生物电研究的巨大贡献。1939年，霍奇金和赫胥黎将微电极插入枪乌贼的巨轴突中，直接测出了神经纤维膜内外的电位差 （4）人体内缺 Na^+ 会导致四肢无力吗	科学精神
局部电位与动作电位的区别与联系	从量变到质变的规律。局部电位通过时间或空间总和达一定幅度后可以诱发动作电位的发生	辩证唯物主义
有髓神经纤维与无髓神经纤维动作电位传导的方式及原理	（1）亥姆霍兹（Helmholtz）测定神经冲动传导速度的意义 （2）影响传导速度的因素 （3）冬眠动物的神经兴奋性与体温的关系。我国老一辈生理学家赵以炳、蔡益鹏等对冬眠动物的神经生理进行了长期研究 （4）低温麻醉的原理 （5）哺乳动物的反射活动为何比变温动物要快	科学精神 文化自信
突触的基本构造和分类，神经递质释放的基本过程	（1）谢灵顿（Sherrington）与"突触"概念的提出 （2）神经递质及其受体是神经信息传递过程相互关联的两个主体 （3）帕金森病和阿尔茨海默病与神经递质的关系 （4）传递痛觉的递质，如 P 物质、5-羟色胺等。我国神经生理学家张香桐、韩济生等在痛与镇痛研究中做了大量卓越的工作 （5）递质拟似剂与受体拮抗剂的对立统一 （6）肉毒杆菌毒素（BTX）抑制乙酰胆碱的释放 （7）毒品为何如此可怕？毒品毒理的神经生理研究可以为我们揭开谜底	科学精神 文化自信 辩证唯物主义
神经-肌肉接头处的兴奋传递过程	（1）我国科学家冯德培是国际公认的神经-肌肉接头兴奋传递研究的一位先驱者 （2）几种肌肉松弛剂的作用：琥珀胆碱、筒箭毒碱、三碘季铵酚等 （3）有机磷农药的毒理研究为含磷农药的禁用提供了生理学依据 （4）神经毒剂导致呼吸麻痹 （5）山莨菪碱对乙酰胆碱受体通道的阻断作用 （6）重症肌无力	科学精神 文化自信
肌肉收缩的过程及原理	（1）体育运动对肌肉收缩能力的影响 （2）运动中如何防止肌肉拉伤 （3）Ca^{2+} 与肌肉抽搐 （4）肌肉疲劳是怎么回事？正确理解动与静的辩证关系，合理休息是消除肌肉疲劳的最重要途径	科学精神 辩证唯物主义

续表

知识点	思政素材	思政维度
兴奋性突触后电位和抑制性突触后电位产生的机制	（1）兴奋性突触后电位（EPSP）的整合。EPSP 虽然是局部电位，但它是突触后神经元产生动作电位的前提 （2）树突性质对突触整合的贡献 （3）中枢兴奋与抑制的对立统一规律 （4）受惊反应突变体。受惊反应突变体动物在受到惊吓后身体会出现不可控的僵硬。这是神经突触后膜上甘氨酸受体异常导致的	国际视野 科学精神 辩证唯物主义

器官系统生理学部分包括课程第三章至第十二章的内容，本部分思政素材梳理见表 11-4。

表 11-4　器官系统生理学部分思政素材梳理表

知识点	思政素材	思政维度
神经系统	（1）中医经典著作《黄帝内经》中有文字描述"五脏六腑之精气，皆上注于目而为之精。精之窠为眼，骨之精为瞳子，筋之精为黑眼，血之精为络"等内容，表明我国古代已对视神经的存在和脑与头晕现象之间的功能关系有所了解 （2）蔡翘对中国现代神经科学发展的贡献。蔡翘一生为振兴中华而从事生理科学的坚定信念是我们学习的榜样 （3）张香桐对中国神经科学发展的贡献，他发现了丘脑是痛觉整合的高级中枢 （4）成年大脑提升记忆力的希望，《自然》研究有了意外发现 （5）大脑有性别差异吗 （6）陈天桥雒芊芊研究院脑研究重大进展，脑电波预测行为 （7）长期高脂肪饮食损伤中枢神经系统的后果 （8）压力大，立刻去睡觉！《科学》发现大脑可以自己解决 （9）熬夜后补觉有用吗？过去 20 年的睡眠研究告诉答案 （10）每天睡几小时对大脑最好？复旦大学研究揭秘，睡太多、太少都有害 （11）沉迷做梦，最新《科学》找到了进入梦乡的"钥匙" （12）灵活的睡眠策略，拯救熬夜的人群 （13）睡得好才能记得牢 （14）睡不好，可能是月亮惹的祸 （15）人类睡觉时会被"洗脑"，科学家首次拍下全程 （16）熬夜为何会变傻？科学家发现睡眠中的"洗脑"过程，可清除毒素 （17）大脑的守夜者 （18）张雅萌发现"吃苦神经元"	文化自信 科学精神 辩证唯物主义 生命伦理 家国情怀 国际视野

知识点	思政素材	思政维度
感觉器官	（1）因开创性地发现了动物感知热、冷和机械力的分子基础而获得 2021 年诺贝尔生理学或医学奖 （2）近视的成因及预防。近视已成为影响我国国民尤其是青少年眼健康的公共卫生问题，亟需普及宣传预防近视的知识 （3）夜盲症的成因及治疗 （4）色盲是怎么回事 （5）舌的趣事怪闻 （6）元代的朱震亨在《丹溪心法》中记载"眩者，言其黑运转旋，其状目闭眼暗，身转耳聋，如立舟船之上，起则欲倒"，这与现今的梅尼埃病极其相似 （7）助听器工作原理。助听器的发明与应用为听力障碍患者带来了福音	国际视野 科学精神 社会责任 文化自信
血液	（1）明代张介宾在其所著的《类经》十六卷中提到"此津液之为精髓也。膏，脂膏也。精液和合为膏以填补于骨空之中，则为脑为髓，为精为血"，认为骨髓具有造血功能 （2）我国古代民间广为流传的"滴血认亲法"尽管很粗陋，但表明我国古人已模糊地认识到人的血液与亲缘之间存在某种必然的关系 （3）血型的科学与迷信 （4）干细胞研究 （5）白血病。白血病的最新研究成果反映了在针对特定类型白血病的个体化治疗方案，这为白血病的治疗带来新的希望 （6）无偿献血，骨髓捐献，传递爱心	文化自信 科学精神 生命伦理 品德修养
循环系统	（1）"心主血脉""心藏脉""诸血者，皆属于心"等有关记载表明，我国古人已认识到心脏的一个重要功能是藏血和主管血液运行 （2）"动脉"一词始见于春秋战国时期的《难经》"十二经皆有动脉，独取寸口" （3）不知疲倦的心脏，但前提是我们得好好善待它 （4）心有双丝网，中藏千千结 （5）哈维对血液循环研究的贡献 （6）贝尔纳发现了血管的神经支配 （7）心脏的休息和工作 （8）高血压的成因及预防。高血压已成为广受关注的公共卫生问题。主要通过改善生活方式及药物治疗控制病情 （9）冠心病及其预防 （10）动脉粥样硬化 （11）体育运动与心血管健康。经常参加适度的体育锻炼，可有效降低心血管疾病的风险 （12）熬夜为何容易猝死，因为心脏时钟被扰乱了	文化自信 科学精神 生命伦理 辩证唯物主义 国际视野

知识点	思政素材	思政维度
呼吸系统	（1）我国古人注意到呼吸与脉搏频率间有一定联系："人一呼，脉再动，一吸脉亦再动，呼吸不已，故动而不止。" （2）有氧运动。适量的有氧运动可有效改善人的心肺功能 （3）呼吸影响人的情绪 （4）吸烟对人体各器官系统的影响 （5）空气污染对呼吸系统的不良影响 （6）体育锻炼对呼吸系统的良好影响 （7）病毒或细菌感染对呼吸系统的损害 （8）沈氏气体分析管的诞生，可用于快速检测呼吸气体中的 O_2 和 CO_2 成分	文化自信 科学精神 生命伦理 辩证唯物主义
消化系统	（1）胃肠"更虚更满，故气得上下，五脏安定，血脉和利，精神乃居，故神者，水谷之精气也" （2）清代唐容川曰："夫人之所以能化食思食者，全赖胃中之津液。……有津液则能化食，能纳食。无津液则食停不化。" （3）林可胜对中国消化生理学发展的贡献。林可胜是中国生理学的主要奠基人，在消化生理学与痛觉生理学领域成就卓越，为中国生理学研究与人才培养做出了杰出贡献 （4）中国科学家从分子层面揭示疼痛保护肠道的原理 （5）《细胞》发布长寿菜单：不好吃但可能活更久，你愿意吗 （6）食物中的"清毒高手" （7）动物血含有多种营养物质 （8）两只只有历史价值的胃 （9）蛇吞象的奥秘。蛇吞象的事谁都没有亲眼见到过，但蛇吞羊、鹿、小猪和牛犊的事却时有发生。蛇为什么能吞下比自己大好几倍的动物呢？这是因为它们体内有一套特殊的消化道结构及功能 （10）为什么有的人夜间会磨牙 （11）偏食和挑食 （12）饮食卫生 8 个误区	文化自信 家国情怀 国际视野 科学精神
能量代谢与体温调节	（1）《内经》曰："饮入于胃，游溢精气，上输于脾，脾气散精，上归于肺，通调水道，下输膀胱，水精四布，五经并行"，描述了水液在人体内的代谢过程 （2）明代李时珍对人体某些代谢产物和体液的记载，如人屎"乃糟粕所化"；人尿"水道者，阑门也，主分泌水谷，糟粕入于大肠。水汁渗入膀胱，膀胱者，州都之官，津液之府，气化则能出矣" （3）为什么人在发烧时有时还会出现肌肉颤抖 （4）人感染后为什么会引起发烧 （5）2021 年 5 月 22 日，甘肃白银山地马拉松事故 21 人因失温遇难，这一事件表明了人体保持体温相对恒定的重要性 （6）动物恒温的进化意义。恒温在动物进化史上具有重要意义，它使动物能够适应更广泛的环境，能够更高效地进行活动 （7）甲亢患者为何怕热不怕冷	文化自信 科学精神

续表

知识点	思政素材	思政维度
泌尿系统	（1）"肾主水而开窍在阴，阴为溲便之道""膀胱，津液之腑，肾主水，二经共为表里，水行于小肠，入于胞而为溲便"，这些记载表明我国古人很早就认识到尿的产生和排泄与肾脏和膀胱有关 （2）出汗与健康 （3）脊椎动物的其他渗透调节器官 （4）蛋白尿是如何产生的 （5）血尿。含有一定量红细胞的尿液称为血尿。绝大多数血尿由泌尿系统疾病引起 （6）肾对酸碱度的调节 （7）尿崩症是怎么回事 （8）尿毒症是怎么回事 （9）我国学者对当代动物肾脏生理学研究的贡献，如脑内渗透压感受器对肾功能调节的研究，肾对血量调节的研究，肾传入与传出神经功能的研究等	文化自信 科学精神 家国情怀
内分泌系统	（1）宋代《太平广记》中有关于脑垂体后叶病变引起的巨人症的描述 （2）我国古人对糖尿病的认识，除对该病的症状有描述外，还有不少治疗方法的记载 （3）我国学者对近代内分泌生理学发展的贡献，在胃肠内分泌、神经内分泌、心脏内分泌等领域的研究都卓有成效 （4）中国学者首次发现胰岛也有成体干细胞 （5）地方性甲状腺肿大 （6）甲状腺激素与呆小病 （7）牛胰岛素的结构及人工合成。1965年9月，中国在世界上首次实现人工合成结晶牛胰岛素 （8）班廷对胰岛素发现的贡献 （9）垂体与巨人症和侏儒症 （10）松果体与生物钟 （11）糖尿病的成因及防治。糖尿病是一种由胰岛素绝对或相对分泌不足及利用障碍引发的以高血糖为标志的慢性疾病。糖尿病在全球范围内的发病率呈上升趋势 （12）青春期内分泌系统的发育特点 （13）更年期的内分泌系统 （14）激素调节与神经调节的辩证关系	文化自信 科学精神 辩证唯物主义 生命伦理
生殖系统	（1）张秉伦等的模拟实验研究否定了由鲁桂珍、李约瑟等提出的三种"秋石方"具有很高纯度的性激素的观点 （2）哺乳动物的生殖系统 （3）大熊猫的生殖生理。大熊猫生殖能力和育幼行为的高度特化，导致大熊猫的种群增长十分缓慢 （4）鱼类的人工繁殖技术 （5）鸟类生殖活动的特点	文化自信 科学精神 辩证唯物主义 品德修养 国际视野

续表

知识点	思政素材	思政维度
生殖系统	（6）试管婴儿技术 （7）青少年的性心理特点。性好奇和探索欲望强烈，情感波动，性别角色认同和身体自我意识，与异性交往和恋爱经验 （8）青春期心理卫生 （9）脊椎动物生殖细胞突变率的演化	

11.3　"动物生理学"课程思政教学典型案例

11.3.1　案例一

以培植科学精神和辩证唯物主义思想为主的"动物生理学"
课程思政——以"绪论"为例

1. 教学目标

认知类目标：了解动物生理学的概念、研究对象和任务及该学科的发展简史；理解生理功能调节的概念、方式及其特点；理解内环境和稳态的基本概念。

过程与方法类目标：掌握动物生理学的基本研究方法；能够通过图书馆和网络检索查询有关动物生理学的书籍和期刊，拓展学习内容，了解最新发展成果。

情感、态度、价值观目标：培养学生正确的学习态度和高尚的道德情操，使其树立远大的理想和正确的人生观、价值观。引导学生从动物生理学的学习中体会科学知识的价值，培养严谨的科学作风和求真务实的科学态度及辩证唯物主义思想。

2. 教学流程设计

课前学习任务发布：至少提前一周，发布学习任务和学习要求，上传课件"绪论"及扩展阅读资料，提供线上慕课链接（中国大学MOOC，华中农业大学"动物生理学"；爱课程网，华中师范大学"诺贝尔生理学或医学奖史话"）。扩展阅读如"人体科学""中国生理学史""近代生理学发展简史"等文献。通过众多的思政功能素材，进一步渗透热爱自然、崇尚科学、热爱生命的意识和理念，使学生在探索科学真理的道路上学会自觉运用辩证唯物主义的立场观点和方法。

授课准备：课程团队集体备课，充分挖掘相关的思政素材，制作授课PPT。

课堂授课：主讲教师采用讲授法和小组讨论相结合的方式"润物细无声"地渗透课程思政教育。

小组讨论：动物生理学经历了怎样的发展历程？哪些重要事件能给予我们思想和方法的启发？未来动物生理学发展趋势如何？通过讨论分析从而更进一步地了解学习动物生理学的重要性。

过程性考核和课后作业：关注学生在课程学习中所表现出来的知识认知、过程与方法认同及情感、态度、价值观的变化，如重视学生在课堂学习中对重要概念的理解，重视对学生在课堂讨论等教学环节中表现出的分析能力等方面的考查，以进一步引导学生树立起正确的科学观和唯物史观。课后作业让学生针对课前慕课学习和拓展阅读中所获取到的信息，阐述对未来动物生理学发展趋势的理解和看法，从而达到深度渗透思政素材的目的。

3. 课程思政设计路径

（1）诠释课程中科学精神和辩证唯物主义内涵

习近平新时代中国特色社会主义思想是马克思主义科学哲学的最新成果，也是我国科学发展的行动指南和"动物生理学"课程思政贯穿始终的灵魂。在课程中要明晰"动物生理学""内环境稳态""动物生理功能调节"等概念及其内涵，用科学精神、唯物辩证法诠释科学发展与社会发展、生命健康等的辩证关系。通过讲解动物生理学定义，学生可理解动物对环境的长期适应及环境对动物生理功能的改造作用，并进一步形成动物生理学的生命观和唯物辩证观。老一辈动物生理学科学工作者的榜样故事、当今动物生理学的前沿发展报道，以及生产实践和社会生活中的诸多事件或常见现象等，可结合动物生理学的发展史帮助学生更好地理解"人和动物与自然和谐共生"的科学内涵，体会"生命在于运动""生命在于发展进化""生命科学研究要为社会发展和人民生活服务"等理念的深刻意义，深化对党和国家关于维护生物安全、生命高于一切的理解和认识。

（2）培养学生树立科学精神和辩证唯物主义理念

在教学过程中，教师可以始终贯穿科学发展和唯物辩证法的理念，引导学生思考个人在科学发展促进科技为人类服务中的定位，使他们明确当代青年正是推动国家和社会科技进步的中坚力量。一方面，通过情感共鸣培养学生的科学意识，如在导入部分可以介绍我国丰富的动物资源及其生命活动现象，补充妙趣横生的动物世界、古老的中医发展历史、自身所经历过的许多生理现象，以此激发学生对生命的热爱，对美好生活的向往。另一方面，引导学生观看《动物世界》《奇妙的动物功能》《人体奥秘》《人体科学》等科普视频，以及"动物生理之独特的适应进化""动物的生理应急反应及其生态适应性""新冠等病毒感染后人为什么可能出现咽口水像吞刀片""新冠等病毒感染对人体生理功能的影响"等文献资料，介绍人类目前面临的人口、卫生健康、资源、环境等突出问题。引导学生思考动物生命进化、环境污染、疫情暴发、气候变化、生物多样性锐减、生物入侵等各种可能影响动物生理功能的根源，以及给人类生产生活可能带来的影响，唤起他们对人类发展和动物生命延续问题的忧患意识。倡导学生在科学发展、人类进步中做一个对自己、家人、民族、祖国、社会和人类负责的、有价值的人。

（3）引导学生践行科学精神和辩证思维

课程教学中，在帮助学生理解科学精神内涵、树立辩证唯物主义思想的同时，更应该使学生践行科学精神和辩证思维。科学精神包括自然科学发展所形成的优良传统、认知方式、行为规范和价值取向等。马克思主义辩证法与认识论和方法论是一致的，辩证法也就是认识论和方法论。辩证法作为认识论和方法论其实质就是辩证思维方法，它是人们把握客观事物的一种认识工具。因此要引导学生学会实践和探索，在虚心接受科学遗产的同时不迷信权威，勇于批判和怀疑，养成求真务实、开放和协作的习惯，同时要爱护环境、关爱生命、尊重自然、热爱自然、学会与大自然和谐相处。教师也可以有针对性地指导学生完成动物生理学相关领域的毕业论文，吸收学生参加自己的科研课题，带领学生大胆进行科学实验，调查研究周围环境中和生产生活实践中的动物生命活动现象和问题等，进一步加强学生的动手能力与实践水平，增强学生的科学意识及辩证唯物主义世界观，实事求是，开拓创新。也可以引导学生参加校级、市级和国家级动物生理学领域的创新创业项目，鼓励学生推免或报考动物生理学相关专业研究生，鼓励学生今后从事动物生理学相关领域工作，引领学生从更高、更广的角度思考人与自然、人与社会及自身协调发展的辩证关系，终身践行科学精神和辩证唯物主义世界观。

4. 课程思政教学设计

其具体的教学设计方案见表 11-5。

表 11-5　绪论部分课程思政的教学设计方案

教学内容	思政教学目标	切入点	教学设计	教学活动	教学评价
导入	增强学生的科学精神意识，建立"科学为生产生活实践服务"的家国情怀	当今与动物生理相关的热点问题	通过两个视频《动物世界》和《人体奥秘》及社会关注的热点问题，如细菌、病毒感染对人体功能的影响，高温干旱对人和动物生命活动的影响等，明确指出关注人体健康和动物生存需要科学的指引，面对疫情和极端气候变化需要用科学的态度进行分析	教师提问：人类为什么要研究动物生理学？我们为什么要学习动物生理学 学生：思考，回答问题	学生讨论发言
动物生理学的基本概念	培养学生的科学精神和辩证思维及生命伦理观念，厚植家国情怀	常见的动物生理现象或问题	列举一些实例，让学生讨论动物结构与功能的相互关系，理解动物受环境影响，与环境长期适应性进化发展的关系，理解动物生理功能与环境的对立统一规律，最终理解动物生理学的概念。了解动物生理学知识可以提高人和动物生命活动的质量，破除迷信，相信科学，指导人和动物与自然的和谐发展	教师提问：什么是动物生理学？动物生理学的基本概念是如何演绎归纳出来的学生：思考，回答问题	学生思考讨论发言
动物生理学的起源与发展简史	引导学生明白科学思想和辩证法由来已久，培养学生树立文化自信，培植科学精神和辩证思维	传统文化历史发展	按时间顺序，通过层层递进的方式讲动物生理学的起源、形成与发展。讲述我国古代先民在《内经》《难经》《本草纲目》等中医著作中早已论述了人体的形态结构与生理活动之间的关系，以及疾病防治与人体功能之间的关系。诸多这样的实例彰显了我国古人的智慧与文化积淀	教师：讲解动物生理学的起源和发展历史学生：思考，讨论	学生思考
动物生理学的主要研究内容	培养学生的职业理想、家国情怀、科学精神和国际视野，增强学生对科学发展和动物生命现象的辩证思维	知识传承文化积累研究进展	通过分析人类对自然科学认知的一般规律，即由表及里、由外到内、从现象到本质、从宏观到微观的发展规律，让学生了解目前动物生理学所包含的主要研究领域和层次。理解在动物生理学的发展中体现了辩证唯物主义自然观，并将获取到的知识用于进一步认识自然和改造自然	教师：分析阐述动物生理学知识体系的形成过程及动物生命活动与内外环境的对立统一关系学生：思考，讨论	学生思考

教学内容	思政教学目标	切入点	教学设计	教学活动	教学评价
动物生理功能的调节及其实现方式	培养学生的科学精神和辩证唯物主义世界观，增强学生的家国情怀和国际视野	文化传承生活实例研究进展	通过实例如恒温动物体温的调节、神经反射调节、激素调节等功能活动，以及中外动物生理研究进展，如人类脑科学计划、诺贝尔理学或医学奖中的生理学理论突破、中国空间站的建立为人体功能的太空适应性研究提供了实验平台等，阐释动物生命活动的一些奇妙过程和原理。进一步理解动物生命的现象和机制及环境适应性问题等是可以被人类通过科学技术手段认知的辩证唯物主义哲学道理	教师：引导学生思考21世纪的动物生理学发展趋势学生：讨论，分析总结	学生思考讨论发言

11.3.2 案例二

SIUE 课程思政教学模式在"动物生理学"教学中的应用
——以"血液循环"为例

1. 教学目标

知识与技能目标：了解循环系统的组成与功能、心脏的结构与功能；理解心肌细胞的动作电位特点及心肌的生理特征；理解心动周期、心输出量和动脉血压的概念；理解心脏的射血过程、心输出量的调节和动脉血压的形成及神经与体液的调节方式。

过程与方法目标：掌握离体蛙心制备技术，学会观察蛙心的期前收缩与代偿间隙的实验方法，掌握离体蛙心灌流技术，以此来分析各种神经递质和体液因素对蛙心心率与收缩力量等的影响。掌握人体血压测量方法。

情感、态度、价值观目标：从血液循环的知识中体现生命在于运动的辩证思想。养成持之以恒的品质，培养团结协作的科学精神。

2. 教学流程设计

课前学习任务发布：至少提前一周，发布学习任务和学习要求，上传课件"血液循环"及扩展阅读资料，提供线上慕课链接（中国大学 MOOC，华中农业大学"动物生理学"；爱课程网，华东师范大学"人体科学"）。扩展阅读如

"人体解剖生理学""中国生理学史""近代生理学发展简史"等文献。通过众多的思政功能素材，进一步渗透热爱自然、崇尚科学、热爱生命的意识和理念，引导学生在探索科学真理的道路上自觉运用辩证唯物主义的立场观点和方法。

授课准备：课程团队集体备课，充分挖掘思政素材，制作授课PPT。

课堂授课：主讲教师采用讲授法和小组讨论相结合的方式，"润物细无声"地渗透课程思政教育。

小组讨论：讨论动物血液循环的生物学意义及血液循环与其他器官系统功能的关系，从而进一步了解血液循环对动物生命活动的重要性。

过程性考核和课后作业：关注学生在课程学习中所表现出来的知识认知、过程与方法认同及情感、态度、价值观的变化，如重视学生在课堂学习中对重要概念的理解，重视对学生在课堂讨论等教学环节中表现出的分析能力等方面的考查，以进一步引导学生树立起正确的科学观和唯物史观。课后作业让学生针对课前慕课和拓展阅读中所获取到的信息，阐述对未来动物生理学尤其是血液循环生理学发展趋势的理解和看法，从而达到深度渗透思政素材的目的。

3. 课程思政设计路径

课程思政的SIUE教学模式，即专业课程思政教学落地的"选"（select）、"授"（instruct）、"用"（utilize）、"评"（evaluate）四步走实施策略。其中，"选"（S）：个性化甄选课程思政素材；"授"（I）：精细划分课程思政主体；"用"（U）：多样化选用信息技术，强化课程思政效果；"评"（E）：多元化设计课程思政评价体系。SIUE课程思政教学模式通过层层递进、环环相扣构建学科课程思政体系，并立足学情、联系社会实际、充分利用各类育人资源，使得专业知识同思政素材的联系更为紧密，可促进学科教学与思政教育有机地结合。

（1）个性化甄选课程思政素材（S）

本章节的思政素材比较丰富，在国家向度、社会向度、专业向度、自然向度和哲学向度等五个向度，在国际视野、文化自信、科学精神、生命伦理和辩证唯物主义等五个维度均可挖掘思政素材。结合课堂教学实际情况，甄选了课程思政素材，详见表11-4。

（2）精细划分课程思政主体（I）

教学是师生之间的互动过程，在课堂上注重师生、生生之间的协助互助，并以学生为主体，以培养学生的团队合作精神。

师生互动：在教学中，教师举出某些动物类群血液循环的案例，提出问题，引发学生思考；通过分析动物循环系统的进化发展历程和趋势，提出相关问题，如"动物从低等进化到高等，血液循环从开放式的单循环发展为闭管式的双循环，其目的是什么？""血液中的红细胞为何从有核进化为无核？""如果站立了一天，到了晚上感觉脚都肿起来了，这是怎么回事？""动脉血压是如何保持相对稳定的？"，让学生思考和讨论后给出答案。

生生互助：教师提供工作心肌细胞和自律心肌细胞的动作电位曲线，让学生观察这两种心肌细胞动作电位曲线特征，并与骨骼肌细胞动作电位曲线进行比较，引导学生思考心肌细胞动作电位曲线的特殊性，进一步理解心肌细胞动作电位曲线各阶段所对应的含义及原理。在理解心肌细胞动作电位曲线的基础上分小组讨论：工作心肌细胞动作电位延续时间比较长有何实际意义？自律心肌细胞动作电位具有自动节律性的关键阶段有哪些？引导学生讨论解决实际问题。教师可以提供心律不齐、早搏、异位搏动等实例，并让学生了解这些心脏活动异常的原因，讨论分享自己身边的人是否有这些心脏活动的异常情况及可能的预防和治疗措施。

（3）多样化选用信息技术，强化课程思政效果（U）

课前，推送有关血液循环生理功能方面的热点话题，如高血压的成因和防治、冠心病及其预防、体育锻炼与心血管健康等，引发学生的讨论与关注；发布相关文献供学生学习讨论；学生以小组为单位调查了解身边人员的心血管健康现状，并撰写调查研究报告。

课上，采用讲授法和小组讨论相结合的方式进行授课，具体按下述"4.课程思政教学设计"开展教学活动。

课后，进一步对互联网上的心血管相关知识、新闻事件、研究进展等进行讨论交流，通过技术软件制作知识体系思维导图，并整理和修改调查研究报告，以增强理论联系实际的思政效果。

（4）多元化设计课程思政评价体系（E）

对"动物生理学"课程思政教育效果进行考核，应包括对学生理论素养、情感态度、价值观念、行为表现、综合能力等方面的综合评估和考核。课程建议采用讨论发言、调查报告、案例分析等相结合的多元评价形式，在评价过程中综合采用教师评价、学生自评、生生互评相结合的多元评价主体。教师的评价通过课堂观察、课堂实录、平台学习行为跟踪及在线测试等手段完成。

4. 课程思政教学设计

根据教学目标和教学内容，充分挖掘课程思政素材，筛选思政功能素材较多的教学资源，制作能体现课程思政特点的新课件、新教案，找准教学内容中能融入思政素材的切入点，使思政教育与专业教育进行有机衔接和融合。本节课思政教学设计方案见表 11-6。

表 11-6 "血液循环"课程思政教学设计方案

教学内容	思政教学目标	切入点	教学设计	教学活动	教学评价
导入	科学精神意识、辩证思维理念	两种心肌的生物电特征	展示工作心肌细胞和自律心肌细胞的动作电位曲线，引导学生观察曲线的特点并与骨骼肌细胞的动作电位进行比较	教师提问：工作心肌细胞和自律心肌细胞的动作电位曲线发生了什么变化 学生：思考，回答问题	学生讨论发言
心肌细胞动作电位特征分析及原理阐释	从现象到本质、量变到质变的辩证思维、科学精神	心脏生理活动的独特性与心脏的作用紧密相关	根据学生讨论的结果，分析总结工作心肌细胞和自律心肌细胞的电活动特征，解释这些独特性与心脏功能活动的关联性	教师：根据工作心肌细胞和自律心肌细胞动作电位曲线的特点，理解动物器官结构和功能活动的协调统一性。提问如果这些特征发生了变化，将会导致怎样的后果 学生：思考，讨论，给出答案	学生讨论和发言
心脏的功能	树立科学思维，提高民族文化自信	传统文化	"心主脉"（《灵枢·九针论》）、"心藏脉"（《灵枢·本神》）、"诸血者，皆属于心"（《素问·五藏生成篇》）等有关记载表明，我国古人认识到心脏的一个重要功能是藏血和主管血液运行 讨论：心脏的结构如何满足其射血功能呢？思政教育：提出传统文化语句的含义，了解结构与功能的统一性	教师展示心脏结构图，让学生分析心脏射血的过程和原理	学生思考讨论发言
动脉血压的形成及影响因素	树立文化自信、科学精神和哲学思维，培养学生职业理想	传统文化	"动脉"一词始见于春秋战国时期的《难经》，"难曰，十二经皆有动脉，独取寸口"；动脉血压受内因和外因的影响，但要学生明白外因要通过内因而起作用的哲学道理	教师列举一些案例，如我国古人对"动脉"一词的提出，哈维对血液循环研究的贡献，高血压的成因及防治等，从案例中培养学生的文化自信、科学精神和辩证思维	学生思考体悟

续表

教学内容	思政教学目标	切入点	教学设计	教学活动	教学评价
心血管活动的神经体液调节	培养学生的科学精神和辩证思维	心血管调节的基本模式	案例分析：提供心脏活动神经调节、体液调节发现过程的素材，如贝尔纳发现血管的神经支配、体育锻炼与心血管健康等。体会科学发展的严谨性，学会理论联系实际	教师提供案例引导学生思考 学生讨论分享	学生总结思考

参 考 文 献

陈孟勤，王志均. 2000. 中国生理学史. 2 版. 北京：北京医科大学出版社：21.

陈守良. 2012. 动物生理学. 4 版. 北京：北京大学出版社：240-242.

张娟妙. 2011. 教师备课参考. 长春：吉林大学出版社：93-94.

张培林，张雅春，王雪彦，等. 1997. 自然辩证法简明教程. 北京：科学出版社：143-148.

左明雪. 2015. 人体及动物生理学. 4 版. 北京：高等教育出版社：1-421.

Bergeron LA，Besenbacher S，Zheng J，et al. 2023. Evolution of the germline mutation rate across vertebrates. Nature，615：285-291.

Chandra R，Farah F，Muňoz-Lobato F，et al. 2023. Sleep is required to consolidate odor memory and remodel olfactory synapses. Cell，186（13）：2911-2928.

Hu MQ，Li P，Wang C，et al. 2022. Parkinson's disease-risk protein TMEM175 is a proton-activated proton channel in lysosomes. Cell，185（13）：2292-2308.

Huang JN，Zhang ZN，Feng WJ，et al. 2022. Food wanting is mediated by transient activation of dopaminergic signaling in the honey bee brain. Science，376（6592）：508-512.

Tucker WJ，Fegers-Wustrow I，Halle M，et al. 2022. Exercise for primary and secondary prevention of cardiovascular disease：JACC focus seminar 1/4. Journal of the American College of Cardiology，80（11）：1091-1106.

Yang DP，Jacobson A，Meerschaert K A，et al. 2022. Nociceptor neurons direct goblet cells via a CGRP-RAMP1 axis to drive mucus production and gut barrier protection. Cell，185（22）：4190-4205.

Zhang YM，Pool A H，Wang TT，et al. 2023. Parallel neural pathways control sodium consumption and taste valence. Cell，186（26）：5751-5765.

第十二章

"生态学"课程思政教学设计与典型案例

12.1 "生态学"课程简介

12.1.1 课程性质

生态学是诞生于 19 世纪晚期的一门新兴学科，它主要研究生物及其与周围环境之间的关系，是生态文明时代的核心学科。该课程是生物科学及相关专业的必修基础课程，为生命科学的主干课程之一，其先修课程为植物学、动物学。本书以杨持主编的《生态学》（第三版）为例。

12.1.2 专业教学目标

本课程的专业教学目标是让学生能够从个体、种群、群落、生态系统等水平认识生物与环境的相互作用，掌握生态学研究的基本理论和科学方法，运用这些知识从科学的角度认识自然环境、生物形态和行为、种间关系、生物进化等，形成生物与环境相适应和进化的观念及尊重自然的理念。具体目标如下。

掌握生态学基础理论、实验技能和创新思维方式，包括对生态学基本概念、基础知识、基本规律和主要理论的理解与应用，把握生态学学科的整体框架和生态学基础知识的内在系统性；树立正确的自然观，逐步形成完整的生态观，增强生态意识和生态学专业素养。

理解生态学作为生物学科的基础学科，其能够起到启发和引领作用。有能力将生态学知识与日常生活、生产实践结合起来，并能用生态学理论与方法分析和解决一些具体的生态问题。

能够了解生态学知识前沿，积极利用国际生态学最新发展成果及前沿动态，有能力在生态学的原理及规律等方面同国内外学者和教师进行探讨及交流。

12.1.3 知识结构体系

根据生态学的研究尺度，该课程主要分为5个教学板块，即绪论、个体生态学、种群生态学、群落生态学和生态系统生态学。其知识结构体系见表12-1。

表 12-1 "生态学"课程知识结构体系

知识板块	章节	课程内容
一、绪论	第一章 绪论	1. 生态学的概念 2. 生态学的研究对象 3. 生态学的起源、形成与发展 4. 生态学的研究途径 5. 学习生态学的意义
二、个体生态学	第二章 生物与环境	1. 环境因子与生态因子的概念及区别 2. 生态因子作用的一般特征 3. 生态因子的限制性作用 4. 生物对生态因子耐受限度的调整 5. 生态因子的生态作用及生物的适应
三、种群生态学	第三章 种群及其基本特征	1. 种群的概念及特征 2. 种群动态 3. 种群的增长模型 4. 自然种群的数量变化 5. 种群调节学说
	第四章 种群生活史	1. 生活史概述 2. 繁殖成效 3. 繁殖格局 4. 繁殖策略 5. 性选择
	第五章 种内与种间关系	1. 种内关系 2. 种间关系
四、群落生态学	第六章 生物群落的组成与结构	1. 生物群落的概念及特征 2. 生物群落的种类组成 3. 生物群落的要素及结构特性 4. 影响群落组成和结构的因素 5. 生物群落的分类和排序
	第七章 生物群落的动态	1. 群落变化类型 2. 群落演替 3. 控制演替的主要因素 4. 不同的演替观

续表

知识板块	章节	课程内容
五、生态系统生态学	第八章 生态系统的一般特征	1. 生态系统概念 2. 生态系统的组成与结构 3. 食物链、食物网和营养级 4. 生态效率 5. 生态系统的反馈调节与生态平衡
	第九章 生态系统中的能量流动	1. 生态系统中的初级生产 2. 生态系统中的次级生产 3. 生态系统中的分解 4. 生态系统中的能量流动过程 5. 生态系统能流模型 6. 生态系统中的信息及其传递
	第十章 生态系统中的物质循环	1. 物质循环概念及特征 2. 水循环 3. 气体型循环 4. 沉积型循环 5. 有毒有害物质循环
	第十一章 自然生态系统	1. 自然生态系统的概述 2. 陆地生态系统的特点、分布格局及类型 3. 水域生态系统的特点及类型

12.2 "生态学"课程思政

12.2.1 课程思政特征分析

1. 课程思政素材丰富，思政教育功能齐全

生态学课程的特点和地位，决定了其在生物科学专业诸多课程的思政建设中成为最重要和最有发展前景的课程之一。该课程蕴藏着极为丰富的思政素材，从家国情怀及国际视野、法治意识、科学精神、文化自信、生命伦理和生态文明等不同维度均可挖掘思政素材。可以结合国家战略，讲好中国故事，引导学生增强中国特色社会主义道路自信、理论自信、制度自信、文化自信；可以厚植学生家国情怀，不断提高对当前资源和环境问题的理解和认识，具有"绿水青山就是金山银山"的生态意识和绿色发展理念；可以在学生心中埋下科学伦理的种子，使其树立正确的科学伦理意识，在知识传授的同时融入科学伦理的生态转向等理想信念；可以通过讲述科学家的故事和精神培养学生探索未知、追求真理、勇攀科学高峰的责任感和使命感。

2. 生态文明是课程最突出的思政维度

党的十八大把生态文明建设纳入中国特色社会主义事业"五位一体"总体布局，做出"大力推进生态文明建设"的战略决策，提出必须树立尊重自然、顺应自然、保护自然的生态文明理念。十九大报告中指出，"建设生态文明是中华民族永续发展的千年大计"，明确提出要牢固树立社会主义生态文明观，推动形成人与自然和谐发展现代化建设新格局，坚定走生产发展、生活富裕、生态良好的文明发展道路，建设美丽中国。二十大报告中提出，推动绿色发展，促进人与自然和谐共生。大自然是人类赖以生存发展的基本条件。尊重自然、顺应自然、保护自然，是全面建设社会主义现代化国家的内在要求。必须牢固树立和践行绿水青山就是金山银山的理念，站在人与自然和谐共生的高度谋划发展。生态文明已成为 21 世纪中国发展战略的必然选择。要从根本上实现生态文明建设战略目标，需要从生态文明理论及其学科体系的重建做起。随着人口、粮食、能源、资源和环境污染等世界性问题的出现和日益严重，以生态学基本理论为核心的可持续发展思想，在协调人与自然关系、解决发展中的问题、保护国家生态安全等方面发挥着越来越重要的作用。可以说所有环境问题的解决都离不开生态学原理和方法的运用。因此，生态学是一门理论性极强、有广阔应用前景并直接承担着提高国民生态意识、普及生态教育等重要任务的学科，是"生态文明"时代的核心学科。因此，"生态文明"是"生态学"课程最突出的思政维度。

12.2.2　课程思政教学目标

使学生掌握生态学的基本理论和方法，形成宏观的生态思维，不断加深对当前资源和环境问题的理解和认识，逐步认同"绿水青山就是金山银山"的理念；激发学生热爱自然、保护环境的热忱，建立关爱生命、关爱人类共同家园的生态意识，具备生态文明与可持续发展理念；激活学生的责任意识和使命担当。

12.2.3　课程思政素材

本书将以杨持主编的《生态学》（第三版）为选用教材，对与绪论、个体生态学、种群生态学、群落生态学、生态系统生态学等经典生态学教学内容相关知识点匹配的思政素材进行梳理。

第一章为绪论部分。该章的教学目标为：了解生态学的定义、生态学的萌芽时期、现代生态学时期、21世纪的生态学及生态学的研究方法，培养学生与自然和谐共处的生态意识，其思政素材梳理见表12-2。

表 12-2 绪论部分思政素材梳理表

知识点	思政素材	思政维度
生态学的定义	（1）全球气候变化对生态环境的影响 （2）西双版纳大象一路向北迁 （3）视频《大自然在说话》 （4）北京南海子麋鹿苑内有"世界灭绝动物墓地"，147块属于灭绝物种的石碑已像多米诺骨牌一样倒下，如孤独白鱀豚淇淇的故事 （5）美国海洋生物学家卡逊撰写的《寂静的春天》中阐述了农药对环境的污染，过度使用化学药品和肥料而导致环境污染、生态破坏，最终给人类带来巨大灾难	家国情怀 国际视野 生态文明
生态学的萌芽时期	（1）《道德经》万物相生相克的思想 （2）中国古代农学家贾思勰的《齐民要术》 （3）《诗经》对寄生现象的描述是"维鹊有巢，维鸠居之" （4）达尔文《物种起源》 （5）《管子·地员》《春秋》《庄子》都记载有土壤性质与植物生长和品质的关系，植物的形态与生态环境的关系，作物和昆虫的生物现象与气候之间的关系，我国基于物候确立了二十四节气，我国是最早栽培稻米和大豆的国家	文化自信 生态文明 科学精神
现代生态学时期	（1）西南大学姚维志教授团队撰写"长江流域禁渔期制度调整及优化研究"对长江十年禁渔的贡献 （2）西南大学著名生态学家钟章成先生的研究经历和科研精神 （3）国内外著名生态学家的研究经历和科学精神，如阳含熙、李文华、张新时、谢尔福德等著名生态学家的事迹	法治意识 家国情怀 生态文明 科学精神 国际视野
21世纪的生态学	（1）2018年，《中华人民共和国宪法修正案》中首次将生态文明写入宪法 （2）重庆小九寨——铜锣山矿山公园、广阳岛等的生态修复 （3）承德宽城满族自治县东梁金矿绿色矿业建设 （4）2020年《长江十年禁渔计划》 （5）三峡工程鱼类洄游通道及三峡专门设有野生鱼类保护区	法治意识 生态文明 家国情怀 国际视野
生态学的研究方法	（1）中国通量观测研究联盟 （2）西南大学获批重庆金佛山喀斯特生态系统国家野外科学观测研究站	科学精神 文化自信

第二章生物与环境为个体生态学部分的教学内容，主要讲述生态因子的作用规律，以及四大生态因子（光照、温度、水分、土壤）与生物之间的相互影响和适应。通过该章学习，学生要理解生物与其生存环境的相互依存、协同进

化关系，培养学生保护环境的意识，养成自觉保护环境的习惯和品德。其思政素材梳理见表 12-3。

表 12-3 个体生态学部分思政素材梳理表

知识点	思政素材	思政维度
生态因子的限制性作用	（1）不违农时的哲学思想 （2）"鲶鱼效应""蝴蝶效应""花盆效应"等现象	生态文明 科学精神
利比希最小因子定律	"木桶效应"	科学精神
谢尔福德耐受性定律	谢尔福德的研究经历	科学精神
指示生物	（1）宋代诗人陆游的"野人无历日，鸟啼知四时" （2）民间利用动物行为预报天气预报，如蜘蛛结网预示下雨、蜻蜓高飞预示天晴等 （3）指示环境污染情况，如金丝雀监控矿井中一氧化碳的情况，唐菖蒲指示氟化氢的污染情况，地衣指示二氧化硫的污染情况，颤蚓的数量指示水体有机物的污染程度等	生态文明 科学精神
植物光周期	袁隆平院士的研究经历	科学精神 文化自信
水因子	（1）2006 年白洋淀死鱼事件 （2）《2022 中国生态环境状况公报》：我国 2022 年城市污水排放量达 638.97 亿 m^3；全国地表水监测的 3629 个国控断面中，Ⅳ～Ⅴ类水质断面占比 11.4%，劣Ⅴ类占 0.7% （3）世界粮食计划署 2022 年 4 月 19 日表示，非洲之角的肯尼亚、埃塞俄比亚、索马里的旱情恶化，预计 2000 万人面临饥饿 （4）肯尼亚六只长颈鹿螺旋状交织躺在地上的照片 （5）2008 年德国科学家在大西洋进行考察时发现了第四种水——超临界水	生态文明 国际视野 科学精神 家国情怀
土壤因子	（1）辽宁沈阳张士灌区因长期使用工业污水，造成了水稻和土壤中的重金属镉含量过高 （2）2021 年，生态环境部发布《重点监测单位土壤污染隐患排查指南（试行）》	生态文明 国际视野
环境与人类健康的关系	（1）世界卫生组织的报告指出，估计 24% 的疾病负担和 23% 的所有死亡可归因于环境因素 （2）根据政府与世界银行的合作研究报告《中国环境污染损失》的报道（2007 年），在城市中仅大气污染可造成每年 17.8 万人死亡，呼吸系统门诊病例 35 万人	生态文明 国际视野
人类活动对环境的影响	（1）用卫星实景地图展示人类的活动割裂环境 （2）《新闻联播》中播放的藏羚羊穿越铁路涵洞，在铁路两侧自由穿行的相关影像	生态文明 国际视野 科学精神

续表

知识点	思政素材	思政维度
人类活动对环境的影响	（3）西南大学生态学团队对三峡库区消落带的修复，华东师大对丽娃河进行生态修复改造 （4）我们平时在"蚂蚁森林"上累积水滴、种树苗也有一定的贡献 （5）种树治理沙漠，如吴向荣和队友自2003～2021年在阿拉善植树，18年里已经种植了810万棵树，造林9万多亩① （6）在自然保护区钻研丹顶鹤养殖技术的徐秀娟，为寻找一只走失的丹顶鹤而牺牲	

种群生态学部分包括教材第三章至第五章的内容，该部分学习重点为种群动态。通过学习，学生应掌握种群相关概念、特征、动态及调节机制，培养保护自然的社会公德，并积极参与生物多样性保护活动。思政素材梳理表见12-4。

表12-4　种群生态学部分思政素材梳理表

知识点	思政素材	思政维度
逻辑斯蒂模型	（1）《孟子·梁惠王上》"数罟不入洿池，鱼鳖不可胜食也" （2）2020年1月，农业农村部颁发了《长江十年禁渔计划》，实施禁捕，让长江休养生息 （3）以《吕氏春秋》的"竭泽而渔，岂不获得？而明年无鱼；焚薮而田，岂不获得？而明年无兽。诈伪之道，虽今偷可，后将无复，非长术也"进行升华	生态文明
种群爆发	（1）马世骏蝗灾治理事迹 （2）1981年马世骏提出"生物环境系统中的相生相克原理"，他是国内率先提出生态保护和治理污染的先行者 （3）2020年3月9日中国政府向巴基斯坦提供了应对蝗虫灾害的物资	科学精神 社会责任 文化自信
种群的衰落和灭亡	（1）全世界每天有75个物种灭绝，每小时有3个物种灭绝 （2）列举中华鲟、扬子鳄、华南虎、朱鹮、鹦鹉螺等实例	生态文明 生命伦理
扩散迁移	北京师范大学张正旺教授团队研究揭示鸟类迁徙策略的可塑性与种群动态之间的反馈联结	科学精神
种群调节	（1）人口政策 （2）学术争论：归纳不同学派的论战要点、证据与论战中科学理论的发展历程	国际视野 科学精神

① 1亩≈666.7m²。

续表

知识点	思政素材	思政维度
资源可持续利用	（1）列举绿色经营、低碳生活的案例，如珠海（海上风电，加快并网）、贵州（电能替代，安全环保）、丹麦（大力发展风力发电）、挪威（大力发展水电）等 （2）垃圾分类：提高垃圾的资源价值和经济价值，降低处理成本，减少土地资源的消耗	生态文明 国际视野
生活史	对人类生活史的思考："或重于泰山，或轻于鸿毛"	社会责任
繁殖策略	（1）人类是典型的 K 对策者 （2）习近平总书记提出的构建"人类命运共同体"	国际视野 家国情怀
密度效应	从集群对个体成长有利和不利两方面出发启发学生思考个人与集体的关系	科学精神
种间关系	马克思列宁主义和毛泽东思想关于矛盾的对立统一论述	政治认同

群落生态学包括教材第六章和第七章的教学内容，该部分需掌握群落的垂直分层、群落演替，认识物种多样性、外来物种入侵及引种，树立终身学习、向上向善的情感态度，树立保护自然环境、维护生态平衡的良好品德，其思政素材梳理见表 12-5。

表 12-5　群落生态学部分思政素材梳理表

知识点	思政素材	思政维度
群落的垂直分层	四大家鱼混养模式	生态文明
群落演替	（1）洪湖、鄱阳湖、洞庭湖、滇池等湖泊被大规模围垦造田，对湖泊的自然资源造成了危害，对湖水的生态环境和调节作用造成了破坏 （2）从荒地到绿洲变迁的千烟洲植被恢复模式是江南丘陵立体农业开发的典范 （3）我国植被生态学家刘慎谔的故事	生态文明 国际视野 科学精神
物种多样性	（1）2020 年 9 月 30 日，习近平在联合国生物多样性峰会上发表重要讲话 （2）2021 年在云南举办《生物多样性公约》第十五次缔约方大会 （3）对虎骨、熊掌、象牙、犀角、穿山甲等的畸形喜好所导致的动物非法捕猎，已经导致了多个物种灭绝或者濒临灭绝，包括白鱀豚、黑犀牛、非洲象、东北虎等 （4）具体措施：①伊犁河谷生态系统多样性及存在的问题和保护对策；②卧龙大熊猫自然保护区	生态文明 国际视野 生命伦理

续表

知识点	思政素材	思政维度
外来物种入侵	（1）外来物种危害：①红火蚁是被列入世界自然基金会（WWF）名单中最具破坏性的入侵物种；②生态杀手——加拿大一枝黄花，导致 30 多种乡土植物物种消亡；③三裂叶豚草，导致过敏性反应；④大米草生长密度大，繁殖能力强，造成了生态失衡，航道淤塞，海洋生物窒息，有"害人草"称号；⑤1859 年，托马斯·奥斯汀从欧洲引进 24 只兔子，到 1926 年，整个澳大利亚的兔子数目达到了一百亿只；⑥小吉丁虫入侵对伊犁河谷野果林的毁灭性影响 （2）2021 年全年海关截获有害生物 59.08 万种次、检疫性有害生物 6.51 万种次 （3）2022 年全国海关一季度截获检疫性有害生物就多达 173 种，截获次数高达 1.39 万次	生态文明国际视野
引种	雷州市珍珠人工湖养殖（成功）、台湾引进福寿螺（失败）等	生态文明科学精神

生态系统生态学部分包括教材第八章至第十一章内容，学生需掌握生态系统的概念、结构和功能，形成保护生态平衡的环保意识，积极参与生态教育的宣传和教育活动，增强社会责任感，其思政素材梳理见表 12-6。

表 12-6　生态系统生态学部分思政素材梳理表

知识点	思政素材	思政维度
分解者	害处：使动植物致病、水体营养化、赤潮现象、食物发霉腐败；益处：用于燃料和食品加工业、环境的再循环和净化及医药生产	科学精神
营养级	（1）生物富集，如日本水俣病 （2）对日本向太平洋中排放核废水进行讨论	生态文明国际视野
反馈调节和生态平衡	对比生态系统退化的严峻形势和生态文明建设成果	生态文明
碳循环	温室效应［从格陵兰抽取 4 块年龄有 500 年至 14 万年的冰块，结果在冰层中发现番茄花叶病毒（TOMV）］	生态文明国际视野
人类活动对生物地球化学循环影响	（1）水库可能会诱发地震频发，造成库区泥沙淤积，使土壤盐碱化，恶化水质等 （2）开凿运河、渠道、河网，大量开发利用地下水等，改变了水的原来流经路线，引起水分布和水运动状况的变化 （3）农林垦殖、森林砍伐、城市化	生态文明国际视野
森林生态系统的抚育	（1）我国林业有害生物防治工作的基本方针：预防为主，科学防控，依法治理，促进健康 （2）兰考生态治理传奇：焦裕禄与兰考泡桐林的故事	生态文明科学精神国际视野

知识点	思政素材	思政维度
森林生态系统的抚育	（3）康定市在疫情防控及森林防火有保障的前提下组织国有林管护员、专业扑火队员及当地村民 500 余人抢抓时节，全面启动了 2021 年度国有森林抚育工作	家国情怀
草原生态系统的恢复	（1）2000 年以来，内蒙古自治区锡林浩特市草原出现植被退化、土壤沙化较严重的突出问题，通过治理修复，风蚀得以控制，周边环境明显好转 （2）游牧民族的生活方式及其特点 （3）"荒原变林海的人间奇迹"的塞罕坝精神	生态文明 科学精神 国际视野 家国情怀
沙漠化现状	（1）第 27 届世界防治荒漠化和干旱日国际研讨会：荒漠化是全球重要生态问题，对世界粮食安全、生态安全构成严峻威胁 （2）当前，全球超过 25%的土地、100 多个国家和地区存在荒漠化与土地退化问题，根据联合国最新统计，土地沙漠化直接或间接影响近 30 亿人口	生态文明 国际视野
沙漠化与沙尘暴的防治	（1）2019 年 2 月，美国航空航天局研究结果表明，全球从 2000 年到 2017 年新增的绿化面积中，约 1/4 来自中国，中国贡献比例居全球首位 （2）"三北"防护林工程目前已经建成 4000 多千米，累计完成造林保存面积 3014 万 hm^2，已使"三北"地区 20%多的沙漠地得到了基本治理，40%以上的水土流失面积得到了有效控制 （3）肯尼亚的"绿带运动"、菲律宾的退耕还林计划、美国的阿巴拉契亚山脉土地复垦计划等	生态文明 国际视野 家国情怀
湖泊与河流的保护	（1）日内瓦湖：瑞士政府制定了严格的法规以提高水质，并制订了国际水资源治理机制，以推动两国共同努力解决河流污染问题 （2）中国科学院中-非联合研究中心与"一带一路"河湖生态保护技术联合培训中心联合举办"河湖生态保护与修复技术"培训班 （3）2021 年生态文明贵阳国际论坛"保护河湖生态·践行生态文明"主题论坛 （4）旅游胜地威尼斯水城，多年来解决不了河水脏乱差的现象，结果在全国封城 7d 后，竟然清晰到可以一眼望到底，甚至看到了久违的海豚	生态文明 国际视野 文化自信 家国情怀
湿地生态系统的保护	（1）中国生物多样性保护与绿色发展基金会政研室 2021 年初举行了"湿地保护法讨论会" （2）著名植物生态学家林鹏院士开展了二十多年艰苦的勘查研究，在美国"红树林学术会议"上，以确凿的事实、精确的研究、完善的数据打破了"中国没有红树林"的偏见 （3）在霓屿种植千亩红树林、百亩秋柳林，形成了全国唯一的"南红北柳"生态交错区，构筑了潮间带，增加了生物多样性	生态文明 国际视野 科学精神 文化自信

续表

知识点	思政素材	思政维度
海洋生态系统保护	（1）蓝色海湾破堤通海，被人工隔开 15 年的"两片海"重新连通，为瓯江流域的鲈鱼、凤尾鱼"让路"，恢复了繁衍栖息地 （2）三盘渔港"退养还海"，全力复原沙滩岸线，共修复了 10 个被过度挖掘、侵蚀蜕化的沙砾滩，面积达 15 万 m²，累计修复岸线 22.76 千米，恢复了岸线亲水功能 （3）据《卫报》2022 年 3 月 25 日报道，澳大利亚大堡礁正在遭遇第六次大规模珊瑚白化 （4）观看《蓝色星球》等自然海洋纪录片	生态文明 国际视野 家国情怀 生命伦理
全球变化	（1）2021 年诺贝尔物理学奖获得者克劳斯·哈塞尔曼和戴维·麦克米伦的"地球气候的物理建模，量化可变性并可靠地预测全球变暖" （2）历届联合国气候变化大会 （3）《联合国气候变化框架公约》第 26 次缔约方大会（COP26）	生态文明 国际视野
环境保护与可持续发展	（1）我国的生态发展观、绿色 GDP 等发展战略 （2）"绿水青山就是金山银山"，共同构建人与自然生命共同体	生态文明 国际视野

12.3　"生态学"课程思政教学典型案例

12.3.1　案例一

以培植学生生态文明理念为主的"生态学"课程思政
——以"绪论"为例

1. 教学目标

认知类目标：了解"生态学"课程的研究对象、内容、范围、方法及生态学的最新发展。

情感、态度、价值观目标：培养学生与自然和谐共处，使他们具有生态文明观，有保护生态环境的家国情怀。

方法类目标：掌握生态学学习特点和专业发展途径；能够通过图书馆或网络检索查询生态学相关期刊；能用生态学理论和方法分析并解决一些具体生态问题。

2. 教学流程设计

学习任务发布：提前一周发布学习任务和学习要求，上传课件"绪论"及扩展阅读资料，提供慕课链接（中国大学慕课，南京农业大学"普通生态学"）。扩展阅读如"寂静的春天""100 个最重要的生态学基础问题（中英文对照）"等文献。

授课准备：课程团队集体备课，充分挖掘思政素材，制作授课 PPT。

课堂授课：主讲教师采用讲授法和小组讨论相结合的方式"润物细无声"地渗透思政教育。

小组讨论：对生态学发展趋势进行分析，从而更进一步了解生态学学习的重要性。

过程性考核和课后作业：关注学生在课程学习中所表现出来的情感、态度、价值观的变化，以进一步引导学生树立起正确的生态文明观。课后让学生针对拓展阅读中的"100 个最重要的生态学基础问题"阐述对未来生态学发展趋势的理解和看法，深度渗透思政素材。

3. 课程思政设计路径

（1）挖掘课程中蕴含的生态文明元素

生态学是生态文明时代的核心学科，生态优先、绿色发展道路的理论与技术手段是该课程的核心内容。结合课程特点，我们紧扣"大力推进生态文明建设"，充分挖掘课程中蕴含的生态文明元素。例如，绪论中有诸多彰显我国古人智慧与文化积淀的实例（如我国基于物候确立了二十四节气等），可在教学中引导学生树立文化自信，并让学生明白生态文明思想由来已久。同时，也可挖掘我国老一辈生态工作者钟章成等名人故事，以增强学生的自豪感和爱国情怀（更多生态文明元素见表 12-2）。

（2）诠释课程中生态文明内涵

习近平新时代中国特色社会主义思想是马克思主义中国化的最新成果，也是我国生态文明建设的行动指南和"生态学"课程思政贯穿始终的灵魂。在课程中要明晰"生态文明""山水林田湖草沙生命共同体"等概念及其内涵，要结合习近平总书记的"绿水青山就是金山银山"，诠释经济发展与生态环境保护的辩证关系。讲解生态学定义，让学生理解生物对环境的适应及环境对生物的改造作用，帮助学生进一步形成生态学的生命观和整体观。通过十年禁渔、开放三胎等最新政策，以及生态文明先驱等榜样故事和云南大象上街、河南郑州千年一遇的洪灾等社会新闻，结合生态学的发展史帮助学生更好地理解十九大报告"坚持人与自然和谐共生"的方略内涵，体会"要像保护眼睛一样保护生态环境""生态环境保护是功在当代、利在千秋的事业""生态兴则文明兴，生态衰则文明衰"等深刻意义,深化对党和国家关于维护生态安全、生物安全重大决策部署的理解和认识。

(3)培养学生树立生态文明理念

在教学过程中,教师可以始终贯穿"大力推进生态文明,促进人与自然可持续发展"的理念,引导学生思考个人在生态文明建设中的定位,使他们明确当代青年正是推动国家和社会从工业文明走向生态文明的中坚力量。一方面,通过情感共鸣培养学生的生态意识,如在导入部分可以介绍我国的湖泊、河流、田野、森林等大好河山,补充妙趣横生的生物世界,以此激发学生对生命及美好生态环境的热爱。另一方面,带领学生观看《家园》《大自然在说话》《后天》《2012》等科普或者灾难影片,介绍人类目前面临的人口、粮食、能源、资源、环境等突出问题,引导学生思考全球变暖、环境污染、气候灾难、生境破碎、生物多样性锐减、生物入侵等各种生态问题的根源,以及给生产生活带来的影响,唤起他们对生态恶化问题的重视。倡导学生在生态文明建设中做一个对社会和人类负责而有价值的人。

(4)引导学生践行生态文明建设

课程教学中,在帮助学生理解生态文明内涵,树立生态文明理念的同时,也要践行生态文明建设。教导学生从小事做起、从我做起,在生活中做到勤俭节约、爱护环境、关爱生命、尊重自然、热爱大自然、保护野生动植物、学会与大自然和谐相处。教师也可以有针对性地指导学生完成生态学领域毕业论文,吸收学生参加自己的科研课题,带领学生深入大自然、生态环境脆弱区域、农村等,进一步提高学生的动手能力与实践水平,增强学生的"山水林田湖草沙生命共同体"意识及生态文明价值观。指导学生参加校级、市级和国家级生态学领域的创新创业项目,鼓励学生推免或报考生态学专业研究生及从事生态学相关领域工作,引领学生从更高、更广的维度思考人与自然、社会及自身协调发展的辩证关系。

4. 课程思政教学设计

绪论部分具体的教学设计方案见表 12-7。

表 12-7 绪论部分课程思政的教学设计方案

教学内容	思政教学目标	切入点	教学设计	教学活动	教学评价
导入	增强学生的生态文明意识,建立	环境现状热点新闻	通过视频《水中大熊猫》白鲟的灭绝和《大自然在说话》及社会热点问题,如大象北迁、郑州暴	教师提问:为什么要学习生态学	学生讨论发言

续表

教学内容	思政教学目标	切入点	教学设计	教学活动	教学评价
导入	"人类只有一个地球"的家国情怀		雨、极端干旱、冰川融化等，明确指出生态环境保护的重要性	学生：思考，回答问题	
生态学定义	培养学生生命伦理和生态文明理念，厚植家国情怀	环境现状	通过大量实例，学生讨论在个体、种群、群落和生态系统层次中生物与环境的相互关系，理解生物受环境影响同时会改造环境，最终了解生态学的概念	教师提问：什么是生态学 学生：思考，回答问题	学生思考讨论发言
生态学的起源与发展	引导学生明白生态文明思想由来已久，培养学生树立文化自信，培植科学精神	传统文化	按时间顺序，通过层层递进的方式讲解生态学的起源、形成与发展。讲述我国古代先民在《尔雅》《管子·地员》《齐民要术》等著作中就已论述了植物的形态与生态环境的关系，作物、昆虫的生物现象与气候之间的关系。我国基于物候确立了二十四节气，我国是最早栽培稻米和大豆的国家，这些实例彰显了我国古人的智慧与文化积淀	教师：讲解生态学的起源和发展历史 学生：思考，讨论	学生思考
现代生态学时期	厚植学生生态文明理念，培养学生职业理想、科学精神和国际视野，增强学生爱国爱校的家国情怀	榜样力量	阐述美国 E.Odum 的《生态学基础》对生态学研究与教学产生的深远影响；补充西南大学生态学的发展历程，其中钟章成先生等老一辈生态学工作者为生态学的发展做出了很大的贡献；继续举例西南大学姚维志教授团队"长江流域禁渔期制度调整及优化研究"对长江十年禁渔的贡献；同时补充国内外著名生态学家的研究经历和科学精神，阐述现代生态学时期的特点	教师：讲解生态学的起源和发展历史 学生：思考，讨论	学生思考体悟
21世纪的生态学	培育学生生态文明意识和使命担当，同时提高法治意识	环境现状法律法规研究进展	通过讲解生态文明被写入宪法和重庆典型的生态修复，举例说明长江十年禁渔和三峡工程设有的鱼类洄游通道，阐述21世纪生态学的特点	教师：引导学生思考21世纪的生态学发展趋势 学生：讨论，分析总结	学生分享交流

续表

教学内容	思政教学目标	切入点	教学设计	教学活动	教学评价
生态学的研究方法	培养学生的生态意识和社会责任意识，提高学生的文化自信和科学精神	研究进展	通过实例尤其是自己做科学研究的图片和实例，讲述如何开展生态学研究，让学生了解生态学的研究途径。例如，西南大学金佛山野外观测台站为中国通量观测研究联盟观测台站之一	教师：引导学生思考21世纪的生态学发展趋势 学生：讨论，分析总结	学生思考讨论发言

12.3.2 案例二

SIUE 课程思政教学模式在"生态学"中的应用
——以"种群的增长模型及自然种群的数量变动"为例

1. 教学目标

知识与技能目标：掌握种群动态特征及数量变动原因。

过程与方法目标：掌握种群动态调查方法；能够利用增长模型分析种群动态并对其生态学含义加以解释。

情感、态度、价值观目标：通过我国科学家的故事案例，学生能够树立民族自信；通过理解生物种群动态变化原因，形成环境保护需要从我做起的意识；通过对种群增长模型及环境容纳量概念的理解，了解种群衰退实例，形成可持续发展理念，培植保护种群、保护生态环境的责任意识，并积极参与保护活动。

2. 教学流程设计

学习任务发布：提前一周发布学习任务和学习要求，上传课件"种群及其基本特征"及扩展阅读资料，提供慕课链接（"学习强国"，南京农业大学"普通生态学"）。扩展阅读如"孑遗植物新疆野苹果种群生命表与生存分析""关键种在生物多样性保护中的意义与存在的问题""中国外来入侵生物的危害与管理对策"等文献。

授课准备：课程团队集体备课，充分挖掘思政素材，制作授课 PPT。

课堂授课：主讲教师采用讲授法和小组讨论相结合的方式，"润物细无声"地渗透思政教育。

小组讨论：分析种群动态变化产生的原因，从而更进一步了解种群保护的重要性。

过程性考核和课后作业：关注学生在课程学习中所表现出来的情感、态度、价值观的变化，如重视对学生在课堂讨论中表现出的对种群动态问题的分析能力等方面的考查，以进一步引导学生树立起正确的生态文明观。课后作业中也特意设计了渗透思政素材的习题。

3. 课程思政设计路径

课程思政的 SIUE 教学模式，即专业课程思政教学落地的"选"（select）、"授"（instruct）、"用"（utilize）、"评"（evaluate）四步走实施策略。其中，"选"（S）：个性化甄选课程思政素材；"授"（I）：精细划分课程思政主体；"用"（U）：多样化选用信息技术，强化课程思政效果；"评"（E）：多元化设计课程思政评价体系。课程思政"SIUE"的教学模式通过层层递进、环环相扣建构学科课程思政体系，并立足学情，联系社会实际，充分利用各类育人资源，使得专业知识同思政素材的联系更为紧密，以促进学科教学与思政教育有机地结合。

（1）个性化甄选课程思政素材（S）

本章节的思政素材丰富，在国家向度、社会向度、专业向度和自然向度等四个向度，政治认同、家国情怀及国际视野、法治意识、科学精神、文化自信、品德修养和职业操守、生命伦理、生态文明、辩证唯物主义和历史唯物主义等十个维度均可挖掘思政素材。结合课堂教学实际情况，甄选了课程思政素材详见表 12-4。

（2）精细划分课程思政主体（I）

教学是师生之间的互动过程，在课堂上要注重师生、生生之间的协作互助，并以学生为主体。

师生互动：在教学中，教师举出某些种群灭绝的案例，提出问题，引发学生思考；通过分析人口政策从 20 世纪 80 年代"计划生育"调整成现在的"开放三胎"，给出增长率概念和公式 $r=\ln R_0/T$（r 表示种群增长率，R_0 表示世代的增长率，T 表示世代长度），提出相关问题"在过去如何控制人口数量达到'计划生育'的目的？而如今，为了减缓社会老龄化趋势，又如何提高人口增长率？"让学生思考和讨论后给出答案。

生生互助：教师提供逻辑斯蒂模型，让学生观察曲线特征，引导学生思考曲线的特殊性，进一步理解模型参数对应的含义；在理解曲线的基础上分小组讨论在资源有限增长的客观趋势下，养鱼人应该如何约束自己的捕鱼行为，引导学生解决实际问题；教师提供 6 次物种大灭绝、中华鲟等濒危动物、大熊猫等易危动物实例，让学生了解物种灭绝的原因，学生讨论分享自己了解的濒危物种生存情况和面临的威胁及可能的解决办法；在学生理解了生态入侵的概念后，教师给出中国遭受比较严重的生态入侵如加拿大一枝黄花、大米草、福寿螺等案例，引导学生思考生态入侵的途径、威胁，讨论生态入侵的防治措施，总结思考并完成校园生态入侵调查的小论文。

（3）多样化选用信息技术，强化课程思政效果（U）

课前，通过学习通、公众号、QQ 群推送物种灭绝、种群爆发和衰退等方面的近期热点话题引发学生的讨论与关注；发布相关文献供学生学习讨论；学生以小组为单位了解身边的生物入侵现状，并撰写研究报告。

课后，进一步通过互联网对种群相关知识、新闻事件、研究进展等进行讨论，制作知识体系思维导图，整理和修改研究报告进一步提升思政效果。

（4）多元化设计课程思政评价体系（E）

对专业课思政教育效果考核，应加强对学生理论素养、情感态度、价值观念、行为表现、综合能力等方面的综合评估和考核，才有利于充分发挥"课程思政"在大学生思政教育中的主导作用。课程形成性考核的丰富多样性与"课程思政"的灵活应变性相结合，能够较好地反馈教师教学的真实效果与学生知识内化、行为外化的情况，对于提高教学成效具有重要意义。因此，课程采用讨论发言、调查报告、案例分析等相结合的多元评价形式，在评价过程中综合采用教师评价、学生自评、生生互评相结合的多元评价主体。教师的评价通过课堂观察、课堂实录、平台学习行为跟踪及在线测试等手段完成。

4. 课程思政教学设计

根据教学目标和教学内容，充分挖掘课程思政素材，筛选思政功能素材较多的教学资源，制作能体现课程思政特点的新课件、新教案，找准教学内容中能融入思政素材的切入点，使思政教育与专业教育有机衔接和融合。本节课思政教学设计方案如表 12-8。

表 12-8 "种群的增长模型及自然种群的数量变动"课程思政教学设计方案

教学内容	思政教学目标	切入点	教学设计	教学活动	教学评价
导入	生态文明意识、可持续发展理念	环境现状	物种灭绝案例	教师提问：种群数量发生了什么变化 学生：思考，回答问题	学生讨论发言

教学内容	思政教学目标	切入点	教学设计	教学活动	教学评价
增长率概念	宏观的生态思维、责任意识	社会现状及热点	现状分析：20世纪80年代的"计划生育"和现在的"开放三胎"人口政策	教师提问：根据增长率公式 $r=\ln R_0/T$，在实行"计划生育"的时候如何控制人口数量？而如今，为了减缓社会老龄化趋势，又如何提高增长率 学生：思考，讨论，给出答案	学生讨论和发言
逻辑斯蒂模型	树立宏观的生态观，提高民族文化自信	传统文化、环境现状及法律法规	观察分析逻辑斯蒂模型特征，理解字母对应含义；讨论在资源有限增长的客观趋势下，养鱼人应该如何约束自己的捕鱼行为。渗透思政教育：引入传统文化语句和相关法律法规	教师提供曲线，引导学生思考曲线的特殊性，并结合实际养鱼案例引导学生解决实际问题，并据"数罟不入洿池，鱼鳖不可胜食也"及农业农村部在2020年1月颁发的《长江十年禁渔计划》回归主题	学生思考讨论发言
种群的波动	树立文化自信，培养学生职业理想	榜样的力量	观看马世骏治蝗灾的案例视频，分析讨论背后的生态学理论；提供中国帮助其他国家治蝗的案例	观看视频并进行案例分析，从中国人民赴其他国家的治蝗案例中培养民族文化自信	学生思考体悟
种群的衰落和大发生	培育生态环保意识和使命担当意识	环境现状、建设美丽新中国	提供6次物种大灭绝、中华鲟等濒危动物、大熊猫等易危动物实例，了解物种灭绝原因。讨论分享自己了解的濒危物种情况	教师提供案例引导学生分析物种灭绝的原因，并讨论所了解的濒危物种生存情况	学生分享交流
生态入侵	培养学生的生态保护意识和社会责任意识	环境现状及社会热点	案例分析：物种入侵的实际情况，引导学生思考生态入侵的途径和带来的威胁	教师提出生态入侵的基本概念，学生讨论生态入侵的防治措施	学生总结思考并完成乡土植物入侵小论文

参 考 文 献

艾训儒，姚兰，王柏泉. 2011. 基础生态学课程教学模式改革实践与探索. 教育教学论坛，
　　（21）：102-104.

李振基，陈小麟，郑海雷. 2016. 生态学. 4 版. 北京：科学出版社.

梁莹，刘瑞儒. 2021. 课程与思政素材有机融合的"SIUE"模式及其实施策略. 教育探索，
　　（8）：70-72.

彭安安，许锋，宋宪强，等. 2020.《生态学基础》课程思政教学探索与实践. 广东化工，47
　　（18）：254-255.

邱玮. 2020. 自媒体视域下大学生信息素养教育探析. 教育教学论坛，（26）：364.

王艳红，伊力塔，曾燕如. 2020.《生态学》教学中"课程思政"教育的探索. 高教学刊，
　　（9）：170-172.

习近平. 2017. 决胜全面建成小康社会 夺取新时代中国特色社会主义伟大胜利——在中国共
　　产党第十九次全国代表大会上的报告. 北京：人民出版社.

杨持. 2014. 生态学. 3 版. 北京：高等教育出版社.

亦冬. 2008. 生态文明：21 世纪中国发展战略的必然选择. 攀登，27（1）：73-76.

第十三章

"免疫学"课程思政教学设计与典型案例

13.1 "免疫学"课程简介

13.1.1 课程性质

免疫学是一门与医学、生物学多学科广泛交叉，理论体系极为复杂的前沿学科。该课程是生物科学及相关专业的选修课程，其先修课程为细胞生物学、生物化学、微生物学。本书以曹雪涛主编，2018年出版的《医学免疫学》（第 7 版）为例。

13.1.2 专业教学目标

掌握免疫学的基本概念、基本知识及基本理论，理解免疫细胞分子识别的具体过程及其调控机制，理解常见的免疫学检测方法原理及适用范围；掌握多克隆抗体制备、凝集反应、沉淀反应、酶联免疫吸附试验、淋巴细胞分离等基本实验技能；了解最新的免疫学研究热点及发展趋势，使学生进一步掌握生物学理论体系和思维方式，理解作为生物学核心素养内涵的生命观念、科学思维、科学探究途径和社会责任，掌握科学的研究方法，培养学生分析与解决问题的能力。

有能力将免疫学学科与中学生物学教育实践结合起来，深刻理解生物学教师是中学生学习生物学、认识周围世界最重要的引路人和促进者。

了解免疫学的发展简史，理解免疫学与其他学科之间的区别与联系，了解免疫学热点课题的现状和未来发展趋势。

13.1.3 知识结构体系

该课程主要分为 4 个教学板块，即免疫学概论、免疫分子与免疫细胞、免疫应答、免疫学试验。其知识结构体系见表 13-1。

表 13-1 "免疫学"课程知识结构体系

知识板块	章节	课程内容
一、免疫学概论	第一章 绪论	1. 免疫学简介 2. 免疫学发展简史
	第二章 抗原	1. 抗原的概念与特点 2. 抗原的特异性 3. 抗原的免疫原性 4. 抗原的种类及其医学意义
二、免疫分子与免疫细胞	第三章 抗体	1. 抗体的分子结构 2. 抗体的生物学特征 3. 人工制备抗体 4. 抗原抗体反应的特点与影响因素 5. 抗原抗体反应的类型
	第四章 补体系统	1. 补体的发现及生物学特性 2. 补体系统的激活 3. 补体调控 4. 补体的生物学作用及意义
	第五章 细胞因子、白细胞分化抗原（CD）分子与黏附分子	1. 细胞因子概述 2. CD 分子 3. 黏附分子
	第六章 主要组织相容性抗原	1. 相关概念 2. 人主要组织相容性复合体（HLA）遗传特点 3. HLA 分子的结构 4. HLA 分子的功能 5. HLA 与医学的关系
	第七章 淋巴细胞	1. T 淋巴细胞 2. B 淋巴细胞 3. NK 细胞
	第八章 抗原提呈与抗原提呈细胞	1. 相关概念 2. 抗原提呈细胞 3. 抗原提呈
三、免疫应答	第九章 T 细胞介导的免疫应答	1. T 细胞对抗原的识别 2. T 细胞活化的信号要求 3. 活化 T 细胞的胞内分子机制 4. 活化 T 细胞的功能与效应机制

续表

知识板块	章节	课程内容
三、免疫应答	第十章　B 细胞介导的免疫应答	1. B 细胞对胸腺依赖性抗原（TD）抗原的识别 2. B 细胞活化的信号要求 3. B 细胞活化、增殖与分化 4. B 细胞对 TI 抗原的应答 5. B 细胞应答的效应
四、免疫学试验	模块一　多克隆抗体的制备	1. 实验一　免疫原的制备 2. 实验二　动物免疫 3. 实验三　抗血清的制备
	模块二　免疫细胞及其检测	4. 实验四　外周血单个核细胞分离 5. 实验五　免疫细胞的吞噬功能
	模块三　抗原抗体检测技术	6. 实验六　补体结合凝集反应 7. 实验七　免疫扩散 8. 实验八　酶联免疫吸附试验（ELISA）

13.2 "免疫学"课程思政

13.2.1 课程思政特征分析

1. 免疫学教学内容蕴含丰富的思政素材

免疫学主要研究免疫细胞识别抗原（如病毒、细菌或其他非己物质）和危险信号后发生免疫应答继而清除异物的规律及其应用的学科。结合时政，深入挖掘本课程中的爱国情怀、社会责任、人文精神、仁爱之心、创新思想、辩证法中的矛盾普遍性和相对论等与社会主义核心价值观相关的思政素材，将免疫相关的诺贝尔奖知识、诺贝尔奖获得者名言故事、相关电影精选片段、相关历史故事穿插进课堂，激发学生的科学创新意识，使学生理解作为生物学核心素养内涵的生命观、科学思维、科学探究途径和社会责任。

2. 仁爱敬业是课程最突出的思政维度

免疫学的发展史是人类与各种疾病抗争的奋斗史，历史中有许多突出的人物如 2019 年感动中国十大人物"糖丸爷爷"顾方舟、双肺移植女孩吴玥、科学巨人巴斯德、发现树突状细胞的诺贝尔生理学或医学奖获得者 Ralph Steinman

等。在教学过程中，将这些思政素材插入所讲授的相应章节中，培育学生仁爱、敬业、诚信、友善和责任担当的精神品质。

13.2.2 课程思政教学目标

培养学生的创新精神、敬业精神、奉献精神，帮助学生树立积极向上的人生观、价值观、科学观；讲述英雄模范的典型事例，激发学生对科学的追求欲望，弘扬无私奉献精神、大爱精神、为科学献身精神，进而引导学生爱党、爱国、爱人民。

13.2.3 课程思政素材

本书将以曹雪涛主编的《医学免疫学》（第7版）为选用教材，从免疫学概论、免疫分子与免疫细胞、免疫应答、免疫学实验等教学内容中梳理与知识点匹配的思政素材。

本课程第一板块为免疫学概论部分。该部分的教学目标为：理解免疫的概念和功能、抗原特异性的分子基础及抗原免疫原性的影响因素；熟悉免疫系统的组成成分、免疫应答类型；了解免疫学发展简史、现状、发展趋势及抗原的种类。通过该部分的学习，培养学生的团队协作精神，启迪辩证思维，激活思辨能力，塑造学生的文化自信、家国情怀、科学精神、创新精神及奉献精神。其思政素材梳理见表 13-2。

表 13-2 概论部分思政素材梳理表

知识点	思政素材	思政维度
免疫学简介	（1）人体免疫系统的各个成分，虽各有功能，但并非独立发挥作用，而是精密有序、协调统一地保护人体。如果其中的成分各行其是，人就要生病；免疫应答的各环节既相互制约又相互促进，相互协调，每一分子都必须适时、有效地发挥功能；同样，这一过程中任一分子不听指挥，后果也是不堪设想的 （2）免疫学的很多观点是辩证的，可互相转化，没有绝对的好与坏、对与错。 例如，对人体来说，免疫的后果既有有利的方面，也有有害的方面，免疫力过于强大不一定是好事；抗毒素既是抗原也是抗体，既可治病也可引起过敏反应；补体活化后可溶解病原微生物，也可能破坏自身细胞；一定限度的自身免疫是必须具备的，可发挥着免疫稳定的功能，但超出界限就会引发自身免疫病；细胞免疫的同时，也会造成炎症效应等	辩证唯物主义 品德修养及职业操守

知识点	思政素材	思政维度
免疫学发展简史	（1）东晋道学家、医药学家葛洪的名著《肘后备急方》中详细描述了如何防治狂犬病——"仍杀所咬犬，取脑敷之，后不复发"，可谓免疫学的先驱 （2）人痘法：世界上最古老的疫苗是我国宋代发明的"人痘法"，距今已有上千年。该方法是直接取用天花患者身上的"时苗"，即结痂或脓汁，用细竹筒吹与他人的鼻孔内，使其轻微染病从而获得免疫能力 （3）减毒疫苗的发明：科学巨人巴斯德发明减毒疫苗，如鸡霍乱减毒疫苗、炭疽杆菌减毒疫苗、狂犬病疫苗，可观看电影《科学巨人巴斯德》部分片段。观看 2019 年感动中国十大人物"糖丸爷爷"顾方舟的颁奖视频	文化自信 家国情怀 科学精神
抗原	抗原特异性的分子基础，区分结构表位、顺序表位，进行科学思维训练	科学精神

第二板块"免疫分子与免疫细胞"教学目标为：掌握免疫球蛋白、补体、主要组织相容性复合体（MHC）及细胞因子的概念、特性和功能，掌握 T 淋巴细胞、B 淋巴细胞、NK 细胞的表面标志分子、分化发育、功能亚群及功能。通过该章的学习，培养学生的科学精神、创新精神、奉献精神、大爱精神。其思政素材梳理见表 13-3。

表 13-3　免疫分子与免疫细胞部分思政素材梳理表

知识点	思政素材	思政维度
免疫球蛋白	（1）发现抗体结构的科学家——埃德尔曼 （2）埃米尔·阿道夫·冯·贝林，德国医学家，他因研究了白喉的血清疗法而获得 1901 年首届诺贝尔生理学或医学奖。1891 年用白喉抗毒素血清治疗白喉患儿获得成功，这一疗法很快得到推广，白喉病死亡率大为降低，因此贝林被誉为"儿童的救星"。第一次世界大战期间，他研制的破伤风免疫血清应用于战伤，又被誉为"战士的救星" （3）弗兰克·麦克法兰·伯内特（Frank Macfarlane Burnet），澳大利亚人，因其提出了关于抗体形成原理的克隆选择学说及发现并证实了动物抗体的获得性免疫耐受性而被授予诺贝尔生理学或医学奖。彼得·梅达沃（Peter Brian Medawar），阿拉伯裔英国人，因为发展和证实了后天免疫耐受理论而获得了诺贝尔生理学或医学奖，他的模型为器官和组织移植的成功铺平了道路，被誉为"器官移植之父" （4）利根川进（Susumu Tonegawa），出生于日本名古屋市，因发现抗体多样性产生的遗传学原理而获得诺贝尔生理学或医学奖 （5）丹麦科学家 Niels K. Jerne、德国科学家 Georges J. F. Köhler 和英国科学家 César Milstein 因发明单克隆抗体的制备技术而获得 1984 年诺贝尔生理学或医学奖	科学精神

知识点	思政素材	思政维度
MHC	媒体报道无偿捐献器官、骨髓和多年来多次无偿献血的代表人物，如双肺移植女孩吴玥的故事	品德修养及职业操守
补体	（1）比利时免疫学家 Bordet 通过巧妙的补体结合试验发现补体，获得 1919 年诺贝尔生理学或医学奖 （2）临床甘露糖结合凝集素（MBL）缺陷病例介绍	科学精神
T 淋巴细胞	（1）阳性选择与阴性选择 （2）不同亚群细胞的功能 （3）HIV 的靶细胞 （4）电影《泡泡男孩》	科学精神 生命伦理

第三板块"免疫应答"教学目标：掌握 T 细胞、B 细胞对抗原的识别、活化、增殖和效应，理解细胞免疫应答、体液免疫应答的生物学作用及意义。培养学生全局意识、大爱精神、科学精神与团队精神。其素材梳理见表 13-4。

表 13-4　免疫应答部分思政素材梳理表

知识点	思政素材	思政维度
T 细胞介导的免疫应答	（1）抗原提呈 （2）辅助性 T 淋巴细胞 （3）细胞毒性 T 淋巴细胞	品德修养及职业操守
B 细胞介导的免疫应答	（1）抗感染免疫国际共产主义战士白求恩 （2）抗体产生的细胞学基础 （3）抗体产生的一般规律	科学精神 品德修养及职业操守

免疫学实验部分的教学内容包括多克隆抗体的制备、抗原抗体检测、免疫细胞的分离及功能检测。该部分的教学，使学生掌握免疫学基本实验技能，激发学生对免疫学的学习兴趣与热情，培养学生的科学探究精神及创新精神，树立正确的科学观、生命观。其思政素材梳理见表 13-5。

表 13-5　免疫学实验部分思政素材梳理表

知识点	思政素材	思政维度
多克隆抗体的制备	（1）动物免疫 （2）抗血清的采集	生命伦理 品德修养及职业操守 科学精神
抗原抗体的反应	列举免疫检验、免疫学检验质控过程中的反面案例，如医源性艾滋病病毒感染事件，让学生讨论并加以点评	科学精神 品德修养及职业操守

13.3 "免疫学"课程思政教学典型案例

13.3.1 案例一

培养学生爱国、敬业、责任、担当的"免疫学"课程思政
——以"免疫学发展简史"为例

1. 教学目标

认知类目标：了解免疫学法的发展历程，特别是疫苗的发展史和疫苗的类型、特点。

方法类目标：掌握免疫学的学习特点与方法；能够通过图书馆和网络检索查询有关免疫学的书籍和期刊，拓展学习内容，了解最新发展成果。

情感、态度、价值观目标：激发学生的民族自豪感和爱国热情，增强学生的文化自信，培养理性科学思维，以史为鉴，提升反思能力。

2. 教学流程设计

学习任务发布：在学习通提前发布学习任务和学习要求，上传 PPT 课件及扩展资料，如视频资料《科学巨人巴斯德》、2019 年感动中国十大人物"糖丸爷爷"顾方舟的颁奖视频。扩展阅读资料如新型冠状病毒疫苗现状与展望。

授课准备：充分挖掘思政素材，制作授课 PPT。

课堂授课：主讲教师采用讲授法和小组讨论相结合的方式渗透思政教育。

小组讨论：了解疫苗的历史，讨论疫苗为什么能够预防疾病及在人类健康方面的作用。

过程性考核和课后作业：关注学生在课程学习中所表现出来的情感、态度、价值观的变化，如重视对学生在课堂讨论中表现出的分析能力等方面的考查，以进一步引导学生树立起正确的生命观、科学观。课后作业观看上传视频，阐述自己对新冠病毒的理解和感想。

3. 课程思政设计路径

本案例以免疫学的建立作为切入点，通过几个时间节点、代表人物及典型事件将疫苗的研究历史串起来呈现给学生。强调我国在防疫和疫苗研究方面的贡献，以激发学生的民族自豪感；进一步探讨我国过去疫苗研究发展缓慢的原

因，引导学生进行反思；最后回到现今，结合新冠防疫和疫苗研发的最新成果，鼓励学生努力学习，继承发展先辈的科学精神、探索精神。

（1）挖掘课程中古代中国在防疫和疫苗研究方面的贡献，激发学生的民族自豪感和爱国热情，增强文化自信

人类在与传染病的长期奋战中积累了宝贵的经验。中国传统医学在这些"战疫"过程中留下了浓墨重彩的篇章。东晋道学家、医药学家葛洪的名著《肘后备急方》中除最早的天花记载记录外，还详细描述了如何防治狂犬病——"仍杀所咬犬，取脑敷之，后不复发"，可谓免疫学的先驱。有记录显示，世界上最古老的疫苗是我国宋代发明的"人痘法"，距今已有上千年。该方法是直接取用天花患者身上的"时苗"即结痂或脓汁，用细竹筒吹到他人的鼻孔内，使其轻微染病从而获得免疫能力，但此法死亡率很高。经过多年的探索和改进，明代医者发明了"熟苗"，即将"时苗"筛选后留下毒力降低的痘苗，用"熟苗"接种大大降低了死亡率。"人痘法"还通过陆上和海上丝绸之路，传播到东亚、西亚、南亚、欧洲等国，拯救了无数人的生命，也为 18 世纪 Edward Jenner 发明的"牛痘法"治疗天花奠定了基础。法国思想家伏尔泰（Voltairo）在他的著作《哲学通信》中说："我听说一百年来中国人一直就有这种习惯（指种人痘），这是被认为世界上最聪明、最讲礼貌的一个民族作出的伟大先例和榜样。"世界卫生组织于 1980 年宣布人类消灭天花，这是首次也是唯一一次人类战胜病毒的例子。除了人痘法，古代中国还总结了一整套防疫措施。《睡虎地秦简·云梦秦简》记载显示，秦代就有疫情报告制度。到了清代光绪年间，在西方医学的影响下，组建了具有现代意义上的卫生行政机构，不仅有效控制了疾病的扩散，同时也有力地促进了中医的发展。介绍这些史料能激发学生的爱国热情，增强其民族自豪感与自信心。

（2）通过代表人物及其典型事件，培育学生的科学思维、爱国精神、敬业精神、创新精神

讲述巴斯德的开创性贡献，培育学生的科学思维、创新精神。他不仅开辟了微生物领域，还是疫苗研制领域的先锋者。他将培养两周后的炭疽杆菌制成了人工减毒炭疽杆菌制剂，这一阶段被称为第一次疫苗革命。卡介苗、白喉疫苗、破伤风类病毒疫苗、鼠疫疫苗等 30 多种疫苗被研制出来。他研制出狂犬病疫苗并成为科学史上的一段传奇。

讲述我国脊髓灰质炎疫苗研发生产的拓荒者——顾方舟，培育学生的爱国精神、敬业精神、创新精神。1957 年，他临危受命研制脊髓灰质炎疫苗。疫苗研制出后，顾方舟和同事首先把自己当作试验对象，试服了疫苗。1960 年

底，正式投产的首批 500 万人份疫苗推广到全国 11 座城市，脊髓灰质炎疫情逐渐呈现下降态势。顾方舟还借鉴中医制作丸剂的方法，创造性地改良配方，把液体疫苗融入糖丸。糖丸疫苗的诞生，是人类脊髓灰质炎疫苗史上的点睛之笔，使脊髓灰质炎发病人数逐年递减，上百万的孩子免于残疾。2000 年，经世界卫生组织证实，中国成为无脊髓灰质炎的国家。1957～2000 年，消灭脊髓灰质炎这条崎岖不平之路，顾方舟艰辛跋涉了 44 年。2019 年，他获得感动中国十大人物荣誉，颁奖词"舍己幼，为人之幼，这不是残酷，是医者大仁。为一大事来，成一大事去。功业凝成糖丸一粒，是治病灵丹，更是拳拳赤子心。你就是一座方舟，载着新中国的孩子，渡过病毒的劫难。"2021 年 1 月，顾方舟在生命的最后时刻留下两句话："我一生做了一件事，值得，值得。孩子们快快长大，报效祖国。"2021 年 9 月，顾方舟被授予"人民科学家"国家荣誉称号。

4. 课程思政教学设计

绪论部分课程思政的教学设计方案见表 13-6。

表 13-6 绪论部分课程思政的教学设计方案

教学内容	思政教学目标	切入点	教学设计	教学活动	教学评价
经验免疫学时期	激发学生的民族自豪感和爱国热情，增强文化自信	人痘法	介绍视频《瘟疫之王——天花》《中国种痘术》，讲述医药学家葛洪的名著《肘后备急方》相关记载、法国思想家伏尔泰《哲学通信》相关记录，激发学生的爱国热情，增强其民族自豪感与自信心	教师提问：人痘法给我们什么启示和意义 学生：思考，回答问题	学生讨论发言
	培养学生的科学精神、创新精神	牛痘法	通过视频《牛痘苗的发明》和大量图片让学生了解牛痘苗的发明过程，介绍疫苗推广应用过程中遇到的挫折和巨大的生物学及社会价值	教师提问：从牛痘接种中可以得到什么提示 学生：思考，回答问题	学生思考讨论发言
科学免疫学时期	培养学生的科学思维、爱国精神、敬业精神、创新精神	减毒活疫苗	讲解第一代疫苗和第二代疫苗的种类、特点、应用现状及在人类疾病预防中的作用。观看视频片段《科学巨人巴斯德》	教师：讲解疫苗的发展历程 学生：思考，讨论	学生思考
现代免疫学时期	培育学生的爱国精神、敬业精神、创新精神	脊髓灰质炎疫苗	观看视频《我国脊髓灰质炎疫苗研发生产的拓荒者——顾方舟》。他临危受命研制脊髓灰质炎疫苗，疫苗问世后顾方舟和同事首先把自己	教师：讲解脊髓灰质炎病毒的危害及防治历程	学生思考体悟

续表

教学内容	思政教学目标	切入点	教学设计	教学活动	教学评价
现代免疫学时期			当作试验对象,试服了疫苗。他借鉴中医制作丸剂的方法,创造性地改良配方,把液体疫苗融入糖丸。糖丸疫苗的诞生,是人类脊髓灰质炎疫苗史上的点睛之笔,使我国发病人数逐年递减,上百万的孩子免于残疾。2000年,经世界卫生组织证实,中国成为无脊髓灰质炎国家	学生:思考,讨论	

13.3.2 案例二

以培养学生科学创新精神为主的"免疫学"课程思政 ——以"免疫球蛋白"为例

1. 教学目标

知识与技能目标:掌握免疫球蛋白的基本结构及功能;了解各类免疫球蛋白的特点及免疫球蛋白多样性的原理;理解多克隆抗体与单克隆抗体的优缺点及制备方法。

过程与方法目标:进行科学思维训练,培养学生的科学探究精神、创新精神。

情感、态度、价值观目标:理解抗体在生命科学及临床医学中的巨大作用,激发学生对免疫学的学习兴趣与热情,树立正确的科学观。

2. 教学流程设计

学习任务发布:提前一周,发布学习任务和学习要求,上传课件"免疫球蛋白"及扩展阅读资料,提供慕课链接(北京大学《医学免疫学》)。扩展阅读如"免疫学界三杰——1984年诺贝尔生理学或医学奖获得者""埃德尔曼——发现抗体结构的科学家""人源化单克隆抗体的研究进展"等文献,使学生关注学术前沿,培养学生的科学精神、创新精神。

授课准备:充分挖掘思政素材,制作授课PPT。

课堂授课:主讲教师采用讲授法和小组讨论相结合的方式进行思政教育。

小组讨论:机体如何产生抗体,抗体多样性的分子机制是什么等。

过程性考核和课后作业：关注学生在课程学习中所表现出来的情感、态度、认知的变化，启发学生思维，培养学生的创新精神及创新意识。课后作业中设计渗透思政素材的习题。

3. 课程思政设计路径

课程以 5 位 20 世纪诺贝尔生理学或医学奖获得者为线索，逐级设问，在讲解抗体的发现、抗体分子的基本结构、抗体的产生理论、单克隆抗体、抗体多样性的分子机制过程中穿插介绍诺贝尔奖获得者的工作历程及给予我们的启示，从而启迪学生思维，培养学生的科学精神、创新精神。

（1）发现抗体及开创被动免疫治疗的科学家贝林

埃米尔·阿道夫·冯·贝林，德国医学家，因开创了白喉抗毒素的血清疗法而获得 1901 年首届诺贝尔生理学或医学奖。

（2）发现抗体结构的科学家埃德尔曼

埃德尔曼在多个生物学领域均做出了富有创造性和开拓性的工作。他的工作揭示了抗体分子的结构，从而推动了现代免疫学迅猛发展，也为临床应用开辟了重要途径。

（3）提出抗体产生理论的伯内特

弗兰克·麦克法兰·伯内特（Frank Macfarlane Burnet），澳大利亚人，因其提出了关于抗体形成原理的克隆选择学说，以及发现并证实了动物抗体的获得性免疫耐受性而被授予诺贝尔生理学或医学奖。

彼得·梅达沃（Peter Brian Medawar），阿拉伯裔英国人，因为发展和证实了后天免疫耐受理论而获得了诺贝尔生理学或医学奖，他的模型为器官和组织移植的成功铺平了道路，被誉为"器官移植之父"。

（4）单克隆抗体制备技术

丹麦科学家 Niels K. Jerne、德国科学家 Georges J. F. Köhler 和英国科学家 César Milstein 为 1984 年诺贝尔生理学或医学奖获得者。他们的研究对于免疫学发展和医学治疗的进步起到了重要作用。

（5）揭示抗体多样性遗传机制的科学家利根川进

利根川进（Susumu Tonegawa），出生于日本名古屋市，因发现抗体多样性产生的遗传学原理而获得诺贝尔生理学或医学奖。

4. 课程思政教学设计

根据教学目标和教学内容，充分挖掘课程思政素材，筛选思政功能素材较多的教学资源，找准教学内容中能融入思政素材的切入点，使思政教育与专业教育有机衔接和融合。本部分思政教学设计方案见表 13-7。

表 13-7 "免疫球蛋白"部分课程思政教学设计方案

教学内容	思政教学目标	切入点	教学设计	教学活动	教学评价
导入	培养学生的科学思维、探究精神、社会责任意识	首届诺贝尔生理学或医学奖	讲述诺贝尔奖获得者的工作、抗体的发现及被动免疫疗法	教师提问：被动免疫疗法在临床上有什么意义学生：思考，回答问题	学生讨论发言
抗体分子的基本结构	培养学生的科学思维、创新意识	抗体是如何被发现的	讲述埃德尔曼的实验设计和结果	教师提问：从埃德尔曼的实验结果中，我们可以得出什么结论学生：思考、讨论、给出答案	学生讨论和发言
抗体产生	培养学生的科学思维、创新精神	对抗体产生不同学说的评价	讲述不同学者针对抗体产生提出的不同学说	教师提问：根据目前自己的认知，机体如何产生抗体？针对抗体产生的不同学说，评价其合理性及缺陷学生：思考，讨论，给出答案	学生思考讨论发言
单克隆抗体	培养学生的科学思维、探究精神、社会责任意识	问题探究	讲述多克隆抗体、单克隆抗体的优缺点，单克隆抗体的制备原理、流程及其应用	教师提问：制备单克隆抗体的关键问题是什么？单克隆抗体在临床应用的最大问题是什么？如何获得全人源单克隆抗体学生：思考，讨论，给出答案	学生思考讨论发言
抗体多样性	培养学生的科学思维、探究精神、社会责任意识	学科热点与难点	文献解读：对利根川进的实验结果进行分析与讨论	教师提问：人体仅有 2 万～3 万个基因，为什么可以产生如此多样性的抗体？解读并讨论分析利根川进的实验结果学生：思考，讨论，给出答案	学生思考讨论发言

参 考 文 献

曹雪涛. 2018. 医学免疫学. 7 版. 北京：人民卫生出版社.

丁慧，王开云，陈思阳，等. 2023. 构建"两横三纵"医学免疫学课程思政教学体系驱动课程教学创新的实践研究. 中国免疫学杂志，39（6）：1175-1179.

付海英，王艳玲，袁红艳，等. 2023. 医学免疫学课程思政实践与思考. 中国免疫学杂志，39（6）：1142-1145.

龚非力. 2014. 医学免疫学. 4 版. 北京：科学出版社.

龚权，王超，李侃，等. 2021. 新冠疫情背景下医学免疫学课程思政教学模式的探索与实践. 中国免疫学杂志，37（20）：2520-2522.

郭鑫. 2017. 动物免疫学实验教程. 2 版. 北京：中国农业大学出版社.

任书荣，张蓓，王静，等. 2020. 医学免疫学在线教学过程中思政素材的选取. 中国免疫学杂志，36（18）：2283-2286.

任云青，车昌燕，游荷花，等. 2022. 医学免疫学"1233"课程思政教学改革的实践研究. 中国免疫学杂志，38（4）：478-481.

施冬艳，李晓曦，蔡振明，等. 2023. 后疫情时代医学免疫学课程思政体系构建与应用实践. 中国免疫学杂志，39（6）：1146-1148.

王艳芳，梅建军，陈建芳，等. 2022. 探索第二课堂在医学免疫学课程思政教学中的作用. 高校医学教学研究（电子版），12（3）：53-55.

徐长春，魏晓丽. 2023. 医学免疫学推进课程思政建设的实践与探索——以海南医学院为例. 大学教育，（8）：118-120.

轩小燕，李倩如，杨璇，等. 2021. 课程思政融入研究生医学免疫学教学探索与实践. 教育教学论坛，（6）：113-116.

张会择，杜晓娟，赖宇. 2021. 临"疫"发"微"——新型冠状病毒肺炎疫情下"病原生物学与医学免疫学"课程思政教学模式的探索与研究. 微生物学通报，48（3）：1001-1012.

赵娟娟，郭萌萌，周涯，等. 2023. 后疫情时期医学免疫学课程思政融入的思考和探索. 中国免疫学杂志，39（7）：1507-1512.

周晓勃，史霖，马运峰，等. 2023. 后疫情时代对《医学免疫学》课程思政的思考. 医学教育研究与实践，31（2）：220-223，252.

He XQ，Dong XR，Liu L，et al. 2021. Challenges of college students' ideological and political and psychological education in the information age. Front Psychol，（12）：707973.

Li XT，Gao YH，Jia YF. 2022. Positive guidance effect of ideological and political education integrated with mental health education on the negative emotions of college students. Front Psychol，（12）：742129.

第十四章

"基因组与蛋白质组学"课程思政教学设计与典型案例

14.1 "基因组与蛋白质组学"课程简介

14.1.1 课程性质

20 世纪,人类基因组计划推动形成了一门新的遗传学分支学科——基因组学。虽然它诞生时间不长,但却是当代生命科学发展最为迅速、关注度最高的学科之一。其研究对象涉及生物界中不同种属的原核生物和真核生物,研究内容触及生命科学的多个领域,主要目标从对单基因研究转向对生物基因组结构与功能的研究,这对生命科学的未来发展产生重大影响。基因组与蛋白质组学课程是生物科学相关专业的选修课程,拟从组学的新视角来探讨生物的生长与发育、遗传与变异、结构与功能及健康与疾病等生物学与医学的基本问题,是生命科学的拓展课程之一,因此要求学生先修完基础课程包括植物学、动物学、微生物学、生物化学、细胞生物学、遗传学和分子生物学等基础课程。本书以杨金水主编,2019 年出版的《基因组学》(第 4 版),以及何华勤主编,2023 年出版的《简明蛋白质组学》(第 2 版)为例。

14.1.2 专业教学目标

"基因组与蛋白质组学"课程面向生物科学专业高年级学生开设。针对学生特点,通过此学科发展历程中的众多科学方法、国内外研究现状与进展来展现生命科学发展的逻辑轨迹及科学研究中需遵守的准则,从而达到本课程专业教学目标。在扩展学生知识储备的同时,引导学生大胆质疑、独立思考、融会贯通及发挥创造能力,帮助学生树立正确的科学观,培养学生良好的科学素养,具体要求如下。

了解基因组与蛋白质组学诞生的背景、发展概况和应用前景,掌握基因组与蛋白质组学的基本理论和分析方法。基因组方面,需掌握基因组的结构、遗传物理图谱绘制、基因组的测序与组装、基因组水平上的基因表达与功能研究、基因组的比较分析(外显子数目、共线性分析和基因组上非编码区的变异)、基因组进化的分子机制及进化模式等;蛋白质组学方面,需掌握蛋白质的鉴定、翻译后修饰、蛋白质结构与功能分析、蛋白质间的相互作用分析及蛋白质组学的应用领域等;此外需简单掌握包括非孟德尔式遗传与基因组进化的分子机制。理解复杂的生命活动是细胞内及机体里一系列生物大分子相互调控的结果,明确这门学科是其他基础学科的延伸,学生在进一步整合理论知识的过程中树立正确的自然观,形成完整的生命观,提高生命科学专业素养。

掌握新兴学科知识内容,需要明确基因组学与蛋白质组学的发展关系。DNA 测序技术的革新,不仅促进了人类在基因组研究上的巨大飞跃,也推动了生命科学研究进入后基因组(蛋白组学)时代。学生将前期知识体系与本课程内容系统整合,可以对具有重要经济价值和理论研究意义的物种进行简单的基因组和蛋白质组分析,从而进一步了解疾病本质,理解药物对生命过程的影响,以及解释基因表达调控机制等,达到深入了解生命本质的目的。

了解基因组与蛋白质组学的最新研究进展及科学技术发展动态,使学生开阔视野,发散思维,有能力在基因组与蛋白质组学的应用方面与国内外学者交流探讨;正能量的科研事例使学生了解,在探索真理的过程中要具有远大的理想、坚定的信念、高尚的品德、扎实的学识和仁爱之心。培养学生诚实守信、求真务实的科学态度。

14.1.3 知识结构体系

根据研究范畴的不同,将"基因组与蛋白质组学"课程内容划分为 6 个板块(9 个具体章节):绪论、基因组学、蛋白质组学、生物信息学、基因组表观遗传学和基因组进化。知识结构体系见表 14-1。

表 14-1　"基因组与蛋白质组学"课程知识结构

知识板块	章节	课程内容
一、绪论	第一章　绪论	1. 基因组与蛋白质组学概述 2. 基因组学发展历程 3. 基因组学与蛋白质组学的关系和研究现状 4. 人类基因组计划 5. 遗传标记简介 6. 病毒、原核生物和真核生物基因组特点
二、基因组学	第二章　基因组测序与模式物种	1. 模式物种的概念，典型的模式生物及其特点 2. DNA 测序技术的发展 3. 基因组测序
	第三章　基因组序列注释	1. 功能基因组学的概念 2. 基因的识别 3. 基因功能研究 4. 基因表达调控和相互作用的研究
三、蛋白质组学	第四章　蛋白质组学研究技术	1. 蛋白质组学概述 2. 表达蛋白质组学、功能蛋白质组学和结构蛋白质组学的研究方法、原理及应用范畴 3. 最新研究进展的介绍
	第五章　蛋白质翻译后修饰	1. 蛋白质翻译后修饰 2. 蛋白质磷酸化的分析方法 3. 生物质谱技术鉴定糖蛋白
四、生物信息学	第六章　生物信息学	1. 生物信息学的概述、发展历程及国内外研究现状 2. 生物信息学研究内容 3. 生物信息学数据库 4. 基因组与蛋白质组分析软件
五、基因组表观遗传学	第七章　非孟德尔式遗传与表观遗传学	1. 母性影响 2. 表观遗传现象 3. 核外遗传概念及特点
六、基因组进化	第八章　基因组进化的分子基础	1. 基因组进化的机制 2. 基因组进化的模式
	第九章　基因组与生物进化	1. 生物微观进化的概念及影响因素 2. 物种概念和结构 3. 生物宏观进化的概念及模式

14.2 "基因组与蛋白质组学"课程思政

14.2.1 课程思政特征分析

1. 新兴交叉学科具有丰富的思政素材

基因组与蛋白质组学是一门新兴的学科，是从对生物单个基因的研究转向对生物全基因组或者全基因组产物的整体研究。因此，随着多组学和生命组学的到来，了解和掌握相关的组学知识就成为新世纪生命科学专业学生的首要任务。"基因组与蛋白质组学"作为诸多基础生物学专业课程的延伸，以"培养具有较强生物学知识储备、良好科学素质、较强创新意识的生物组学分析人才"为指导思想，以"学习中实践，实践中学习"为教学理念，将众多思政素材融入教学中，尽可能多方法、多途径地提高学生的组学理论水平和实践能力。此外，作为一门交叉性较强的学科，从国家、社会、专业、自然和哲学的不同向度挖掘出丰富的思政素材，增强学生的政治认同感及家国情怀，拓展其国际视野；增强学生法治意识和中华民族文化自信；促使学生树立崇尚真理的科学素养及职业操守；让学生了解生命伦理的规范和准则，建立正确的生命伦理观念；促使学生运用思辨观念去探索未知，勇攀科学高峰。

2. 前沿学科最突出的思政素材——创新

党的二十大报告提出"实施科教兴国战略，强化现代化建设人才支撑"，强调全面建设社会主义现代化国家必须坚持科技是第一生产力、人才是第一资源、创新是第一动力，这就要求要以培养拔尖创新人才为目的，重点关注学生创新能力的培养。基因组与蛋白质组学作为新兴学科，发展迅速，不断涌现的新思路、新技术和新应用不能及时地编写进教材，这就需要教师在现有教材基础上，将最新研究动态、新理论和新成果等及时补充到课堂教学中，在拓宽学生视野的同时，能充分激发学生的主动性和创造性思维，这正符合本学科的特点——创新性强。

14.2.2 课程思政教学目标

促使学生掌握基因组与蛋白质组学的基本理论和方法，将与时俱进的生命科学前沿与学生所学的基础知识有机结合，采用交叉理念对当前人类健康、自然资源与社会环境等问题进行分析、理解和认识，激励学生树立远大的理想，保持探索真理的热忱，增强自身责任感和使命感。通过该课程的学习，学生可以进一步提高自己的创新能力，成为一名合格的社会主义现代化建设人才。

14.2.3 课程思政素材

本书以杨金水主编的《基因组学》（第 4 版）和何华勤主编的《简明蛋白质组学》（第 2 版）为例，我们收集与绪论、基因组学、蛋白质组学、生物信息学、基因组表观遗传学和基因组进化等教学内容相匹配的思政素材，总结梳理如下。

绪论围绕基因组与蛋白质组的发展历程，讲授相关概念、基础知识、研究范畴及学科意义，促使学生明确基因组与蛋白质组学是在探索生命过程中随着科技进步和知识累积催生的新学科，促使学生了解这门课程所必须掌握的知识和应具备的思考能力，同时激励学生汲取榜样的力量，形成终身学习、追求进步的内在动力。具体的思政素材梳理见表 14-2。

表 14-2　绪论部分思政素材梳理表

知识点	思政素材	思政维度
基因组及蛋白质组学的概念	（1）1986 年美国著名人类遗传学家 Thomas H. Roderick 提出基因组学（genomics）概念；20 世纪人类科技发展史上的三大创举之一——人类基因组计划（HGP） （2）1997 年金赛特（巴黎）可伯特实验室宣布成立世界上第一个独特的基因与制药公司（研究基因变异所致的不同疾病的用药反应）；Handelsman 等 1998 年提出宏基因组（metagenome），以期更有效地开发细菌基因资源，更深入地洞察细菌多样性等 （3）1995 年提出的蛋白质组学（proteomics）源于蛋白质（protein）与基因组（genome）两个词的杂合，旨在为众多种疾病机制的阐明及攻克提供理论根据和解决途径	国际视野科学精神
基因组学发展历程	（1）生命的基本规律之一——遗传规律的发现 （2）奥地利孟德尔、丹麦约翰逊、美国摩尔根将遗传单位定义为基因（gene），即"给予生命"之义 （3）Avery 实验和 Hershey 和 Chase 实验证实遗传物质是 DNA （4）美国沃森和英国克里克提出 DNA 双螺旋结构模型 （5）基因组（genome）是 1920 年 Winkles 提出，由基因和染色体组成	国际视野科学精神

续表

知识点	思政素材	思政维度
人类基因组计划与其他模式生物基因组	（1）20 世纪 70 年代开始的 DNA 克隆技术 （2）1990 年正式启动全球科学家参与的人类基因组计划（human genome project，HGP），我国承担其中 1%的任务，即人类 3 号染色体短臂上约 30Mb 的测序任务 （3）HGP 包括对人类的 5 种"模式生物"的基因组研究：大肠杆菌、酵母、线虫、果蝇和小鼠 （4）2003 年 4 月 14 日人类基因组序列图也称"完成图"（99.99%）提前绘制成功	国际视野 家国情怀 科学精神
遗传图、物理图和转录图的概念	（1）人类基因组的遗传图 （2）荧光原位杂交现的染色体物理图 （3）在成年个体的每一特定组织中，一般只有 10%～20%的结构基因（1 万～2 万个不同类型的 mRNA）表达	科学精神
病毒、原核生物和真核生物基因组区别	（1）以噬菌体 phiX174、乙型肝炎病毒（HBV）、禽流感病毒（H5N1）及人类免疫缺陷病毒（HIV）为例分别展示病毒基因组的特征 （2）细菌染色体 DNA（大肠杆菌为例）和质粒 DNA （3）染色体 DNA 和线粒体 DNA（完整的人类基因组）/叶绿体 DNA	科学精神

基因组学是本课程的教学重点，通过了解模式生物的概念及种类，学生可明确未来可能从事的研究领域；学习测序技术发展史可促使学生将不同的 DNA 测序技术应用到自身的研究中；本章重点是明确基因组如何进行功能注释，并掌握基因组功能研究的高通量方法。使学生保持积极认真的态度，具备勇于探索的创新精神来建设我们社会主义国家。这部分教学的思政素材梳理见表 14-3。

表 14-3 基因组学部分思政素材梳理表

知识点	思政素材	思政维度
模式物种	（1）2018 年 11 月基因编辑婴儿事件 （2）人体肠道菌群的研究 （3）细胞周期的研究 （4）适合研究神经元及老化（aging）现象的秀丽隐杆线虫 （5）许田教授的果蝇镶嵌体分析技术 （6）彭金荣教授提出赤霉素"去抑制生长"的作用机制 （7）2013 年中国的斑马鱼 1 号染色体全基因敲除计划	法治意识 生命伦理 家国情怀 国际视野 文化自信 科学精神
DNA 测序技术	（1）Sanger 测序技术和 Maxam-Gilbert 化学降解法测序 （2）MegaBACE1000 自动化测序 （3）Roche 454 焦磷酸测序、Illumina Solexa 合成测序及 ABI SOLiD	家国情怀 国际视野 文化自信

续表

知识点	思政素材	思政维度
DNA 测序技术	连接法测序 （4）单分子荧光测序，美国螺旋生物（Helicos）的 SMS 技术和美国太平洋生物（Pacific Bioscience）的 SMRT 技术；纳米孔单分子测序，英国牛津纳米孔公司和 MinION 纳米孔测序仪 （5）浙江大学郭国骥教授绘制的世界上第一张哺乳动物细胞图谱	科学精神 唯物主义
基因组序列注释	（1）结构特征搜寻基因，如可读框（ORF）、Kozak 序列、内含子与外显子、上游控制序列等，以及同源基因查询进行基因的识别 （2）人类基因总数的确认，基因注释软件：Fgenesh 及 Genscan （3）Northern 杂交确认斑马鱼 *def* 基因 （4）斑马鱼 *def* 基因组 DNA 示意图	国际视野 家国情怀 科学精神
功能基因组学的概念及基因组功能研究	（1）ENU 诱变筛选斑马鱼突变体；Hopkins lab 逆转录病毒插入突变筛选突变体；拟南芥 T-DNA 插入突变体库；Kawakami lab Tol2/Tp 插入突变体的筛选项目；Karuna lab Ac-Ds 转座子的插入突变筛选 （2）TALEN 技术治愈白血病；斑马鱼 1 号染色体全基因敲除计划 （3）2015 年 Didier Stainier 研究小组在斑马鱼中发现缺失功能性 *egfl7* 基因的斑马鱼中表达了挽救基因 *emilin 3B*；2019 年浙江大学陈军课题组与 Didier Stainier 研究小组各自独立证实了遗传补偿效应 （4）2011 年，西南大学夏庆友教授和中国科学院上海生命科学研究院李胜研究员在家蚕后丝腺中特异地超表达 *Ras1CA* 基因达到提高蚕丝蛋白产量的目的 （5）肝胰特异性转基因斑马鱼 （6）2022 年，西南大学代方银教授团队绘制家蚕超级泛基因组图谱，创建"数字家蚕"，赋能设计育种	家国情怀 国际视野 文化自信 科学精神
基因表达调控和相互作用的研究	（1）cDNA 基因芯片和 Affymetrix 基因芯片的具体应用 （2）斑马鱼组织切片的 *lfabp/ifabp/insulin/trypsin* 原位杂交 （3）亚细胞定位，细胞、特异性组织的免疫组织化学 （4）*Δ113p53* 启动子区的确认；Karuna lab Ac-Ds 转座子插入突变进行增强子筛选 （5）*Δ113p53* 基因的转录受到 p53 蛋白的直接调控	家国情怀 国际视野 科学精神

　　蛋白质组学是本课程的第二个重点内容，通过学习，学生应掌握蛋白质功能研究的高通量方法，尤其是两种常见的蛋白质翻译后修饰鉴定及研究方法，明确这两种修饰蛋白的主要生物学功能。通过浅入深出的知识递进，提升学生的自主学习能力，培养学生的质疑反思能力和执着的探究精神，形成较全面的职业素养。本章节的思政素材梳理见表 14-4。

表 14-4 蛋白质组学部分思政素材梳理表

知识点	思政素材	思政维度
蛋白质组学概述	（1）1994 年，澳大利亚麦考瑞大学的 Wilkins 和 Williams 提出了蛋白质组的概念；1996 年，澳大利亚建立了世界上第一个蛋白质组研究中心：Australia Proteome Analysis Facility（APAF） （2）2003 年贺福初领衔攻关重大研究项目，即人类重大疾病的蛋白质组学研究——"国际人类肝脏蛋白质组计划"；2014 年启动"中国人类蛋白质组计划"	家国情怀 国际视野 文化自信 科学精神
蛋白质组学的研究方法	（1）ImageMaster 2D Platinum 分析正常肝细胞和肝癌细胞的蛋白质组双向电泳差异表达谱；Ettan™ 双向凝胶电泳−质谱联用平台 （2）1904～2002 年与质谱相关的技术获得过 6 次诺贝尔奖 （3）瑞士 SWISS-PROT 数据库拥有目前世界上最大、种类最多的蛋白质组数据 （4）Def 蛋白的酵母双杂交实验；Navagen 公司用 T7 噬菌体构建的各种 cDNA 表达文库；研究鼻咽癌细胞系中的 P53 相互作用蛋白 （5）1914 年、1915 年诺贝尔物理学奖——X 射线衍射测定晶体结构；1952 年诺贝尔物理学奖——核磁共振谱；2017 年诺贝尔化学奖——冷冻电镜技术（cryo-EM）	家国情怀 国际视野 科学精神
蛋白质翻译后修饰	（1）Bence 等发现蛋白质的沉积可直接削弱泛素−蛋白酶体系统的功能 （2）2001 年 Salghetti 等提出，泛素化可以和激活子重新构造成双信号，调节反式激活结构域（TAD）功能，起到激活作用	国际视野 科学精神
磷酸化蛋白质的分析方法	（1）1992 年 Fisher 和 Krebs 因在蛋白质可逆磷酸化作为一种生物调节机制方面的研究而获得诺贝尔生理学或医学奖 （2）MALDI-TOF-MS 结合磷酸化分析磷酸肽图	国际视野 科学精神
生物质谱技术鉴定糖蛋白	（1）核糖核酸酶 B 的 MALDI-TOF-MS 图 （2）核糖核酸酶 B 用内切糖苷键酶 F 酶切后的 MALDI-TOF-MS 图 （3）核糖核酸酶 B 的糖基化位点分析图	国际视野 科学精神

此外，课程内容还涵盖了生物信息学、基因组表观遗传学和基因组进化的部分内容，通过上述内容的学习，期望学生能够较熟练地利用各种生物信息数据库；理解非孟德尔式遗传是基因组程序化的主要表现形式，可以将母性影响、表观遗传、核外遗传的理论知识与实际事例相结合；明确自然选择决定生物进化，基因组进化的本质是基因变化等。这部分教学内容将基础知识与生命科学发展前沿有机地整合，培养崇尚科学精神，树立终身学习理念，将深入探究精神融入个人职业品德修养中。具体思政素材梳理见表 14-5。

表 14-5　生物信息学、基因组表观遗传学和基因组进化部分思政素材梳理表

知识点	思政素材	思政维度
生物信息学	（1）1988 年，EMBL、GenBank 与 DDBJ 共同成立了国际核酸序列联合数据库中心，确立了长期合作关系 （2）北京大学建立了 EMBL 中国镜像数据库，并将该数据库移植到中国本地。目前 EMDB 中国镜像站点 EMDB-China 已正式发布（http://www.emdb-china.org.cn） （3）1988 年，美国的 NBRF、日本的国际蛋白质信息数据库（JIPID）和德国的慕尼黑蛋白质序列信息中心（MIPS）合作成立了国际蛋白质信息中心（PIR-International），共同收集和维护蛋白质序列数据库 PIR （4）生物大分子三维结构数据库：PDB、BioMagResBank 数据库、MMDB 分子模型数据库	家国情怀 国际视野 文化自信 科学精神
非孟德尔式遗传	（1）母性影响：麦粉蛾（*Ephestia kuehniella*）的皮肤和复眼的颜色，椎实螺（*Limneae peregra*）贝壳的螺旋方向 （2）母源效应：斑马鱼母源效应基因突变导致的表型	国际视野 家国情怀 文化自信 科学精神
表观遗传学	（1）表观遗传现象：玉米的 *b1* 基因，小鼠的 *Kit* 副突变；小鼠 *Agouti* 基因的表达与脑池内 A 粒子（IAP）的甲基化 （2）1991 年 Dechiara 等发现胰岛素样生长因子 2（insulin-like growth factor 2，IGF2）的母本印记（其他基因组印记）；小鼠矮小型性状的遗传；绵羊美臀性状的遗传 （3）1961 年，Mary F. Lyon 提出了莱昂假说（Lyon hypothesis），核小体，玳瑁猫（calico cat）的皮毛颜色 （4）Prader-Willi 综合征、Angelman 综合征和 Beckwith-Wiedemann 综合征都是基因组印记异常造成的 （5）1995 年在线虫中发现 RNAi 现象 （6）紫茉莉植株色斑的遗传，人的线粒体病	国际视野 家国情怀 科学精神
基因组进化的分子基础	（1）免疫球蛋白基因可变（V）区中突变的引入；病毒类逆转录转座子；果蝇转座因子对基因组进化的影响——调节宿主基因的表达，影响细胞功能 （2）1992 年，Thomas Cech 和 Sidney Altman 因发现具有催化功能的 RNA 而获得诺贝尔化学奖，RNA world 学说的奠基人 （3）1970 年，Susumu Ohno 提出 2R 假说 （4）果蝇精卫基因的产生源于外显子洗牌，灵长类新基因的产生与重复 （5）人类和黑猩猩 500 万年前在进化途中分道扬镳后，两者的基因图谱中进化最快的都是与免疫、细胞凋亡和精子发育相关的基因	国际视野 家国情怀 科学精神
基因组与生物进化	（1）通过对 103 个新冠病毒全基因组（比西双版纳植物所论文多 10 个）分子进化分析，发现新冠病毒已于近期产生了 149 个突变点，并演化出了两个亚型，分别是 L 亚型和 S 亚型 （2）万种鱼类基因组计划、全球海洋生命数字化计划等 （3）在果蝇，双胸复合物中的 Ultrabithorax（Ubx）转录因子通过抑制腹部 *dsl* 基因的表达导致足不能产生，但在蜈蚣中由于其 C	国际视野 家国情怀 科学精神

续表

知识点	思政素材	思政维度
基因组与 生物进化	端磷酸化位点不存在，腹部足得以生成 （4）广东、广西地中海贫血病，斜纹夜蛾基因组研究揭示其食性和耐药性机制	

14.3 "基因组与蛋白质组学"课程思政教学典型案例

14.3.1 案例一

培养学生正确伦理观、科学创新精神的"基因组与蛋白质组学"课程思政教学设计——以"基因组测序与模式物种"为例

1. 教学目标

认知类目标：掌握模式物种概念及研究意义；熟悉基因组测序原理及应用；了解基因组序列的组装与注释。

情感、态度、价值观目标：DNA测序技术的发展不仅推进了基因组学的发展，而且加速了对生命的科学探索；培养学生遵循科学研究的准则，树立正确的生命伦理观，形成认真、追求极致、勇于探索、创新的科学精神。

方法类目标：掌握不同的DNA测序方法，对比其优缺点，可灵活应用；通过网络检索查询不同物种的基因组相关数据，可做出有效分析。

2. 教学流程设计

任务发布：提前一周，发布学习任务，上传课件"第二章基因组测序与序列组装"，提供爱课程网链接（复旦大学杨金水老师的《基因组学》第4章"基因组测序"）。该课程PPT 69页以后为诸多基因组测序的研究成果，可以选取部分内容作为课外扩展。

授课准备：充分收集思政材料（涵盖正确伦理意识和探索真理信念），将其融入相应的知识点中，制作多媒体课件。

课堂授课：基于伦理道德科学研究界限，引出课程知识点——模式物种，随后以各种模式生物最适合的研究范畴、经典研究等引发学生思考，帮助学生树立正确的科学观。形象地阐明第一代DNA测序技术的原理，比较随后发展的第二代 DNA 测序技术和第三代 DNA 测序技术，使学生将抽象复杂的知识点绘制成简单、便于理解的思维导图。

过程性考核和课后作业：针对授课对象的特点，在课堂提问和讨论环节中引导学生按照科学研究的准则树立正确的生命伦理观，考查学生的逻辑分析、交叉综合等方面的能力。课后着重布置开放性作业，既能帮助学生进行知识温习和总结，又能涉及科学研究热点，达到培养学生独立思考及创新能力的目的。

3. 课程思政设计路径

（1）课程思政素材挖掘

基因组与蛋白质组学是生物学发展迅速的交叉学科，学科知识与思政素材有机融合才能更好地满足培养中国特色社会主义建设的拔尖创新人才的要求。将日益更新的学科内容通过辩证唯物主义的观点引入本章节的课程教学中，尽力激发学生开拓创新的科学精神；详解挖掘生命伦理科学研究案例，让学生了解科学研究不是法外之地，违反法律、违背生命伦理观念会产生严重危害，同时让学生认识到在科学探索过程中必须保持正确的生命观，选择正确的研究对象。

（2）课程思政素材与专业知识点融合的具体诠释

从哲学向度将"量变与质变、内因与外因、主要与次要矛盾"等辩证思政素材"润物细无声"地引入本章节的教学中。以 Watson 和 Crick 的观点"生命是序列"来强调解读所有物种独特的遗传信息是整个生命科学今后重要的研究方向，应运而生的"人类基因组计划"大力推动了 DNA 测序技术的发展，成为人类历史上方向最为明确、道路最为曲折、投入最为巨大、进展最为惊人的探索。探索中不断充斥的矛盾促使量变转化为质变，即需求推动了科学家的实践，高昂的经费和庞杂的人力促使技术不断革新。通过学习 DNA 测序技术发展，期望学生能运用物质与意识辩证统一的观点来分析生物学问题，并勇于用创新的方式解决问题。在技术高速更迭的背景下，任何科学研究都需要在正确的生命伦理及法规下进行。2018 年贺建奎团队的"基因编辑婴儿"事件引发了科学与伦理道德的舆论巨震，该事件不仅仅违反了人类胚胎研究的伦理指导原则，更严重的是在人类基因库中留下了不可预测的突变。模式生物的选择及合理研究成为探索生命本质必不可少的手段。可运用具体的事例来组织生命伦理、法治意识的思政教学。比如，大肠杆菌作为分子生物学实验室的主要工具，基于其特性要求科研人员具有良好的生物安全观念，合理使用它，避免破坏自然，引起生态环境的改变等；对于模式动物的使用，同样要求科研人员具有良好的法治意识和生物安全观念，要求制订严格的实验动物使用规章制度，以免科学研究滑入生命伦理的禁区。本章节学习的最终目的是促使学生建立良好的生命伦理观和强烈的法治意识,学会以科学观来指导自己未来的学习和工作。

（3）课程思政的效果评价

课程教学的效果评价除了考查学生对知识的掌握情况,还应评估和考核学生的观念、态度及综合能力。"基因组与蛋白质组学"课程是一门交叉程度较高、更新速度较快的学科,知识内容多且杂,所以授课教师在引导学生树立正确的生命伦理观的同时,也要培养学生的逻辑分析、交叉综合等方面的能力。课堂上,贺建奎的科研案例告诉学生在法律、伦理与现实之间的科学研究是有界限的,同时授课教师可以进一步引导学生理解贺建奎基因编辑的行为本质上并不是必要的,通过其他生物技术,如精液处理技术和试管婴儿技术,同样可以促使健康婴儿的出生;*CCR5*基因对于人体免疫系统和神经系统的发育有作用,敲除它可能影响人体健康;CCR5 膜蛋白只是 HIV 的受体之一,人体还有另一个 HIV 受体 CXCR4,即便成功敲除了 *CCR5* 基因,基因编辑婴儿依然有感染人类免疫缺陷病毒的风险。这样既达到警示的作用,又帮助学生整合病毒学、免疫学和发育生物学的知识。课后布置适合学生的开放性作业,督促学生分析讨论,培养学生独立思考及创新能力,达到课内课外的有效结合。课后作业:Ignaty Leshchiner 研究小组与 Adam C. Miller 研究小组分别利用测序技术进行突变基因的鉴定,试比较两个研究团队在鉴定突变基因研究中所选取的模式生物和所采用的测序策略的异同。

4. 课程思政教学设计

其具体的教学设计方案见表 14-6。

表 14-6 "基因组测序与模式物种"课程思政的教学设计方案

教学内容	思政教学目标	切入点	教学设计	教学活动	教学评价
导入	国际视野科学精神	热点新闻"人类基因组计划是 20 世纪一项规模宏大的探索"	为了研究生命本质,需掌握所有物种独特的基因组序列。1953 年 Watson 和 Crick 提出"生命是序列"的观点。1985 年由美国科学家提出的人类基因组计划（human genome project, HGP）,包括构建人类基因组的遗传信息图和其他 7 种模式生物基因组的测序、组装和注释。测序成为解读遗传信息的手段,并成为整个生命科学今后重要的研究方向	教师通过提问"为什么要进行基因组测序",促使学生思考、回答问题	学生参与课堂讨论

教学内容	思政教学目标	切入点	教学设计	教学活动	教学评价
测序基本原理	唯物主义国际视野科学精神	第一代DNA测序技术的原理和具体方法，相反的策略达到同样的目的	根据测序策略的不同，第一代DNA测序技术分为两种：链终止法（Sanger测序技术）和化学降解法。前者是合成新DNA分子的测序策略，后者则是降解已有DNA分子来达到测序目的。链终止法测序基本原理是通过合成与单链DNA互补的多核苷酸链，设计合成产生只差一个核苷酸的互补链DNA分子，从而来读取待测DNA分子的碱基顺序。后续为了节省时间和人力资源，开发了一种基于链终止法的自动化测序仪，如MegaBACE1000自动化测序。化学降解法测序原理是在选定的核苷酸碱基中引入化学基团，用化合物处理使DNA分子在被修饰的位置降解。化学降解法测序同样耗时耗力，且使用的是对环境和人员有害的化学药品，因此这种测序手段被淘汰	教师通过图片、视频、PPT等方式展示讲解，引导学生辩证思考不同的生物技术可以达到同样的目的	学生听讲课堂讨论课下思考
测序技术的发展	唯物主义国际视野科学精神文化自信	随着测序需求的提高，高通量测序应运而生，在生命科学领域引入其他学科的内容，如化学、物理、材料科学等	DNA测序技术发展历程。第二代DNA测序技术可以一次性对几百万到十亿条DNA分子进行平行测序，满足对一种生物的基因组DNA或转录组RNA进行深入、细致、全貌的分析。代表性第二代DNA测序技术包括Roche454焦磷酸测序、Illumina Solexa合成测序和ABI SOLiD连接法测序。为了减少DNA文库制备时PCR扩增引入的突变或样品中DNA分子的比例改变，增加测序读长，催生了第三代DNA测序技术，即单分子测序技术，可分三类：①以美国螺旋生物的SMS技术和美国太平洋生物的SMRT技术为	教师通过图片、视频、PPT等方式展示讲解，引导学生辩证思考不同的生物现象，生命科学研究可以整合不同学科的知识和技术	学生听讲课堂讨论课下思考

续表

教学内容	思政教学目标	切入点	教学设计	教学活动	教学评价
测序技术的发展			代表的单分子荧光测序；②以英国牛津纳米孔公司为代表的基于DNA降解、检测单分子电信号的纳米孔单分子测序技术；③通过检测碱基穿越纳米孔道的电流阻遏信号来实现对单链DNA分子进行碱基直接读序的纳米孔DNA测序技术。单细胞测序技术代表，浙江大学郭国骥教授绘制的世界上第一张哺乳动物细胞图谱		
模式物种	法治意识 生命伦理 国际视野 科学精神 家国情怀 文化自信	"基因编辑婴儿"事件提醒学生科学研究在法律、伦理、现实之间是有界限的。选用合适的模式生物来进行科学研究，揭示生命的本质规律	2018年"基因编辑婴儿"事件引起了科学界的广泛讨论，从目的、手段、结果、影响来剖析生命伦理的重要性，为后续各种模式生物的应用指明了方向。通过具体的模式生物科学研究来开展生命伦理的思政教学。大肠杆菌在生命科学发展史上占据着举足轻重的地位。研究工作中需合理应用大肠杆菌，避免破坏自然，引起生态环境的改变；科研工作者应加强生物安全和法治意识。在科学研究发展史中模式动物的使用频率较高，要求制订严格的实验动物规章制度，以免科研误入生命伦理的禁区，违反法律法规	教师通过图片、视频、PPT等方式展示讲解，培植学生进行科学研究时的使命担当，使他们具有法治意识、伦理道德和科学精神	学生听讲 课堂讨论 思考体悟

14.3.2 案例二

"榜样力量"在"基因组与蛋白质组学"课程思政的教学应用——以"基因组序列注释"为例

1. 教学目标

认知类目标：了解功能基因组学；掌握基因识别方法、结构特征、同源查询及实验确认基因；掌握高通量基因组功能的研究原理及方法。

情感、态度、价值观目标：在实际研究中，将生物信息学方法与功能研究实验相结合，以此来注释基因，可以促使学生发散思维、融会贯通，培养较高的科学素养及追求向上的积极态度。

方法类目标：掌握基因组功能的研究原理及快速查询中外文献的研究方法，并明确这些研究方法拟阐明的基因功能。

2. 教学流程设计

任务发布：提前一周，发布学习任务，上传课件"第三章基因组序列注释"，提供爱课程网链接（复旦大学杨金水老师的《基因组学》第五章基因组注释，第六章基因组解剖）和张峰实验室制作的"CRISPR的工作原理"视频。此章节涵盖基因组学最重要的部分"功能基因组学"，内容较多，学生需要预习充分、熟悉知识点。

授课准备：充分挖掘思政材料（科研工作人员的研究经历、成果和探索过程中表现出的执着信念），将其融入相应的知识点中，制作多媒体课件。

课堂授课：基因组进行功能注释过程中，科研工作者全方位地开发各种技术，大力推动科技的发展，实现高通量的基因组功能注释。教师将上述的多种研究方法按时间线和逻辑主线组织起来并赋予具体的科研成果讲授，帮助学生形成细致严谨的科学态度和求真务实的工作作风，有利于培养学生的责任感，以及勇于探索的创新精神和较高的科学素养，以便更好地建设社会主义国家。

过程性考核和课后作业：在课堂提问和讨论环节中引导学生学习科学家的探索精神，以辩证统一的思维来理解研究成果，尽可能以交叉综合的方式将其他学科的知识应用到本章节内容中，起到灵活教学的作用。课后着重布置开放性作业，既帮助学生进行知识巩固，也期望其综合其他学科内容来对当下研究热点加以分析掌握，达到培养他们独立思考、提高综合能力的目的。

3. 课程思政设计路径

（1）课程思政素材的素材挖掘

党的二十大工作报告指出"实施科教兴国战略，强化现代化建设人才支撑"，必须"坚持人才引领驱动"，这就要求"全面提高人才自主培养质量，着力造就拔尖创新人才，聚天下英才而用之"。生命科学的本质是探索人、自然和社会的紧密联系，基因组与蛋白质组学作为新兴的生物学学科，是众多生物基础学科的延伸，其所蕴含的知识、理论与技术更是发展迅速，这利于教师以科学家的精神铸魂育人，将"榜样力量"的科学精神、品德修养和职业操守传授给学生，帮助他们坚定信念，提升家国情怀，培养细致严谨的科学态度、求真务实的工作作风、勇于探索的创新精神和较高的科学素养,有利于学生成长为一名对自己、家人、社会和国家负责且有贡献的人。

(2)课程思政素材与专业知识点融合的具体诠释

"基因组序列注释"这一章节的主要内容是功能基因组学,教师将需要掌握的知识点结合前面章节讲授的模式生物,按照"由浅入深、由远至近"的逻辑主线将众多科学技术及科研工作者的成就串联起来,重点展示我国众多科研工作者的榜样事迹。列举许田教授为了研究发育阶段致死突变基因的生物学功能所创立的一种果蝇研究镶嵌体分析技术;彭金荣教授以拟南芥为研究材料所提出的赤霉素"去抑制生长"的作用机制理论,并应用到经济作物——葡萄的种植中,达到控制葡萄藤的高度来促进葡萄增产的目的。许田教授与彭金荣教授所展现出的求是与执着的科研经历告诉学生,生命科学研究不仅需要树立远大的理想,也需要具有独立自主的品格及追求卓越的信念。2013 年由中国实验室联盟主持的"斑马鱼 1 号染色体全基因敲除计划"项目,采用 CRISPR/Cas9 基因编辑技术,成功敲除了斑马鱼 1 号染色体上的 1333 个基因,建立了各类发育和疾病模型,开展遗传发育机制及药物筛选研究,这为中国国家斑马鱼资源中心成为世界三大斑马鱼资源中心奠定了基础。这一联合项目充分说明了中国科研工作者正确认识中外发展趋势,将中国特色和国际新发现快速融合,不仅有强烈的国家认同感,也有强烈的民族复兴责任感、使命感,且积极投身中华民族伟大复兴事业中。在知识传递的同时也激励他们树立国际视野及文化自信。

(3)课程思政的效果评价

在课堂上,将许田教授和彭金荣教授等的科研经历用引导式讲授给学生,同时介绍许田教授已回西湖大学从事人类遗传性罕见疾病的研究工作,而彭金荣教授也回到浙江大学从事发育生物学方面的科学研究,表现出了科学家的爱国情怀,并继续为祖国的发展贡献自己的力量。课堂讨论和学生发言不仅能帮助学生理解并掌握本章节的知识点,而且可以促使学生端正态度,激发他们的民族自豪感,使其牢记国家使命及树立"求实、创新、独立、严谨"的科学精神,帮助他们保有持之以恒的科学信念,投身到符合国家需求、适应国际竞争的工作中。紧跟国际最新科研动态布置课后论文,比如,当年诺贝尔奖获得者的具体贡献,以及综合性作业如"有报道 X 基因与小鼠心脏的发育有关,如何验证其同源基因在斑马鱼发育过程中的保守性基因功能"。课内课后的内容设计既要让学生对知识进行巩固并掌握,也要让他们紧跟科学前沿,结合本课程与其他学科的内容进行科学问题的剖析，达到培养学生独立思考、提高综合能力的目的。

4. 课程思政教学设计

其具体的教学设计方案见表 14-7。

表 14-7 "基因组序列注释"课程思政的教学设计方案

教学内容	思政教学目标	切入点	教学设计	教学活动	教学评价
导入	国际视野家国情怀科学精神	基因组序列可以从理论上解答具体的生命活动	基因组序列的注释依据：结构特征搜寻基因，ORF、Kozak 序列、内含子与外显子、上游控制序列等；同源基因查询进行基因的识别；实验确认，列举一个实验案例，Northern 杂交确认斑马鱼 *def* 基因，并展示斑马鱼 *def* 基因组 DNA 示意图强化知识	教师通过提问"如何将基因组序列与生命活动联系起来？"促使学生思考	学生参与课堂讨论
基因组功能研究	家国情怀国际视野文化自信科学精神	按照逻辑关系将众多科学技术及科研案例分类并用这些内容来展示如何进行高通量的基因组功能研究	基因组学研究基因功能有两种主要策略，基因敲除和基因过表达。首先列举不同基因敲除方法在不同物种中的功能研究：ENU 诱变筛选斑马鱼突变体、拟南芥 T-DNA 插入突变体库、转座子的插入突变筛选等，并自然引入我国众多科研工作者如许田教授和彭金荣教授的科研经历来激励学生。列举影响深远的科研成绩，中国实验室联盟的斑马鱼 1 号染色体全基因敲除计划，以及浙江大学陈军课题组与 Didier Stainier 研究小组各自独立证实了遗传补偿效应等。在详解基因过表达内容时，引用西南大学夏庆友教授提高蚕丝蛋白产量的研究成果，以及中国国家斑马鱼资源中心的肝胰特异性转基因斑马鱼的实例来说明当下科研工作者将中国特色和国际新发现快速融合，已经取得了较大成效，以此增强学生的国家认同感，激发学生的责任感和使命感	教师通过图片、视频、PPT 等方式展示讲解，引导学生思考、掌握理论知识并树立强烈的家国情怀	学生听讲课堂讨论课下思考
基因表达调控和相互作用的研究	家国情怀国际视野科学精神	将较散的知识点按照"DNA-RNA-蛋白"主线	功能基因组学需要回答的关键问题"基因组中的哪些基因协同作用完成某一生命活动"。首先可以通过分析转录组来解释生命体可能发生的事件，基因芯片和原	教师通过图片、视频、PPT 等方式展	学生听讲课堂讨论课下思考

续表

教学内容	思政教学目标	切入点	教学设计	教学活动	教学评价
基因表达调控和相互作用的研究		以具体案例展开来回答科学问题	位杂交是采用较多的分析方法；其次免疫组织化学实验可以验证基因产物的亚细胞定位，或者特异性细胞、组织的分布；最后可以通过分析 DNA/RNA/蛋白质三者的相互作用来阐述基因表达调控作用具体表型，如 Δ113p53 基因的转录受到 P53 蛋白的直接调控。通过层层递进的方式将基因表达调控和相互作用知识教授给学生，令其体会到科研的艰辛及获得成绩时的满足感	示讲解，引导学生思考、掌握理论知识并树立探索的科学精神	

参 考 文 献

何华勤. 2011. 简明蛋白质组学. 2 版. 北京：中国林业出版社.

杨金水. 2019. 基因组学. 4 版. 北京：高等教育出版社.

Chen J，Ng SM，Chang CQ，et al. 2009. p53 isoform delta 113p53 is a p53 target gene that antagonizes p53 apoptotic activity via BclxL activation in zebrafish. Genes Dev，23（3）：278-290.

El-Brolosy MA，Kontarakis Z，Rossi A，et al. 2019. Genetic compensation triggered by mutant mRNA degradation. Nature，568（7751）：193-197.

Han XP，Wang RN，Zhou YC，et al. 2018. Mapping the mouse cell atlas by microwell-seq. Cell，172（5）：1091-1107.

Leshchiner I，Alexa K，Kelsey P，et al. 2012. Mutation mapping and identification by whole-genome sequencing. Genome Res，22（8）：1541-1548.

Ma L，Xu HF，Zhu JQ，et al. 2011. Ras1（CA）overexpression in the posterior silk gland improves silk yield. Cell Res，21（6）：934-943.

Ma ZP，Zhu PP，Shi H，et al. 2019. PTC-bearing mRNA elicits a genetic compensation response via Upf3a and COMPASS components. Nature，568（7751）：259-263.

Miller AC，Obholzer ND，Shah AN，et al. 2013. RNA-seq-based mapping and candidate identification of mutations from forward genetic screens. Genome Res，23（4）：679-686.

Peng J，Richards DE，Hartley NM，et al. 1999. "Green Revolution" genes encode mutant gibberellin response modulators. Nature，400（6741）：256-261.

Sun YH，Zhang B，Luo LF，et al. 2019. Systematic genome editing of the genes on zebrafish Chromosome 1 by CRISPR/Cas9. Genome Res，30（1）：118-126.

Xu T，Rubin G M. 1993. Analysis of genetic mosaics in developing and adult drosophila tissues. Development，117（4）：1223-1237.